U0227419

雾霾里的生存智慧

——PM2.5自我防护手册

蔡向红/编著

科学技术文献出版社
SCIENTIFIC AND TECHNICAL DOCUMENTATION PRESS
·北京·

图书在版编目（CIP）数据

雾霾里的生存智慧：PM2.5自我防护手册/蔡向红编著. —北京：科学技术文献出版社，2016.1

ISBN 978-7-5189-0816-5

Ⅰ.①雾… Ⅱ.①蔡… Ⅲ.①空气污染—污染防治—手册 Ⅳ.①X51-62

中国版本图书馆CIP数据核字（2015）第264484号

雾霾里的生存智慧——PM2.5自我防护手册

策划编辑：孙江莉　　责任编辑：杨俊妹　　责任校对：赵　瑗　　责任出版：张志平

出 版 者　科学技术文献出版社
地　　址　北京市复兴路15号　邮编　100038
编 务 部　（010）58882938，58882087（传真）
发 行 部　（010）58882868，58882874（传真）
邮 购 部　（010）58882873
官方网址　www.stdp.com.cn
发 行 者　科学技术文献出版社发行　全国各地新华书店经销
印 刷 者　北京建泰印刷有限公司
版　　次　2016年1月第1版　2016年1月第1次印刷
开　　本　710×1000　1/16
字　　数　300千
印　　张　20
书　　号　ISBN 978-7-5189-0816-5
定　　价　28.00元

版权所有　违法必究

购买本社图书，凡字迹不清、缺页、倒页、脱页者，本社发行部负责调换

前 言

2014 年冬季，从南方的广州、杭州，到北方的北京、兰州，许多地区都出现了严重的雾霾天气。“PM2. 5”这个陌生而专业的术语，一瞬间成为老百姓茶余饭后热议的话题，而“十面霾伏”也变成了网络热词。

食品被污染，我们可以买绿色、有机的食物；水被污染，我们可以根据科学手段进行过滤；当每天吸入的空气被污染，PM2. 5 浓度升高，我们能做什么？相信大多数人对这方面的知识了解得都不够，更不知道具体该采用何种防护措施。

为了帮助广大读者解决疑问，抵御雾霾，我们创作了本书。本书先从 PM2. 5 的概念说起，介绍了它的成因、致病机制，以帮助人们深刻了解它的危害。书中就生活中常见疾病与雾霾的关系展开论述，同时给出详细的防治疾病的方法。另外，还教给大家雾霾天里自测慢性疾病的方法，居家、工作中巧妙消除 PM2. 5 的小妙招，雾霾天里的饮食策略，不同群体的保健方法，抗雾霾天的特效食物及食疗方，等等。全书内容全面、科学权威、贴近生活、通俗易懂，是雾霾时代下每个家庭必备的保健指南。

相信通过自我调节，人人都能减轻雾霾对机体的损害，减少“雾霾病”的发病率。从现在起，照着本书的保健方法，启动抗霾的保养计划吧！

编　者

目 录

第一章 常识扫盲：关于雾霾那些事，你了解多少

第二章 雾霾过后测一测健康，别让身体“躺着中枪”

第三章

日常生活中，哪些因素会影响到 PM2.5

第四章

居家、办公室消除 PM2.5 影响的 10 个小窍门

第五章

安全第一，美食第二：雾霾天里的饮食策略

第六章

轻松好做，吃出营养：防霾一周食谱推荐

第七章

家有药香，幸福安康：10 味能在药店买到的抗霾良药

第八章

狙击雾霾，消除病痛：如何减轻雾霾对人体的危害

第九章

一大波雾霾来袭，特殊人群的“健康保卫战”

第十章

减少 PM2.5 损害，到空气纯净的地方“洗洗肺”

第一章

常识扫盲：关于雾霾那些事，你了解多少

危险的呼吸——揭秘 PM2.5

导读

PM2.5 是指大气中直径小于或等于 2.5 微米的颗粒物，也称为可吸入颗粒物。虽然 PM2.5 只是地球大气成分中含量很少的组分，但它对空气质量和能见度等却有着重要的影响。这是因为，PM2.5 颗粒直径很小，富含大量的有毒、有害物质，且在大气中停留时间长，输送距离远，因而对人体健康和大气环境质量影响甚大。

天气和健康是老百姓一直关心的问题。近几年，我国一些大中型城市的空气质量不断变差，经常出现持续不散的灰霾天气，引起人们对空气质量的担忧，而 PM2.5 这个陌生的名词也逐渐走入了老百姓的视野。那么，你了解这个名词具体的含义吗?

其实，PM2.5 的标准，是由美国在 1997 年提出的，主要是为了更有效地监测随着工业日益发展而出现的、在旧标准中被忽略的、对人体有害的细小颗粒物。而很多人之所以熟知这个词，完全是由于那桩曾经闹得沸沸扬扬的“美国驻华使馆事件”。

◆ 美国驻华大使馆上空的 PM2.5

从 20 世纪 90 年代起，北京就多次出现空气污染。为了保障美国外交人员的身体健康，2009 年，美国驻华大使馆在自家的院子里安置了一台如微波炉般大小的空气质量检测仪器。在 2011 年 11 月的某一天，这台机器突然“爆表”了，它检测到空气污染指数为 522，超过了最高指数 500 的系统上限，而 500 就意味着非常危险。大使馆的工作人员在专门报告北京空气状况的账号“BeijingAir”中感慨：“Crazy bad（糟糕透顶）”，令他们惊呼“Crazy bad”的正是这种悬浮在空气中的“隐形杀手”——PM2. 5。

谈到 PM2. 5，首先就要解释一下 PM10 的概念。在我们生活的环境下，空气中每时每刻都漂浮着大量的颗粒物质，它们被称为空气中的总悬浮颗粒（TSP），TSP 就是空气污染物的主要成分。在 TSP 中，通常把直径在 10 微米或 10 微米以下的颗粒物称为 PM10，又称为可吸入颗粒物或飘尘。可吸入颗粒物（PM10）能被人吸入呼吸道，对人体健康和大气能见度都有着较大影响。PM10 主要来源于被风扬起的尘土、植物散发的花粉等。

知道了 PM10，PM2. 5 就很容易理解了。所谓的 PM，是英文 Particulate matter 的简称，用字母缩写就变成了 PM，表示颗粒物的意思；而“2. 5”呢，代表的则是颗粒物在空气中的直径小于或等于 2. 5 微米。概括说来，PM2. 5 就是指直径小于或等于 2. 5 微米的可吸入悬浮颗粒。

可能这样的解释有点拗口，我再说得直白、通俗一点：首先，PM2. 5 是一种固体污染物，你可以将它想象成一种超级微小的尘埃，它可能来自汽车尾气，可能来自燃煤，还可能是沙尘。

其次，它体积非常小，直径不超过 2. 5 微米。2. 5 微米是一种什么概念呢？我们不妨做个对比，发丝的直径约为 70 微米，可是这样纤细的发丝竟然比 PM2. 5 多了将近 30 倍！再举个例子，在家里，一缕阳光射进来，光柱里有无数微尘在翻飞，那些都是直径大于 50 微米的颗粒物（PM50、PM75、PM100 等），它们的体积比 PM2. 5 大了很多倍，我们可以轻易看得见，而 PM2. 5 对于人的肉眼来说则是完全隐形的，可想而知，PM2. 5 有多么微小。

最后，PM2. 5 很可怕，与苏丹红、毒奶粉等相比，PM2. 5 的危害性要大得多。因为前两者我们多加小心完全可以回避掉，而 PM2.5 则隐藏在空气里，事关我们的呼吸，可能会“加害”每一个人。说完这些，在你的脑海里是不是对 PM2.5 有个大概的印象了？

科学家用 PM2.5 表示每立方米空气中这种细颗粒物的含量。这个值越高，就代表空气污染越严重，大气的能见度越低。为什么 PM2.5 会造成灰霾天气呢？因为 PM2.5 中有不少可溶性粒子，如硫酸盐、硝酸盐、铵盐以及有机酸盐等。这些可溶性粒子的吸水性很强，比如硫酸铵，如果空气相对湿度从 90% 提高到 91%，它的体积可以膨胀 8 倍以上。这些可溶性粒子吸附水气，就形成了灰霾天气。这也就是为什么在 PM2.5 数值高的日子里，整个天空像被涂上了一层灰暗色彩的原因，而我们无论看什么东西也都是月朦胧、鸟朦胧的感觉。

◆雾是自然，霾是人为

很多人不禁会问，这个能让白天迅速变成黑夜的 PM2.5 究竟是怎么产生的？对于许多城市而言，雾是自然，霾是人为，PM2.5 的主要来源还是人为排放。

随着现代化的发展，工业企业如雨后春笋般冒出，发电厂、冶炼厂、化工厂、硫酸厂、建材厂等日益增多，给空气带来了不可忽视的污染。可以说，越是现代化的城市，越早承担被 PM2.5“霾伏”的后果。当你路过某些工厂时，是否看到里面的烟囱正不断向外喷着烟雾，这些污染物将附近天空“熏”成灰蒙蒙一片，而周围的空气也散发着一股刺鼻的味道。

居住在农村的人可能都知道，每年秋收之后，很多农民就会点起一把火，把农作物的废弃物付之一炬。这种习惯看似清洁了环境，却给大气增加了大量的可吸入物。焚烧秸秆可能会导致空气 PM 中蛋白质的含量急剧增加，这类物质组成的“大气气溶胶”，是过敏源或者传播疾病的载体。而且，焚烧秸秆时产生的浓雾还会随风飘散，污染的范围非常广。同理，城市中的环卫工人也常常将一些垃圾、落叶烧掉处理，这也会污染到我们赖以生存的空气。

在我国北方，很多地区是依靠燃煤供暖的。以北京为例，空气中 PM2.5 的主要来源就是烧煤。比如一套 100 平方米的房子的供暖，每个采暖季大约会排放二氧化硫 15 千克，氮氧化物 7 千克，烟尘 4 千克。其中的二氧化硫会转化成硫酸盐，氮氧化物会转化成硝酸盐，PM2.5 的形成既包括一次性排放的烟尘，又包括二次转化的污染物。这也可以解释为什么 PM2.5 一到秋、冬季（尤其是冬季）就居高不下。

还有一些朋友不知道，当我们开着汽车、乘坐公交车时，可能都在制造着 PM2.5，同时又将 PM2.5 吸进身体内。这是因为，汽车的主要燃料是汽油、柴油等石油制品，燃烧后能产生大量的颗粒物（PM）、碳氢化合物（HC_x）、一氧化碳（CO）、氮氧化物（NO_x）、多环芳烃和醛类等，这些有害的污染物，都为灰霾的产生“增砖添瓦”。尤其是一些公路主干道、交叉路口处，经常发生堵车，容易形成条形污染带。曾有业内专业人员用仪器在红绿灯路口进行监测，发现那里的污染非常严重，特别是绿灯亮起时，众多引擎开始启动，大量有毒排放物在空气中挥之不去，不仅危害道路周边的人，也危害司机本人。

除了工业污染、垃圾焚烧、烧煤供暖、汽油燃烧等原因外，道路粉尘、森林火灾、花粉细菌、厨房油烟等也是 PM2.5 的污染源。从这个角度而言，每个人既是 PM2.5 的受害者，也是 PM2.5 的制造者。

第二节 我们每吸入一口空气中，有多少 PM2.5

导读

我们吸入身体内的每一口气，虽然看不见、摸不着，可是它包含的成分却有很多。它包括由多种气体混合组成的气体、水分，还包括一些看不见、摸不着，却会对我们身体造成损害的 PM 污染物。而“身材娇小”的 PM2.5 就是其一，它常常利用自己微小的优势，肆意闯进我们的身体，引发各种各样的疾病。

2014 年以来，我国雾霾污染愈演愈烈。全国许多城市笼罩在一片罕见的雾霾之下，PM2.5 浓度频频“爆表”，空气质量令人堪忧。为了防止吸入有毒颗粒，我准备了一个 N95 口罩，每天只要一出家门就戴上，直到踏入办公室才摘下。

某日，我和同事一起走在下班回家的路上。其实从办公楼到地铁站只有 400 米的距离，我却依然习惯性地戴上了 N95 口罩。而我的同事没有戴口罩，和平常一样一边走路一边和我说笑。我拿出手机，看了一下 APP 显示的空气质量指数数据，当时空气质量指数（AQI）是 402，PM2.5 指数是 353 微克/立方米。我吓了一跳，这明显是重度污染，连忙提醒同事戴上口罩。同事却不以为然，这么短的距离，我又能吸进多少 PM2.5 呢。

同事的说法引发了我的好奇心，一个人每天平均会吸入多少空气？这些空气中包含了多少 PM2.5 颗粒？这些吸入的 PM2.5 颗粒又在多大程度上影响我们的健康？于是，晚上回家我便简单地计算了一下，结果却大大出乎意料。

◆你了解每时每刻都呼吸的空气吗

在谈论一个人每天会吸入多少 PM2.5 之前，我们先来了解一下空气。对于每个人的生命来讲，每天呼吸空气是自然而然、理所应当和必然要做的事情。一个人，若超过 10 分钟没有呼吸到新鲜空气，他就很难生存。所以，无论我们身在何处，为了健康着想，都需要了解空气中有哪些生存所必需的物质，又有哪些物质会对你的健康造成危害。

我们吸入身体内的每一口气，虽然看不见、摸不着，可是它包含的成分却有很多。它包括由多种气体混合组成的混合气体、水分及颗粒物杂质。混合气体里最多的就是氮气，占每一口空气总体积的 78.09% 左右。其次是氧气，占每一口空气总体积的 20.95% 左右。排在第三位的是氩气，约占空气总体积的 1%。还有二氧化碳，占空气总体积的 0.04% 左右。其余则包括极少量的氖、氦、氢、氡、氙气等。我们每吸入一口空气中，水分子的含量变化最大，占空气总容积的 0~4%。

你的鼻子能分辨出树林里的空气明显不同于烧烤店、肯德基、卫生间或雾霾天的气味，这说明不同环境里的空气带有不同的气味，其中含有除上述空气成分以外的不同物质。比如我们现在要讲到的颗粒污染物 PM2.5，也是空气中的“一部分”。这些物质会对我们的健康造成危害，这就是人们常说的空气污染。

◆我们吸入了多少 PM2.5

那么，如何评估这些污染物对我们健康的伤害呢？这取决于两个因素：其一，污染物的毒性，即对我们身体的伤害；其二，污染物的量，即我们接触了多少或者吸入了多少。

平静状态下，成人每次呼吸大约吸入 0.5 升空气。正常情况下，每个人每分钟要呼吸 16～18 次。按最低 16 次计算，那么一个正常的成年人每天共吸入 0.5×16×60 分钟×24 小时＝11520 升（即 11.52 立方米）空气。

以计算当天举例，我看到手机上显示的 PM2.5 浓度为 353 微克/立方米。那么 11520 升空气中就含有 353×11.52＝4066.56 微克细颗粒物。要知道，PM2.5 一旦进入体内，就会“流窜”进肺泡，在其内沉积数周甚至数年。按照 2/3 的沉积比例计算，在当前空气中呼吸的人会产生沉淀进肺泡的 PM2.5 的 4066.56 微克×2/3≈2724.60 微克。这样的结果不能不令人恐惧！

我的朋友小南是一名软件工程师，前不久，他也参加了一次测试。与我的自测不同，他参与的测试较为正规，那是研究人员针对北京、上海、广州、西安四个城市的人群，在不同空气质量条件下的 PM2.5 个体暴露浓度值进行的实验，小南自告奋勇地参与到其中。

小南在中关村上班。平时，他大多数时间都待在室内，上下班时乘坐地铁。在空气质量较差时，他会戴上功能性口罩，也会在确认当天空气质量状况后再决定是否开窗。测试的 5 天时间内，他有 93.97% 的时间都待在室内。检测结果显示，他的个体暴露均值为 78.6 微克/立方米，也就是说，在小南接触的每 1 立方米空气中，约有 78.6 微克 PM2.5。

细细一算，小南每天吸入的 PM2.5 为 78.6 微克/立方米×0.01 立方米×60 分钟×24 小时≈1131.84 微克。再延伸一点计算，他每年吸入的 PM2.5 颗粒就是 1131.84 微克×365 天≈413121.6 微克，即 413 毫克。这组数字非常触目惊心，虽然小南没有进行户外活动，只停留在室内和地铁站，面对 PM2.5 也采取了防护措施，可还是会吸入这么多污染物。可见，PM2.5 浓度过高是很危险的事情，我们必须深刻认识到它对健康的危害，积极关注自身的呼吸安全。

从鼻腔入血液，PM2.5在人体里闯过了一关又一关

导读

所谓PM2.5，是指空气中悬浮的颗粒物，其直径小于或等于2.5微米。因为这些颗粒物太轻，很难自然沉降至地面，而是长期漂浮在空中，不仅小到看不见，更小到可以直接进入肺泡甚至融入血液，与人体内的细胞“搏斗”并伤害这些细胞。从某种程度上看，称它为“杀手”并不为过。

雾霾是什么？简单地说，空气中细微的水珠是雾，细小的颗粒是霾，两者合在一起就是雾霾，它们在无风的日子里弥漫于城市上空，阻挡了光线，就形成了“暗无天日”的雾霾。

但是事情远非那么简单，在被雾霾笼罩的空气中存在着致命的颗粒物——PM2.5，它们就像运输大队长一样，将附带着的有毒物质源源不断地输送到人的鼻腔、咽喉、气管、肺泡，甚至血液里，却很少有装备可以将它们拦在体外。

看到这里可能有朋友不禁要问，人体是有一定防御能力的，PM2.5是如何突破鼻腔的防线，一步一步杀入人体的呢？PM2.5表面又附着了哪些有毒物质？这里，就先为大家介绍一下PM2.5在人体“闯关”的过程。

◆PM2.5在人体内是如何“闯关”的

PM2.5被我们吸入后会进入第一道关卡——鼻腔。在人的鼻腔内有可以阻挡颗粒物的鼻毛，它们看起来很致密，不过对于PM家族的“成员”来说，就显得特别稀疏了。一般而言，直径超过10微米的颗粒物，会被挡在鼻子外面。而直径小于10微米的颗粒物，比如PM10、PM2.5、PM1等，则可以顺利进入鼻腔。一部分颗粒物被鼻腔黏液和鼻毛阻挡下来，形成大家都熟悉的鼻屎。

呼吸的空气在通过鼻腔之后，将夹带着没被滤掉的颗粒物进入咽喉。咽喉是抵挡颗粒物的又一道关卡，也是PM10的终点站。咽喉表面的黏膜细胞分泌的黏液会黏住PM10，每个黏膜细胞还有200根纤毛，在不停地向上摆动，就像逆水划龙舟一样。我们天生的这种生理功能就是为了阻止PM10继续下行。所以，PM10和少量的PM2.5经过咽喉时，就被有效地阻挡住了。当沉积的颗粒物增多时，分泌的黏液也相应增多，人会感觉喉咽黏黏的、痒痒的，好像有不清爽的东西卡在那里，上不去也下不来，那就是痰。有了痰时，我们一定要吐出来，而不是咽下去。这时，我们不妨用力咳几下，就可以将一部分颗粒物咳出体外。

可是，PM2.5等颗粒物的体积很小，咽喉这道关卡不能完全“捕获”它们，还有许多“漏网”的颗粒继续向气管行进，科学家将它们称为“可吸入颗粒物”正是这个原因。当然，我们的气管也是一道关卡，其上有很多纤毛，纤毛对颗粒物有一定的阻挡作用。当纤毛摆动起来时，人就会通过打喷嚏、咳嗽的方式，将污染颗粒排出体外。

虽然有大部分颗粒物被气管自动阻隔，但还是有一部分颗粒物纵深挺进，到达支气管。人的气管就像植物的根系一样，从最粗的地方开始分叉，到最细的细支气管，总共有23级分叉，分叉越到下面越细。含有颗粒物的气体进入支气管之后，因为气管道越来越小，颗粒物吸入时，与管壁碰撞的概率增加了，所以PM2.5在此处的沉积率也相应增高。

不过，仍有一部分PM2.5继续前进，进入了肺泡。如果把支气管和细支气管比喻成树根的话，那么密密麻麻的肺泡就好像一串串葡萄。支气管分出密密麻麻的细支气管，密密麻麻的细支气管又连着密密麻麻的肺泡。肺泡里面是空的，但有毛细血管分布。肺泡是人体氧气和二氧化碳交换的场所，其中的氧气通过肺泡壁进入毛细血管，再进入血液循环系统。而血管中的二氧化碳则交换到肺泡里，然后经过细支气管、支气管、气管、鼻腔，排出体外。

再来说说到达肺泡的这部分PM2.5，颗粒大的就在肺泡里沉积了下来，更微小的则进入了肺泡里的毛细血管，最后进入血液循环系统。要知道，PM2.5携带了许多有害的、有机的分子，是致病之源，一旦它进入血液，就会对身体产生巨大危害。

有的人可能会觉得，在我们的血液中存在巨噬细胞，这种免疫细胞可以杀死PM2.5，维持血液的健康。这种看法是不正确的。巨噬细胞对普通的细菌确实存在杀伤力，对PM2.5来说却毫无作用。

当细菌进入血液，血液中的巨噬细胞立刻过来把它吞下，细菌就不能致人生病，这就如同老虎吃鸡一样简单；而如果PM2.5进入血液，血液中的巨噬细胞以为它是细菌，也立刻过来把它吞下。细菌是有生命的，是巨噬细胞的食物，可是PM2.5是无生命的，巨噬细胞吞了它，如同老虎吞下了石头，最终被“噎死”，久而久之，我们的免疫力也就下降了。不仅如此，被“噎死”的巨噬细胞还会释放出一种物质，这种物质可能导致细胞及组织发生炎症。可见，进入血液的 PM2.5 越多，我们就越容易生病。

◆每一颗 PM2.5 都是一枚“小毒弹”

刚刚把 PM2.5 和细菌相提并论，其实，二者的危险系数相差很大，PM2.5 显然比细菌本事更大，更容易引起慢性疾病。

PM2.5 罪恶的根源就是它太小了，这么小的颗粒容易在空气中长时间漂浮，会吸附大量重金属、化学污染物。科学家说它是各种各样固体细颗粒和液滴组成的“小毒弹”，一点也不为过。据流行病学调查发现，PM2.5 的组成十分复杂，化学成分多达上百种，这些成分包括元素氮、有机碳化合物、硫酸盐、硝酸盐等，还包括钠、镁、钙、铝等地壳中含量丰富的元素，也有铅、锌、镉、铜等主要源自于人类污染的重金属元素，甚至还有各种细菌、病毒。

PM2.5 就像一辆辆可以自由进入呼吸系统的“顺风车”，除了自己“干坏事”外，它们还把污染元素、细菌病毒等致病物质带入呼吸系统，使人体呼吸系统的防御功能降低，造成呼吸不畅、胸闷、干咳、咽干咽痒等不适。长期吸入易致鼻炎、咽喉炎、支气管炎等病症，也容易使哮喘、慢性支气管炎、慢性阻塞性肺疾病等慢性病急性发作。如果二噁英、多环芳烃等致癌物质附着其中，进入人体会增加致癌风险。而它们携带的有害气体、重金属，一旦溶解在血液里并被人体吸收，那么产生的危害性更是不可估量的。

空气污染，让我们少活了多少年

导读

只要一遭遇到PM2.5，就会给大家带来很大的不便，如出行交通、上学、上班、旅游等，更厉害的是会给我们的身体造成伤害。如果我们在雾霾天气里，没有及时采取防范措施，那么很容易引起急性呼吸道感染、哮喘、肺炎、鼻炎等疾病，甚至还会引发心脑血管疾病，这些都影响我们的生命质量。

家住北京望京的林女士，是一名高中教师。可能是长期教课的关系，她的气管比较虚弱，一受到风寒或过敏性刺激她就会咳嗽。她总是吃西药或用喷剂来控制，长期下来她的元气大大耗损，不仅皮肤变得粗糙，就连双脚也越来越没力气。前阵子，林老师遭遇了连续不散的雾霾天，咳嗽再次发作了。一次，她讲课时突然咳个不停，还咳出了粉红色的痰液，给学校的老师和同学都吓坏了。后来，林老师被送到了医院急诊。医生告诉她，这种症状是咽部发炎引起的，而罪魁祸首就是这样的雾霾天气。

现实生活中，像林老师这样“被霾”的人不胜枚举。我有位女性朋友名叫菁菁，丈夫是个有钱人，家里有保姆，什么事都不用她操心，生活过得相当惬意。她每天不是和朋友相约去美容敷脸，就是泡泡SPA。但这位朋友体质较弱，呼吸道很容易感染。某天，雾霾特别严重，菁菁依然和朋友出去逛街。她以为，出门开车、下车迅速进入商场，就可以免受雾霾的侵害。谁知，即便有车代步，即便宅在商场里，菁菁还是没有摆脱 PM2. 5 的侵扰。当天晚上她就咳嗽不断，后半夜还发起高热。菁菁见状马上打针吃药，可是热是退下来了，咳嗽却没治好，总是反反复复发作，搞得她身体越来越糟。

雾霾势不可挡，加之 PM2. 5 超标，我们的身体或多或少会受到影响。可能在短时间内你看不出什么异常，但若长期如此，各种难缠的慢性病可能会接踵而至，严重威胁到我们的生命。世界卫生组织在 2005 年版《空气质量准则》中指出：当 PM2. 5 年均浓度达到每立方米 355 微克时，人的死亡风险比每立方米 10 微克的情形约增加 15%；一份来自联合国环境规划署的报告称：PM2. 5 每立方米的浓度上升 20 毫克，中国和印度每年约有 34 万人死亡；北京大学人民医院呼吸科某主任医师也曾透露：PM2. 5 对人体健康的影响甚大，当 PM2. 5 提高到 105. 1 微克/立方米，就会使人少活 15. 8 年!

这些数字多令人震惊呢！可见，PM2. 5 对人体有极大的“杀伤力”。为了让大家彻底认清它的危害，下面我便逐一为各位盘点 PM2. 5 的“七宗罪”。

◆威胁呼吸系统，诱发肺部疾病

雾霾天对呼吸系统影响最大，这已成为多数人的共识。如前面提到的林老师和菁菁，都是因空气污染而引发了呼吸系统疾病。

这是因为，我们呼吸系统与外界环境接触最频繁，且接触面积较大，而 PM2. 5 能直接进入并黏附在人体上下呼吸道中，所以，它们对呼吸系统的影响最大。我们可以想象，眼睛里进了沙子，眼睛会发炎。呼吸系统的深处，也是一个敏感的环境，细颗粒物作为异物长期停留在呼吸系统内，必定会让呼吸系统受累。

而且，当雾霾天气出现时，会导致近地层紫外线减弱，容易使空气中病菌的活性增强，细颗粒物附带着细菌、病毒，以及重金属、无机离子等，来到呼吸系统的深处，刺激或腐蚀肺泡壁，使呼吸道防御功能受到损害，进而引发咳痰、痰中带血、鼻炎、咽炎、支气管炎、肺炎等一系列呼吸系统疾病。有研究表明，吸入肺中的 PM2.5 大约有 50% 会沉积在肺中，容易造成肺部硬化，对人体健康造成极大的威胁。

◆ PM2.5 进入血液，心血管病防治难

在雾霾的天气里，很多人都能体会到脏空气引起的呼吸不适。事实上，细颗粒物 PM2.5 的危害不止关乎呼吸系统，很多心血管疾病的发生或者恶化，也可能是细颗粒物在作怪。

复旦大学公共卫生学院专家做过这样一个实验：他们将 PM2.5 滴注到患有高血压的小白鼠的气管中。与滴注生理盐水的对照组相比，实验鼠的血压和心率明显升高，心电图结果也有异常。更多的生化指标显示，细颗粒物污染组的小白鼠，其心血管系统受到了损伤。

专家表示，空气中的 PM2.5 被吸入人体后，经过人体的循环代谢系统，最终进入血液，对血管尤其是最内层的血管内膜层造成损伤，日积月累，便会引发血管内膜增厚、血管狭窄等一系列高血压症状。

若人们暴露在受 PM2.5 污染的空气中数小时甚至数周，还可能会诱发心血管疾病相关的死亡和非死亡事件。暴露时间越长，心血管病的死亡率越高，预期寿命越短；相反，如果 PM 污染水平下降，心血管病死亡率也随之下降。

◆ 遭遇雾霾天，心脏病发病率直线飙升

我有一个朋友，是北京某医院的心内科主任。有一次，我们一起闲聊，

他告诉我，每到雾霾多发季，他收治的心脏病患者就明显增多。他们科室总共有200张病床，2013年入冬后，全部处于饱和状态，运转十分困难。朋友说，雾霾是非常伤“心”的，对于普通人群而言，空气中的细颗粒污染物能够诱发心脏病，对心脏病患者来说更是雪上加霜。

为什么雾霾会伤“心”呢？其一，浓雾天气里，气压一般都比较低，我们常有一种烦躁、焦虑、压抑的感觉，而这些负面情绪都是心脏病的导火索；其二，在雾大的时候，空气中的水分含量通常很高，如果人们在户外活动或运动的话，人体的汗就不容易排出，这时人往往都会有胸闷、血压升高的症状，高血压会使心脏耗氧量增加，也是引发心脏病的重要诱因；其三，雾天往往气温较低，一些冠心病患者从温暖的室内走到寒冷的室外，血管热胀冷缩，也会导致中风、心肌梗死的发生；其四，雾霾可能会引起急性上呼吸道感染（感冒）、急性气管支气管炎及肺炎等，对于有心脏病的患者来说，这些感染很容易诱发心力衰竭，严重者会发生休克，甚至死亡。

因此，在雾霾天气里，心脏病患者要格外小心。最好减少外出，外出归来应立即清洗面部及裸露的肌肤。饮食方面宜选择清淡、富含维生素的食物，注意多饮水，多吃水果。

◆雾霾有损生殖能力的前因始末

早在人们对雾霾的焦虑提高到今天这样“谈PM2.5色变”之前，就有研究指出，雾霾带有的有毒物质，对男性的生精细胞有较强的杀伤作用。这些有毒物质能使男性激素分泌异常，从而导致性功能衰竭和阳痿。有毒物质也容易造成精子生成障碍，妨碍精细胞在迅速增长阶段的正常发育，造成因精子缺少而诱发的生育问题，如生精机能低下或精子残缺。

对于女性来说，其性激素受到空气中有毒物质的破坏，就容易引起月经失调、性机能减退，甚至不孕。有毒物质还会对卵巢带来直接损害，最终引起过早的绝经或卵巢疾病。正因如此，有一些人无奈地调侃道，雾霾将会成为计划生育的终极手段——有了雾霾，女人的性功能就会减退，男人精子的成活率就会降低，用不上十年八载的，人口就会出现负增长。

雾霾不仅影响女性受孕，还会影响胚胎的发育。这话并不是有意要吓唬人，只要你在英文网站中，输入关键词“雾霾” + “怀孕”，会出现大量相关研究性报告，均可证实雾霾对孕妇、胎儿有负面的健康影响。正如对精细胞的影响一样，环境中的致突变物可能破坏女性卵子的遗传物质，从而造成同样的后果——自发性流产或新生儿低能。

美国曾经有一项研究，对每位孕妈周围环境的 48 小时空气样本进行采集，白天采用便携式空气监测器，夜间则把空气监测器置于床边。结果显示，生活在空气污染较为严重环境下的孕妈妈，她们娩出的宝宝出生体重降低 9%，头围数减少 2%；而生活在空气质量相对较好的环境下的孕妈妈们娩出的宝宝则没有明显的变化。这足以说明，空气污染已严重威胁到胎儿的生长。

◆大气污染易致肺癌，PM2.5 是“祸首”

不要以为只要不碰烟酒，远离大鱼大肉的饮食习惯，就能躲开肺癌，要知道，很多肺癌患者都是不吸烟的人。归根结底，空气中的细颗粒物才是真正的祸首，比如 PM2.5，就有很多“办法”诱发肺癌。据权威资料统计，我国吸烟者数量并未显著增加，可肺癌患者在过去 30 年里却增加了 45.6%，这与空气污染是脱不开关系的。

以北京为例，每 5 个新发癌症者中有一个肺癌患者。截止到 2010 年，肺癌位居北京市户籍人口男性恶性肿瘤发病的第一位，在女性中居第二位，仅次于乳腺癌。令人担忧的是，肺癌的发病呈现年轻化的趋势，35 岁以上人群的肺癌发病率正在迅速上升。

大家把肺癌的主要因素归罪于吸烟，完全忽视了这些年北京城区严重的环境污染和空气污染。有毒的汽车尾气、风沙、化工石油煤炭的残渣颗粒，以及经常拆迁、装修新居，大量的工地，无数的灰尘和垃圾，导致整个城市呼吸不到清新干净的空气。雾霾严重时，一些致癌物质趁机吸附在细小的颗粒物上，偷偷钻进人的肺泡，致使我们患肺癌的概率增加。

◆空气污染，让大脑衰老更快

可能你还不知道，雾霾不仅伤害器官，更在无形之中影响着人类大脑的结构，与帕金森病、老年痴呆、认知能力下降等具有相关性。空气中 PM2.5 每增加 10 微克/立方米，人的脑功能就会衰老 3 年。

提出这一看法的是美国的学者。他们对全美境内 19000 名年龄在 70 ~ 81 岁的老年女性进行调查，根据她们居住地点的空气污染情况进行分类。结果发现，一些老年女性长时间居住在空气污染严重的地区，其认知能力明显下降，而居住在污染水平较低地区的老年女性，认知能力并没有显著改变。还有一项针对汽车尾气的实验，对象为 680 名老年男性。研究结果显示，那些长时间暴露在汽车尾气环境中的老年男性，要比较少暴露在汽车尾气环境中的老年男性认知能力下降得更严重——相当于提前衰老 3 年左右。

除了对老年人有影响，研究发现，空气污染同样也会改变儿童和学生的认知能力。有实验追踪了 200 名从出生到 10 岁的儿童，发现经常暴露在汽车尾气中的儿童，记忆力普遍很差，他们的语言和非语言智力测试上的得分也很低；空气中的污染物还把魔爪伸向了学生们。有一项研究显示，空气污染对学生的学业成绩有较大影响。实验对象分为两组，一组是靠近工业区的学校，一组是远离工业区的学校，经过对比发现，学校位于空气污染区的学生，他们的学习能力和记忆力普遍很差。由此可见，空气污染对大脑健康及其功能有着负面的影响。

◆雾霾让人情绪低落，引发抑郁症

雾霾天气能够扰乱人的神经系统，影响我们的情绪，这并不是什么新鲜的结论。由于灰霾笼罩，久不见阳光，人容易出现疲惫、情绪低落、烦躁不安、抑郁等情绪问题。最知名的患者要属英国前首相丘吉尔，他备受抑郁之苦。他甚至把自己的抑郁称为“黑狗”，并认为每到天色昏暗的天气，这只“黑狗”便会更加张狂，让他痛不欲生。

加拿大的一位学者也证实了雾霾确实会引发低落的情绪。他通过统计对比发现，阳光明媚的好天气会对情绪产生积极影响，使人变得更加乐观。而缺乏阳光的天气，则会令人抑郁甚至变得疑神疑鬼，人就相对容易表现出情绪欠佳、精神萎靡不振。如果恰逢长期阴霾，情绪的低沉就会更加明显，有些人还可能选择自杀来逃避这种天气。

因此，心理学家建议，雾霾天应注意调节自身的情绪，其中转移注意力是很好的办法，比如听听音乐，看一些轻松愉快的电视节目和书籍，与亲友沟通交流等，让自己的身心适度放松。此外，原来就患有抑郁症的人，雾霾天容易加重，身边的人更应该做好护理工作。

PM2.5 比非典更可怕，绝非危言耸听

PM2.5 比“非典”可怕得多？这话绝非是危言耸听。虽然从表面看来，PM2.5 不像“非典”那样让人迅速发病，直接危及人们的生命。但这种威胁是以一种慢慢渗入、杀人不见血的方式，直接危及大家的生活和健康。SARS 是可以隔离的，而我们所面临的雾霾天气却是要实实在在地忍受的。

在“非典”（SARS）爆发期间，邻居张阿姨囤了好几个 N95 口罩。这么多年来，口罩一直静静躺在抽屉里，就是“甲流”来临时，张阿姨也没有拿出来用。可是最近，她觉得 N95 口罩能派上用场了，因为她被接连不散的雾霾天吓坏了。她看到媒体报道，北京等城市 PM2.5 污染指数居高不下，一到了秋、冬季甚至频频“爆表”，张阿姨感到万分恐惧。一天下班回家，我在楼梯间和张阿姨相遇，她隔着严严实实的 N95 口罩问我，PM2.5 是不是也会夺走人的生命，难不成它比 SARS 还厉害？看到张阿姨焦急的眼神，我严肃地点了点头回答：“没错，您说得完全正确。”

◆呈凶一时的非典型肺炎

一说起“非典”，相必很多人都心有余悸。从 2002 年 11 月发生，并在 2003 年 4 月蔓延到全球性的非典型肺炎，是一场突如其来的灾难。非典爆发时的情形令我印象深刻，板蓝根、口罩几度脱销，平平常常的白醋被卖到天价，一向拥挤的机场、火车站、肯德基和麦当劳突然变得空空荡荡，曾经车水马龙的街道人少车稀，每个人都害怕身边的人发出咳嗽声，城市里到处都是消毒液的味道。

还记得有一天，我和几个大学室友在寝室看香港电影“金像奖”的颁奖典礼。那时，张国荣刚刚跳楼自杀，香港又遭遇“非典”的袭击，于是整个仪式的气氛相当凝重。曾志伟几乎是强忍悲痛在主持，娱乐圈里很多明星都没有到场，而到场的人大都戴着口罩。看到这样的情景，我忍不住和室友们感慨：明星们在这样正式的场合还戴着口罩上台领奖，可见“非典”多么可怕。

的确如此，“非典”就像恶魔一样，不断夺走无辜百姓的生命，其中有很多冒着生命危险投入抢救工作的医护人员，也在救治病人时倒下。据世界卫生组织统计，全球累计非典病例共 8422 例，涉及 32 个国家和地区，因非典死亡人数达 919 人，病死率近 11%。中国内地累计病例 5327 例，死亡 349 人；香港 1755 例，死亡 300 人……相信大家都一样，每当看到数字不断增加时都会感到无比痛心和恐惧。

如今，SARS 已经过去十余年，世界各国已有完善的科技手段来对付这种传染病，可以说我们已不再畏惧它。可是，PM2.5 却又趁机跑出来“兴风作浪”，严重搅乱了人们的生活。

◆PM2.5 危机：躲得过初一，也躲不过十五

为什么说 PM2.5 带给我们的损害比 SARS 还要厉害呢？呼吸病学专家钟

南山曾说过一段话："非典你可以隔离，可以采用各种办法阻断，但是大气的污染、室内的污染是任何人都跑不掉的。"

的确如此，空气污染是自由流动的，谁也不能独善其身。我们担心水污染时，可以加装一个清除有害物质的过滤器；担心食物安全时，可以选择有机食物或洗干净后再食用。而对付空气污染很多人就没有办法了，因为空气无孔不入、无处不在。面对浩荡的车流、高耸的烟囱、飞扬的烟尘，我们不要以为待在家里就没事。PM2.5 的危害是和整个环境（包括内环境和外环境）息息相关的，除非生活在过滤器里，否则所有人都会受害。而且，"非典"是短期的，但 PM2.5 的污染却是长期的，它影响着我们每一个人，甚至是我们的子孙后代。

虽然从表面看来，PM2.5 并不像"非典"那样让人迅速发病、直接危及人们的生命。但这种威胁是以一种慢慢渗入、杀人不见血的方式，危及我们的生活和健康。大量研究发现，PM2.5 对人体健康的影响常常存在滞后效应，即污染对健康的危害不是立即发生，而是推迟几天甚至几个月才逐渐显现。就像钟南山和他的同事所研究的那样，每立方米空气增加 10 微克 PM2.5，呼吸系统疾病的住院率便增加至 3.1%。如果灰霾从 25 微克增加到 200 微克，日均病死率便会增加至 11%。由此可见，PM2.5 对人体造成的危害还在后头。

无独有偶，2012 年 12 月 18 日，环保组织"绿色和平"和北京大学公共卫生学院共同发布的一份研究报告也指出，在 2012 年，北京、上海、广州、西安 4 个城市因 PM2.5 污染造成的早死人数超过 8500 人，因早死而导致的经济损失达 68.2 亿元。通过这个数据可以看出，PM2.5 颗粒物从某种程度上来说，其危害性比 SARS 更深远。

当蓝天不再，当每个人的呼吸都变得如此艰难，当呼吸一口新鲜空气都变得如此奢侈，那么，所有的荣华富贵和功名利禄都没有意义了。空气环境是每个人的，当下我们要做的，应该是拿出曾经对待"非典"的态度，而非漠视和懈怠。通过大家的努力，改善我们最基本的生存环境，这才是最关键的问题。

第六节

伦敦抗霾启示：不在雾霾下行动，就在雾霾中死去

导读

其实在一个城市的发展过程中，出现了问题并不可怕。可怕的是执政者对问题视而不见，或是普通人对问题麻木不仁。或许，当“伦敦烟雾事件”再次出现后，“围城”中的人们才能有所警醒。但血的教训不一定非要用鲜血才能换来。回首 1952 年的伦敦，总结伦敦烟雾灾害事件的经验教训，研究英国政府在事件发生后治霾的措施，或许能给今天的我们带来一些启示。

2013 年 12 月，英国首相卡梅伦访华，其个人官方微博遭遇中国网友的雷人提问：“首相，现如今，雾都的称号已被我们拿下，作为英国首相，您是否感到羞愧?”

虽然这是中国网友一句自嘲式的黑色幽默，却警示着中国不该走发达国家走过的弯路。自从工业革命始，英国就发生了翻天覆地的改变：高耸的烟囱，浓密的烟雾，流淌的钢水，轰鸣的机器……人们一直沉浸在工业发展带来的喜悦之中，所以时常被笼罩在雾霾之中的伦敦，还经常被很多人视为浪漫的象征。直到 1952 年 12 月发生的骇人听闻的“伦敦烟雾事件”，才将沉醉在工业革命胜利中的人们彻底唤醒。痛定思痛，以史为鉴，我们不妨来看看发生在伦敦的雾霾教训。

◆雾霾影响出行，熏黑建筑

20 世纪 50 年代，工业革命一百年后的英国尝到了工业化的恶果。当年曾经客居伦敦的老舍先生描绘为“乌黑的、浑黄的、绛紫的，以致辛辣的、呛人的”伦敦雾霾，在 1952 年 12 月 4 日，变成了震惊世界的“杀手”——位于泰晤士河谷地带的伦敦城一连几日无风，大气呈逆温状态，气温在 -3 ~ 4℃。伦敦城被黑暗的迷雾所笼罩，又值城市冬季大量燃煤，伦敦住户的采暖壁炉排放的煤烟粉尘与浓雾混合，在无风状态下蓄积不散，停滞于城市上空，致使城市上空连续四五天烟雾弥漫，能见度下降到不足 10 米。直至 12 月 10 日，才有强劲的西风刮过，吹散了笼罩在伦敦上空的恐怖烟雾。

在短短几天内，整个伦敦被浓烟吞没，空气中弥漫着浓烈的“臭鸡蛋”气味，情况十分恶劣。尽管市民们紧闭门窗，可是烟雾还是向室内扩散。英国伦敦著名的莎德勒威尔斯剧场正在上演歌剧《茶花女》，台上演员表演十分卖力，台下的观众却有些坐不住了，因为观众的视线越来越模糊，演出最终因为观众看不清舞台而被迫中止。除了剧院，电影院里的观众也看不到银幕，所以伦敦城里的大部分剧院、电影院都停止了演出，处于关闭状态。

街上行人的衣服和皮肤上沾满了肮脏的微尘，飞机被迫取消航班，公共汽车的挡风玻璃蒙上烟灰，只能开着雾灯艰难地爬行。公路和泰晤士河水路交通都几近瘫痪，警察不得不手持火把在街上执勤。

大雾让能见度变得非常低。很多人走路都极为困难，只能沿着人行道摸索前行。作家比尔·布莱斯在他的畅销书《宅：私生活简史》里写道：“19 世纪的伦敦，人们经常在走路时撞到墙上。在一次著名的事故中，7 个人排成一队，一个接一个地掉进了泰晤士河里”；英国游记作家摩顿在《伦敦之心》中写道：“到处都是雾，雾直逼进嗓子使人流泪”“我走进雾里就如同进入难以置信的地狱。雾使伦敦成为魔鬼的世界”；而英语中也出现了一个新词组“killer fog”（杀人的雾）……这些都是当年被雾霾笼罩的伦敦的真实写照。

伦敦的雾霾也对建筑物造成威胁。雾霾中含有大量硫化物，与水汽结合后呈酸性，形成了对建筑具有杀伤力的酸雾，逐步侵蚀建筑。1799—1801 年，英国国会大厦（威斯敏斯特宫）在扩建的过程中就被煤烟染黑，看起来似乎经过了战火的洗礼，后来使用了大量的涂料装饰才得以改观。

◆惨痛灾难：5 天内，雾霾致 4000 人死亡

事件期间的大气主要污染物是二氧化硫（SO_2）和颗粒物（PM）。当年伦敦的工业排污量非常大，每天都有 1000 吨的浓烟从烟囱中飘出来；家庭烧煤也加剧了大气污染。在集中供暖时代之前，寒冬的伦敦，数以万计的家庭只能烧煤取暖。由于战后经济困难，政府将优质煤出口国外，而伦敦人则烧劣质煤，污染更为严重。当空气不流通的时候，这些污染严重的黄烟就被“困在伦敦上空”，形成了浓雾。

随着大气中的污染物不断积蓄，许多人都感到呼吸困难，眼睛刺痛，流泪不止。伦敦医院由于呼吸道疾病患者剧增而一时爆满，伦敦城内到处都可以听到咳嗽声。在浓雾弥漫的 4 天时间里，死亡人数已有 4000 ~ 6000 人之多，多数是小孩和呼吸系统脆弱的人群。12 月 9 日，烟雾被狂风驱散，此后 2 个月内，又有近 8000 人因为烟雾事件而死于呼吸系统疾病。

一位参加救援的医生回忆，他曾经想把一个患者送到医院救治，但是医院里因为大雾来就诊的人太多，所以无法及时收治。终于有一家医院同意接收这位患者后，医生松了一口气，可当他把救护车门打开时，却看到那个人已经过世了。

大雾弥漫下，就连当时举办的一场盛大的得奖牛展览中的 350 头牛也惨遭劫难。先是一头牛当场死亡，14 头牛奄奄待毙，另有 38 头牛严重中毒。此

时，伦敦雾中二氧化硫含量增加了 7 倍，毒雾围城俨然成为一桩社会事件，即“1952 年伦敦烟雾事件”。

◆ 伦敦是如何摘下“雾都”的帽子的

这场浩劫对全世界人都触动很深。英国政府开始反思，为什么一场大雾能夺走那么多人的性命？人们逐渐认识到，城市大气污染问题既与燃料结构有关，也是人口、交通、工业、建筑高度集聚的结果。

为顺利解决空气污染问题，在 1956 年，英国政府出台了《清洁空气法》，这是世界上第一部空气污染防治法案。《清洁空气法》要求“严格控制空气污染，大规模改造城市居民的传统灶具，减少煤炭的用量。”英国政府积极提倡冬季集中供暖，而英国居民习惯使用传统壁炉采暖，突然的改变引起了一些人士的不满与反对。但是为了呼吸到新鲜的空气，人们都以大局为重，逐渐接受了这样的规定。

英国政府还在城市里设置无烟区，规定了发电厂、重工业设施纷纷迁离城市，使城市大气污染程度降低了 80%。同时，英国政府还采取措施着重治理泰晤士河。那时的泰晤士河因为有毒物质含量过高，河里已经没有鱼了，在生物学上，泰晤士河已是一条公认的“死河”，不慎掉入河水中的人都要被送到医院接种疫苗。

此外，在交通污染取代工业污染成为伦敦空气质量的首要威胁后，政府还出台了一系列绿色出行的措施，包括优先发展公共交通网络、抑制私车发展、减少汽车尾气排放，以及整治交通拥堵等。为了让民众都能积极执行，伦敦市长鲍里斯 · 约翰逊以身作则，坚持每天骑自行车上下班。他的前任利文斯通也和民众一起挤地铁。英国人经常从电视新闻中看到，首相卡梅伦和副首相克莱格乘火车上下班，有时还不得不赶时间在火车上处理公务。

因为伦敦的污染问题非常严重，英国政府采取的这些措施并没有取得立竿见影的效果。1962 年，还发生了一次更严重的烟雾事件，但是 1962 年的伤亡人数不及 1952 年。渐渐地，伦敦将“雾都”的帽子慢慢摘去，1965 年之后，伦敦再没有出现过曾经那种大规模的烟雾。

如今的伦敦，外观得以改变，已经很多年看不到旧时文学作品中经常描绘的雾都风情，偶尔在冬季或初春的早晨才能看到一层层薄薄的白色雾霭，空气污染带来的困扰早已消散在每天清爽的空气中。鱼儿又重新回到了泰晤士河，在泰晤士河钓鱼已经成为伦敦人茶余饭后的一个习惯。

◆告别雾霾，我们要等多久

英国花费了差不多半个多世纪的时间治理空气，时至今日已经大功告成。回首 1952 年的伦敦，总结伦敦烟雾灾害事件的经验教训，研究英国政府在事件发生后治霾的措施，或许能给今天的我们带来一些启示。

综观以上英国治理空气污染的措施，其中有一个关键词始终清晰地呈现在我们面前，那就是法律。显然，改善空气质量不可能自然而然完成，也不是一句空洞的口号，它需要实实在在的行动，需要政府下决心制定和推行相关政策。为避免灾难再次出现，并最大限度保障经济发展的需要，政府需赋予环保部门更大权力，加重对环境违法行为的处罚，特别应对 PM2. 5 等常规污染物的治理做出明确规定。这是我们可以向英国学习的有效方法，也是治理空气污染的有效途径。

当然，各级政府的行动固然重要，但这绝不意味着解决大气污染问题与我们每个人就没有关系了。其实，治理空气污染，消灭 PM2. 5 更需要公众的参与。比如，积极倡导低碳、绿色的出行方式，少吃一点烧烤、少做一点油炸食物，尽量选择乘坐公交、骑自行车或者步行；又如，积极参与全民绿化植树活动，减少土地沙化而造成的扬尘；减少燃放烟花爆竹次数，不要到处焚烧秸秆……雾霾是一次考验，面对困难，我们只有团结起来，从一点一滴做起。

大家想，人口总数远远小于中国的英国，要根本扭转这一局面也需要花半个多世纪的时间。而我国人口规模庞大，要彻底治理雾霾是不是需要更久远的时间呢？所以在雾霾面前，人人不应当看客！

面对雾霾天气的影响逐渐扩大，空气质量明显下降的严峻现实，笔者突然想起鲁迅先生的“不在沉默中爆发，就在沉默中死亡”的名句，在这里不妨套用一下：不在雾霾下行动，就在雾霾中死去。如果每个人都积极行动，把责任承担起来，那么改善环境的作用是很大的，美梦成真这一天便不会太遥远。只有心中有温暖，这世界才能阳光灿烂，只有内心洁净，才能看到干净的天空，呼吸纯洁的空气。请相信我们的国家，也相信自己。我们已跨越了那么多困难，PM2.5这点麻烦，只要我们持之以恒、坚持不懈，就一定能战胜它。

详解 API 和 AQI，教你看懂空气指数

导读

空气指数是对我们行动的一个指导，更是我们健康的保障。它就像一个方向标，指向“优”或“良”，我们就可以了无顾虑地出门，进行各种户外活动；当它指向“轻度污染”时，那么老人、小孩子和身体虚弱或染病者就尽量不要出门，可以在家活动；一旦这个风向标指向“重度污染”，那么除了身体虚弱的人外，一般人群也尽量少出门。

王滢在7个月前刚当上母亲。入冬以来，她每天起床后趴在窗边张望外面的天气，如果看到灰蒙蒙的天色，她就会迅速上网查看当天的空气检测数据，当显示的污染等级“不健康”时，她便提醒要上班的丈夫戴上口罩，同时关紧家里的门窗。在地板上爬来爬去的女儿，也就不能被妈妈带出门晒太阳了。

王滢的邻居徐大妈也是如此，从来不喜欢碰电脑的她竟然和儿子学会了查询空气质量指数。徐大妈逢人就感慨，空气指数就是全家人生活和出行的指南。上面显示的污染程度一旦上升，她就不再开窗，不再晒被子，不再进行户外锻炼，即使出行也会提前准备好医用口罩。

时下，越来越多的人都开始关注城市的空气质量。只要登录当地环保部门官网，就可以清楚地了解当地的空气质量情况。但是，环保部门给出的空气质量报告中，你了解每个名词的意思吗？空气质量指数中不同级别的空气质量指数，哪些宜于在户外活动呢？

◆空气污染指数——API

API，即空气污染指数（Air Pollution Index）的简称，是表征空气污染程度的一种方法。它能告诉你呼吸的空气是清洁的还是受到污染的，以及你应当注意的健康问题。

API一共划分为5个级别，即0～50、51～100、101～200、201～300以及大于300。指数越大，级别越高，说明污染越严重，对人体健康的影响也越明显。关于这5个级别的具体内容，我们可以通过一个表来说明。

空气污染指数（API）及相关信息

空气污染指数	级别	类别	对健康的影响	健康忠告
0～50	Ⅰ	优	无具体影响。	一般人群正常活动。
51～100	Ⅱ	良	对大部分人没什么影响，对极少数敏感的人有较弱的影响	易感人群应减少出门
101～200	Ⅲ	轻度污染	儿童、老年人及易感人群症状有轻度加剧，健康人群出现刺激症状	心脏病和呼吸系统疾病患者应减少体力消耗和户外活动
201～300	Ⅳ	中度污染	心脏病和肺病患者症状显著加剧，运动耐受力降低，健康人群中普遍出现症状	老年人和心肝病、肺病患者应减少体力活动
300以上	Ⅴ	重度污染	健康人运动耐受力降低，有明显的症状，提前出现某些疾病	老年人和病患应当留在室内。一般人群尽量减少户外活动

值得一提的是，随着雾霾愈演愈烈，API已不能很好地起到监控作用。这是因为，API分级计算参考的标准是旧的环境空气质量标准，所评价的污染物

仅为二氧化硫（SO_2）、二氧化氮（NO_2）和PM10三项，且每天发布1次，仅此三项无法准确评测出城市的空气质量，所以，在空气质量新指标中，空气污染指数（API）的地位渐渐被空气质量指数（AQI）代替。

◆什么是空气质量指数（AQI）

什么是AQI呢？它表示空气质量指数（Air Quality Index）。AQI的数值越大，级别和类别越高，表征颜色越深，说明空气污染状况越严重，对人体的健康危害也就越大。

AQI与原来发布的空气污染指数API有着很大的区别。其一，AQI分级计算参考的标准是新的环境空气质量标准，除了能检测出二氧化硫（SO_2）、二氧化氮（NO_2）、PM10的浓度外，还可以检测出PM2.5、臭氧（O_3）、一氧化碳（CO）的污染信息；其二，AQI共分为6个等级，调整了指数分级分类表述方式，与对应级别空气状况对人体健康影响的描述更匹配；其三，AQI是完善空气质量指数发布方式，每个小时发布1次，显然，其数据比API更为精确。关于这6个级别的具体内容，我们可以分别来了解一下：

空气污染指数在0～50，级别为1级，对应空气质量的类别为优，表示颜色为绿色。这时的空气基本无空气污染，不会对人体健康产生危害，我们可多参加户外活动，多呼吸一下清新的空气。

空气污染指数为51～100的话，级别为2级，对应空气质量类别为良，表示颜色为黄色。这是可以接受的级别，除了少数对某些污染物容易过敏的人群外，一般人可以进行正常的室外活动。

空气污染指数在101～150的话，级别为3级，对应空气质量类别为轻度污染，表示颜色为橙色。在这种情况下，那些对污染物比较敏感的人群，比如老人或者小孩、有呼吸道疾病或者心脏病患者就要多加注意了，应尽量减少体力消耗大的户外活动，同时减少外出时间。而对于健康人群而言，也可能会出现轻微的过敏症状，只要不在户外停留太久，一般没有明显的影响。

空气污染指数在 151 ~ 200 之间，级别为 4 级，对应空气质量类别为中度污染，表示颜色为红色。此时几乎会对每个人的心脏、呼吸道都产生危害，而其中以敏感性人群（呼吸道疾病者、皮肤敏感者）最为显著。出现中度污染时，儿童、老年人及心脏病、呼吸系统疾病患者应避免长时间、高强度的户外锻炼，一般人群也要适量减少户外活动。

空气污染指数高达 201 ~ 300，级别为 5 级，对应空气质量类别为重度污染，表示颜色为紫色。此时，心脏病、肺病患者的不适症状显著加剧，他们的运动耐受力显著降低。对于健康人来说，影响也比较严重，我们此刻应适当减少室外活动，特别是老人、小孩应该尽量留在室内。

空气污染指数大于 300 的话，级别为 6 级，对应空气质量类别为严重污染，表示颜色为褐红色。API 大于 300，所有人的健康都会受到严重危害。除了有特殊情况需要外出的人群外，建议大家不应该留在室外。

AQI 就像一个风向标，当类别为优或良、颜色为绿色或黄色时，一般人群都可以正常活动；当类别为轻度污染以上，颜色为橙色、红色、紫色或褐红色时，各类人群就需要根据自己的情况，采取相关健康防护措施。有了AQI，我们就可以很直观地了解到大气质量状况，进而拟出最合理的对策来降低大气污染对我们的伤害。

第二章

雾霾过后测一测健康，别让身体“躺着中枪”

第一节 你是否因 PM2.5 患上了慢性病

导读

雾霾天对身体的伤害是个慢慢侵蚀的过程，可能短时间内没有暴露，但任由致病因子长期累积，就像是给疾病打开了一扇门任其闯入。因此，我们要加强个人健康管理的意识。体检能帮助我们及时探测出身体内的健康隐患，是花小钱，省大钱的明智健康投资。

“PM2.5”这个词自从出现在了人们眼前，就再也没有消失过。前阵子，国内多个地区雾霾重重、PM2.5 爆表。医院里，与这场霾有关的疾病患者多了不少，特别是呼吸科的医生感慨说，患者多得都快忙不过来了。打开 QQ 群、微博或者微信，经常会看到好多人正在讨论，当下该怎么办？要不要戴口罩？要不要买空气净化器？要不要去空气好的地方度个假？甚至有人提议，要不要把家搬到没有雾霾的地方。

我的朋友小芸就是其中网络大军中的一位。她于 3 年前来北京工作，本来就患有鼻炎的她，近几年发现自己又患上了咽炎。小芸不吸烟、不喝酒，生活方式极为健康，医生怀疑她的病症与长时间生活在雾霾环境中有关。小芸非常害怕，为了躲开雾霾，她萌生了“逃离”北京的想法。于是，小芸辞掉在北京的工作，回到老家长沙。刚开始的几天里，她还在网上与我分享家乡的蓝天白云，让身居北京的我羡慕得不得了。可好景不长，长沙的空气质量也不幸“沦陷”了，雾霾的严重程度不比北京低。小芸无奈地对我开玩笑：

“本以为雾霾偏爱北方，没想到它如今也‘南下’了。全国这么多城市的空气被污染，看来我只能出国了。”

我告诉她：“改变居住环境确实是逃离霾伏的好方法，但并不是人人都可以那么洒脱，不是人人都有足够的条件离开自己土生土长的城市。而且，老天爷说变脸就变脸，即使你今天逃到了一个没有雾霾的城市，也不敢保证明天那里会不会出现雾霾。你要是有这个精神头，不妨多关心一下自己的健康。有病治病，没病防病，这才是最靠谱的想法呢！”此话一出，立即得到了小芸的赞同。第二天，她就带着全家老小去医院把身体检查了个遍。

◆及时捕捉身体发出的信号

在雾霾严重的日子里，你的身体向你抗议了吗？你每天是否感到浑身不舒服？你是否一呼吸起来就感觉嗓子疼、喉咙发痒？平时眼睛好端端的，现在是不是动不动就干涩、流泪？你是否有头晕、胸部发闷，做一些小动作就气喘不止的症状？如果这样，我同样建议你做一次体检，学会正面迎接身体发出的信号，而不是漠视或选择逃避。

人的身体如同一架高速运转的机器，器官就如同机器上的零件。哪个零件出了问题，就会导致机器出现故障，即使暂时不影响全局，也会导致其他零件超负荷磨损，慢慢地，整个机器也会被拖累，影响使用寿命。所以，我们要不断地对这台机器进行维护和保养。只有拥有健康的身体，才能保证日后更好地生活和工作。特别是在雾霾发生之后，很多人容易被高血压、哮喘、冠心病、脑卒中、肾炎等慢性病所纠缠，我们更应该及时捕捉身体所发出的信号，经常自测健康。

◆对号入座，检测你的健康状态

如下，为大家提供了几个简短的测试。通过它们，你大致可以了解到自己的基本健康状况，继而提高你对健康的关注度。

肺部疾病高危人群简易自测

①你经常咳嗽吗？

②你经常咳出黏痰吗？

③你在进行爬楼梯、遛狗、逛街购物等日常活动时，是否感到呼吸困难？

④你超过 40 岁了吗？

⑤你吸烟或曾经吸烟吗？

如果以上有 3 个回答为“是”，请向医生咨询是否可能患有呼吸系统疾病。

心血管疾病高危人群简易自测

①经常感到心悸、胸闷。

②劳累时感到心前区疼痛或左臂部放射性的疼痛。

③早晨起床时，一下子坐起，感到胸部特别难受。

④饭后胸骨后憋胀得厉害，有时直冒冷汗。

⑤晚上睡觉胸闷难受，不能平卧。

⑥情绪激动时心跳加快，胸部明显不舒服。

⑦走路时间稍长或速度稍快即感到胸闷、气喘、心跳加快。

⑧胸部偶有刺痛感，一般 1 ~2 秒即消失。

⑨爬楼梯或做一些原本很容易的活时感觉特别累，需歇好几次才能做完。

⑩浑身乏力，不愿多说话。

以上符合项越多，证明血管年龄越大。符合项在0～4项者，血管年龄尚属正常。符合5～12项者，请考虑到医院进行检查。

哮喘高危人群简易自测

①婴儿期出现过湿疹，或者直系亲属中有人得过湿疹、哮喘、过敏性鼻炎。

②经常咳嗽，尤其是运动后咳嗽不止，或夜间、凌晨发作性咳嗽。咳嗽通常无痰，也不是阵发性的。

③有喘息的病史，呼吸的时候有痰多的声音，有的时候像是吹哨的声音。

④有过敏性鼻炎病史，或者有时候会连续打喷嚏，或者眼、鼻瘙痒。

⑤活动后喘息加重，体力活动后气促，说话连续时喘息。

⑥经常出现沮丧、易怒、紧张、烦躁、睡眠障碍和头晕等情况。

⑦胸闷气短，有的时候想张口长长喘气，才会感觉舒服一点。

⑧反复“感冒”或上呼吸道感染，但每次均可发展到下呼吸道感染。

⑨反复出现支气管炎、毛细支气管炎和肺炎，持续10天或10天以上，普通的抗炎治疗无效，但对平喘药物反应特佳。

如果上述情况存在4种以上，那么请考虑到医院进行专业的咨询，你有可能是哮喘的高危人群。

疾病是一个变化的过程，小痛变大痛，小病成大病，也是量变到质变的过程。《扁鹊见蔡桓公》里说得好：“疾在腠理，汤熨（用布包热药敷患处）之所及也；在肌肤，针石（用针或石针刺穴位）之所及也；在肠胃，火齐（汤药名，火齐汤）之所及也；在骨髓，司命之所属，无奈何也。今在骨髓，臣是以无请矣。”这说明了一个道理：无论任何事情，防患于未然永远胜过亡羊补牢。若不把自己的健康当回事，就好像你在红灯时乱穿马路一样，虽然节约了一部分时间，却是在拿自己的生命来冒险。

说一千道一万，只想告诉大家体检的重要性。在灰突突的雾霾天气里，当我们身体出现异常时，一定要及早进行体检，查明原因，及早治疗，切莫“病在骨髓”，否则将悔之晚矣。

第二节 大气污染严重，你的肺还好吗

导读

把大气中的氧气提炼出来，输送至血液，并将体内二氧化碳等废气排出去，这就是肺脏的“工作”。如果我们每个人、每一天都能呼吸到新鲜的空气，我们的肺就能远离有害气体的侵袭；而如果空气浑浊、污染严重，我们长期吸入这些有害气体，那么，各种病菌、病毒、粉尘颗粒和化学物质就会侵入肺内，使得肺脏逐渐变得像渔网一样，满是孔洞。

如果说，心脏是生命的发动机，肝脏是人体的化工厂，那么肺脏是什么呢？发动机也好，化工厂也罢，要正常运作都离不开氧气，而肺脏正是输送氧气，人体进行气体交换的唯一器官。中医专家将肺的这一功能叫做吐故纳新，医学上则称之为呼吸。

呼吸是人体重要的生理功能之一。大家都知道，每个人都是啼哭着来到人世间的。其实，这第一声啼哭意味着我们开始进行呼吸了。因为只有当外界气体进入人体时，气流冲击喉部的声带振动，才能发出声音。而从那时起，我们的生活再也离不开呼吸了。

人在一生中，不断地进行着新陈代谢，在物质代谢的过程中，需要消耗大量的氧气，同时又要产生大量的二氧化碳，氧气不断地进入体内，而二氧化碳等废气不断地排出体外，这些都要依靠肺的生理功能。我们的肺功能正常，呼吸就正常自如。如果肺出现了病变，不但影响到呼吸运动，也会影响到身体各个器官的生理功能。而一旦肺丧失呼吸功能，人的生命也随之走向了终点——肺在生命中扮演的角色之重要，不言而喻了吧。

肺就像我们的母亲一样勤劳，它除了有呼吸功能外，还具备一定的自洁能力。比如，它每天清理你全身的脏器，把体内的垃圾（毒素）排得干干净净，让体内不生尘埃。“清扫”这些有害物的方法一种是靠呼出，比如咳嗽，就能将有害物质排出体外；另一种方法就是排痰，通过肺脏的分泌物，将有害物质包裹住，排出体外。

◆是肺脏，还是脏肺

与身体的其他脏器相比，肺的自我保护能力最差，可以说是唯一一个直接暴露于外部环境中的脏器，也是最“受委屈”的一个器官。人们的衣食住行等生活习惯都对肺有影响，很容易在肺上留下“污点”。如果不注意，这些“污点”就可能变成支气管炎、哮喘、肺结核，甚至肺癌这样的“顽固性污渍”。所以，传统中医也将肺称为“娇脏”——娇嫩的脏器。

日常生活中哪些因素最容易伤害肺部呢?

在肺功能的“天敌”排行榜上，空气污染位列榜首。肺每天要吸入大量空气，其中混杂的粉尘颗粒、微生物、化学毒物等都威胁着呼吸系统的健康。虽然肺叶上排列的细小纤毛能将一些污染物、细菌清扫出去。但如果持续大量地吸入颗粒物，肺这道防御屏障就会慢慢变脆弱，即使再坚强的肺也会承受不了。久而久之，受损的肺泡颜色变黑，弹性变差，如同棉絮一样，而肺病也随之产生了。从短期来看，空气的毒害会削弱肺功能，诱发支气管炎、哮喘等疾病；从长期来看，空气污染还可能引发慢阻肺和肺癌等。

吸烟与吸二手烟是肺脏的第二大“天敌”。很多呼吸科医生都知道，在内镜下观察，正常人的肺是红色的，而烟民的肺则完全被熏黑了。一支烟被点燃至烧尽，至少能产生4000多种化学物质，其中已被确认的致癌物有69种，包括尼古丁等生物碱、多环芳烃、重金属元素等。它们能轻松入侵肺部，并附着在肺上，将呼吸道上皮的纤毛破坏掉，这些纤毛是呼吸道的“清道夫”，一旦被破坏，肺气肿、气管炎、肺癌等疾病也就接踵而来。如果你是个烟民，不妨自测一下吸烟指数，即用每天吸烟支数乘以你的烟龄，吸烟指数大于400，肺癌的发生率将升高7倍，那么你真要下定决心，及早戒烟了。

除了空气污染和香烟外，厨房油烟、工厂排污、中央空调、四季更替、药物和疾病等，都在不断摧残我们的肺。有人开玩笑说，“肺脏”这两个字完全可以倒过来，叫作——脏肺。

◆雾霾过后，检查一下肺功能吧

从今年秋冬开始，咳嗽就一直困扰着胡先生。他吃了几天药，反反复复不能痊愈。无奈之下，胡先生上医院检查，得知自己患上了气管炎。他本以为这雾霾天里只有自己不幸中招，没想到，跟他一样情况的同事还真不少，办公室里常常传来一阵又一阵的咳嗽声。其中有一个年纪轻轻的同事，平时身体壮实得很，扛50kg大米上6楼毫不费劲，可是最近一次，他搬了一箱橘子就累得气喘吁吁的。

由于长期呼吸被污染的空气，现代人的肺变得越来越脆弱了。在一次又一次的“磨难”过后，你是否已经觉察到，你的肺健康已经拉响了警报？如果你出现严重的呼吸道症状，建议你去医院进行一次详细的肺功能检查。肺功能检查是呼吸系统疾病的必要检查之一，对于早期检出肺、呼吸道病变，评估疾病的病情严重程度及预后等方面有重要的指导意义。

医学专家建议，45岁以上的人至少每年到医院查一次肺功能；长期抽烟、接触室内、外污染源者，应从40岁开始，每半年查1次肺功能；对于孩子们来说，女孩的肺功能比男孩更容易受到损害，所以对孩子进行肺功能检查，尤其对女孩的检查，更应当引起父母的重视。

除了进行专业的医疗检查外，还有 2 个小妙招能快速测试你的肺功能。第 1 个小妙招叫“吸气计时法”。这是一位美国小说家在其作品《相约星期二》里提到的简易自测肺功能的方法。具体做法是：先深深地吸一口气，呼出肺里所有的气体，再深吸一口气，屏住气在心里默默地计时。能憋气达 30 秒的人，说明其肺功能较强；有慢性肺部疾病的患者，则憋气的时间较短；而垂危的患者，也许只能憋气几秒钟。随着病情的加重，人屏气的时间就会变得越来越短。第二种简易的检查方法是吹火柴：点燃一根火柴，尽力去吹，再根据测试者与火柴的距离来测定其肺功能。如果火柴距离嘴 15 厘米远却吹不灭，说明测试者的肺功能有问题；如果其距离嘴 5 厘米还吹不灭，说明测试者的肺功能很差，如肺气肿患者。

只要吸气和呼气，就可以测定你的肺功能，对于平时工作忙，没时间去医院的人来说，这 2 个小方法是不是很简单呢？那么，当雾霾散尽，你就应该及时、定期地自测一下，根据检测结果及时调整保健措施，才能消疾于未萌，拥有一个干干净净的肺。

第三节

12080650268，牢记心脑血管的健康密码

导读

心脑血管疾病已成为高发疾病，而且成了许多人的“心病”，没病的时候不觉得，一旦患病了便会抓耳挠腮地着急。现在空气污染严重，在生活中对于心脑血管疾病的预防显得更为重要，但又往往易被我们所忽视。因此，在生活中，我们尽量做到自检自查、定时体检，就会减少甚至杜绝心脑血管疾病的发生了。

王先生今年32岁，是一家物流公司的部门经理。早晨步行20分钟上班成了他锻炼身体的一种方式。可是最近，王先生在雾霾天里走了一段时间之后，自我感觉身体一天不如一天了。起先，他嗓子特别难受，总觉得喉咙里有东西，咳嗽频繁。王先生像往常那样，去药店买了点止咳药，可吃完之后非但没有见好，还出现了胸闷、心跳加速、浑身无力等症状，甚至觉得呼吸都不顺畅了。在妻子的“胁迫”之下，王先生来到医院进行全方位检查。

昨天中午，王先生的检查结果出来了，他的血压、血脂都高于正常值，而动脉硬化的3项指标也都超标。医师告诉他，他出现的这些症状是身体对天气变化而产生的一系列“应急反应”。如果不及时治疗，以后可能会引发脑卒中和冠心病。王先生听完如丈二和尚摸不着头脑。他想自己每天都坚持运动，怎么还会与心脑血管疾病沾上边呢？

如今，心脑血管疾病的发病率逐年增加，年轻化现象也越来越明显。专家说，导致心脑血管疾病发病年轻化的因素，除了患有高血压、高血脂、运动减少等原因外，不断加重的空气污染也是不容忽视的因素。研究发现，空气污染每增加一级，心脑血管疾病的发病率上升3%，特别是空气中的PM2.5对心脑血管的影响最大。

前面也说过，PM2.5颗粒非常细小，通过呼吸，超细小的颗粒会附着一些有毒、有害物质直接进入血液，对血管内膜造成损伤，导致内膜壁发生炎症反应，久而久之使血管内膜加厚，血管变得狭窄，增加引发血栓的概率；另外，由于人一次呼吸的空气是有限的，因此，污染重的地区，空气中的颗粒物越多，也意味着大气的绝对含氧量越低。如果人体长期处于低氧状态，血液流动的速度加快，血管无形中慢慢增厚。如果任其发展下去，最终的结果就是血管堵塞。而一旦血管壁上的斑块脱落，随血液四处流动，在某一细小血管无法通过时，便会导致"交通堵塞"，引发脑血栓、卒中等一系列连锁疾病。

我们的血管其实就像家中的自来水管，使用的年头久了就会硬化，缺乏弹性，生活中稍不注意就会造成水管破裂。而PM2.5等污染颗粒及其附带的有害物质则像自来水管中的水垢、锈蚀或异物，常常会使血管发生阻塞。这些都是日积月累的过程，我们想要避免血管硬化，避免空气污染危及血管，一级预防就显得尤为关键，即在患病前就对危险因素做出预防，这才是降低心脑血管疾病发病率最有效的办法。

说起预防，大家不妨牢牢记住一个"手机号"。这个号码分别为：120－80－65－0－268，它是著名心脑血管专家胡大一教授的健康"手机号"，能帮助大家有效监测心脑血管的健康。只要你能严格遵守，就一定能和心脑血管疾病绝缘。讲到这里，肯定有一些朋友开始犯嘀咕了——这串数字究竟代表什么意思呢？下面就为你简单地解释一下。

◆120－80：理想血压

在“手机号”中，“120－80”是打头的几个数字，代表的是理想血压。现在，高血压病的发病率越来越高，这种病本身并不可怕，可怕的是，它会导致心、脑、肾、血管等靶器官的损伤和心脑血管事件的增加。所以，要想预防心脑血管疾病，控制血压就是重中之重，唯有将血压值控制在120/80毫米汞柱之下，才能降低罹患心脑血管疾病的风险。这就要求我们定期测量和记录血压。当检查结果显示血压已经超出120/80毫米汞柱时，就应去医院咨询和关注是否开始需要治疗。

◆6：理想血糖

接下来，我们来说一说手机号中的“6”，它代表是理想血糖。临床上监测糖尿病有很多指标，包括空腹血糖、餐后血糖和糖化血红蛋白。理想的状态是空腹血糖小于6毫摩尔/升，餐后血糖小于7.8毫摩尔/升，糖化血红蛋白小于6.2%。为了记忆方便，胡大一教授找到了一个小窍门，只要记住数字“6”，即空腹血糖小于6毫摩尔/升，你的血糖控制就达标了。很多人中老年朋友觉得，年岁一天比一天大，血糖稍微高一点“很正常”或“无关紧要”，所以常常对高血糖不予理会。殊不知，很多没有及时得到诊治的糖代谢异常者最后都出现了心脑血管并发症。因此，建议大家加强对高血糖的管理，把血糖控制在正常范围，进而降低心脑血管疾病的致残率和病死率。

◆5：理想胆固醇

聊完了“6”，再来看看“5”，它代表的是理想胆固醇。“胆固醇”是我们耳熟能详的一个词，胆固醇水平超过正常值，容易导致动脉粥样硬化的形成，也可能导致心肌梗死，甚至猝死。唯有将胆固醇控制在5毫摩尔/升以下，才能避免成为心脑血管疾病的“后补队员”。当然，胆固醇升高是有一定过程的，如果你懂得留心身体发出的信号，就可以轻易捕获它。但问题是很多人对它掉以轻心，当面临疲乏无力、头晕、记忆力减退、睡眠不佳、眼睛疲劳、手脚麻木等不适时，人们常以为是工作劳累过度所致，对此很难引起重视。因此，专家建议，超过20岁之后就应该每年检查1次胆固醇。一旦检查结果异常，最好多锻炼，坚持低胆固醇、低饱和脂肪及低脂肪饮食。必要时还应服用降低胆固醇的药物。

◆0：零吸烟

手机号中的“0”很关键，它代表的是“零吸烟”，也就是完全戒烟。有人觉得“饭后一支烟，快乐似神仙”，实质是，天天饭后一支烟，肯定尽快见神仙。吸烟不仅是不健康生活方式，也是慢性病的导火索。英国的医生曾做过为期50年的调查研究，结果发现如果每天吸1~5根烟，心肌梗死的概率增加1倍；如果每天吸20~40根烟，在50年之间心肌梗死的比例增加6~8倍。尤其对于患有冠心病、放过心脏支架，或者得过心肌梗死的人来说，戒烟与不戒烟相比死亡风险降低36%。吸烟对人类危害巨大，保证健康的前提一定要做到零吸烟。

◆268：理想腰围

手机号中的最后一组数字“268”，代表的是理想腰围，指女性的腰围要小于2尺6，男性的腰围小于2尺8。走在大街上，我们不难发现胖人越来越多，而且肥胖的孩子也比比皆是。肥胖不仅影响一个人外在的形体美，而且影响着这个人的身体健康状况，尤其是心脑的健康状况。很多医学调查数据表明，腰围的粗细与心脑血管病的发病率成正比，一旦腰围超过标准值，罹患心脑血管疾病的概率将提高 2 ~ 3 倍。所以，以往认为是“福”态象征的“将军肚”不是健康的表现，而是一种对人体健康危害巨大的病态表现。为了少得慢性病，我们应该时刻关心自己的体重，关注自己的腰围。

以上就是胡大一教授提出的“国人健康手机号”，它包含了多项健康指标以及健康的生活方式，对饱受心脑血管疾病以及空气污染折磨的现代都市人来说，无疑是个重要的警醒。在你担心雾霾会危害自己及家人的健康时，不妨经常检测这些指标，与理想的数据互相对照，及时将心脑血管疾病拒之门外。

这串手机号就像是河上桥两边的护栏，护栏外面是湍急的河流，走在桥上，如果没有护栏的保护，我们很可能会掉入河中。而只要我们不过界，小心地待在护栏里面，那么无论处于什么位置都是很安全的。当然，任何指标都是为了分类方便而定的一条线，我们切不可僵化及刻板地看待。如果你测量的结果只是在标准的上下波动，那都是正常的，千万不要因此而忧心忡忡或紧张兮兮。但如果偏离太多，就要多加小心了。

第四节

趁现在还来得及，一起清除自由基

导读

我们知道吸烟有害身体健康，是因为吸烟会导致身体内自由基的数量急剧上升。自由基会攻击身体器官的细胞，从而引起各种疾病。而雾霾进入人体后产生的自由基远比吸烟多，自由基在人体最直接的表现就是引发呼吸系统疾病，严重时还可能诱发心脏病，致癌甚至致死。

过去人们一直认为，在地球上，细菌和病毒是人类生命的宿敌，于是，跟它们做了千百年斗争并取得了显著的成绩。直到 20 世纪 60 年代，生物学家从烟囱清扫工人肺癌发病率高这一现象中发现了自由基对人体的危害，人类才认识到，这个世界上还有比细菌和病毒更具攻击力，也更隐蔽的“敌人”。

要想了解什么是自由基，就要先从我们的呼吸谈起。人是依靠氧气而生存的，我们每次吸入一口氧气，其中有 98% 被机体正常利用了，而其余的氧则形成了过氧化离子或超氧化离子，在体内“瞎转”，最后形成了自由基，它们又被称作活性氧。

自由基的产生同环境密切相关。科学技术给人类带来了巨大的生产力，同时也带来了大量的副产品——空气污染、水污染、食物污染，各种污染物都会使人体产生额外的自由基，引发更多疾病。以空气污染物中的PM2.5为例，它们在空气中经紫外线辐射，会形成自由基，同时引发自由基链反应，形成更多的自由基，进而生成过氧化物。有医生指出，在被污染的空气中呼吸，与吸烟时的情况是一样的。因为当肺部的免疫系统启动时，在解毒的过程中会产生一定量的自由基。如果把肺比作一件脏衣服，那么一般的灰尘、细菌可通过肺叶上排列的细小纤毛清除掉，就像清水洗去衣服上的浮尘一样。但是吸烟和空气污染造成的自由基，就像是油污，已经浸透入这件脏衣服的纤维之中了，不用特别的“去污剂”是没办法清洗干净的。而且，表面携带着重金属的PM2.5还会进入我们的血液系统，在体内产生更多自由基，进而导致血液中自由基的含量增加。

对于每个人来说，体内有一定量的自由基是不可避免的。人在年轻时，体内自由基的产生与消除基本处于平衡状态。但随着年龄的增长，人体清除自由基的能力下降，身体状况自然就会出现滑坡。我们都知道，铁生锈，铜变绿，纸变黄脆，这些都是氧化的结果。当大量自由基积聚在人体内，也会引起氧化反应，影响细胞功能。比如老年人手上的老年斑，就是自由基作用于体内的脂质，产生了脂褐素堆积而成的。如果脂褐素堆积在皮肤，就是老年斑；如果在脑中堆积，就会出现记忆力减退；如果在眼睛中堆积，就会出现眼睛老视。

自由基的野心不仅停留在加速人体衰老方面，大量资料已经证明，炎症、肿瘤、血液病，以及心、肝、肺、皮肤等疑难疾病的发生机制与体内自由基产生过多，或清除自由基能力下降有着密切的关系。比如，炎症和药物中毒与自由基产生过多有关；动脉粥样硬化和心肌缺血与自由基产生过多、人体清除自由基能力下降有关……正因如此，英国“抗氧化之父”哈曼博士才提出了在医学界享有盛誉的“自由基衰老理论”。该理论称自由基是“百病之源”，是人类衰老、死亡的“元凶”，要想延缓衰老，就要消除体内多余的自由基。

◆你的身体是否被自由基打扰

既然人类无法逃避自由基的包围和夹击，那么只有想方设法降低自由基对我们的危害。说到这里，可能有的朋友会问，有没有一种简便的方式，让我们能测试体内抗氧化指数，随时做好预防保健呢？这里提供一个小测试，通过对照，你能了解到自己的真实状况，并有针对性地进行干预和纠正，使身体免受自由基的侵扰，不断地接近健康标准。

自由基简易自测

①工作的忙碌令你常常熬夜，睡眠明显不足；

②常吃方便食品、西式快餐；

③是烟民，或常处于二手烟的环境下；

④每天没有喝足8杯水；

⑤不喜欢吃蔬菜，是典型的“肉食动物”；

⑥有过敏的毛病；

⑦皮肤上不断出现深棕色的斑块；

⑧经常服用一些药物（如止痛药、安眠药、感冒药等）；

⑨经常吃油炸、刺激性食品；

⑩常常暴露于太阳下，很少使用含SPF值的产品；

⑪患有慢性病，并接受药物或放射线治疗；

⑫生活中常接触化学药品；

⑬没有服用维生素或其他抗氧化营养品的习惯；

⑭有酗酒的习惯；

⑮你生活的城市经常出现雾霾天气；

⑯你是个运动员，或者常从事剧烈的运动；

⑰你的年龄超过30岁。

如果在上面的问题中，有3项以上你选择了“是”，那么你体内可能存在着大量的自由基，而你已面临身体抗氧化降低的危险。

除此以外，我们还可以进行专业的检测。随着自由基认可度的提高而发展迅速，目前自由基的检测手段有很多，如脂类过氧化物测定、总抗氧化活性、维生素E含量、维生素C含量、超氧化物歧化酶等测定方法均已陆续出现。为防止雾霾带来各种疾病，一定不要忽视自由基的问题，建议大家利用闲暇时间去医院或者保健机构进行检测，以明确自身的抗氧化能力和自由基是否过剩。

◆筑起健康防火墙，与自由基做个了断

如果受损的细胞太多，提高自身抗氧化能力就显得刻不容缓。那么，如何清除我们体内的自由基呢？

专家建议我们先从饮食入手，摄入更多的抗氧化物。最典型的抗氧化物有3种，即维生素E、维生素C和维生素A。富含维生素E的食物比较常见，如葵花子、芝麻、花生、玉米、蚕豆、豌豆、红薯、鱼类等；富含维生素C的食物也有很多，如猕猴桃、柑橘、柠檬、草莓、大枣、西红柿、青椒、花椰菜、卷心菜、马铃薯等；富含维生素A的食物包括牛肝、胡萝卜、西红柿、西葫芦、红薯、芦笋、西瓜、柑橘等。那些经常接触各种污染源和化学治疗者，还有一些生活无规律，饮食习惯不健康，忙于应酬，经常熬夜、吸烟、酗酒的人群，不妨经常摄入这些食物，为身体加一道“保险”。

当然，上述食物虽然含有较强的抗氧化成分，但是含量很少，并不能满足我们身体每天的抗氧化所需。特别是身处于空气污染严重的城市，仅仅依靠食物清除自由基不能完全奏效，这些情况引起了全世界的重视，一些欧美发达国家为此研制生产出来一些抗氧化剂，可以有效对抗日益恶化的环境污染对人体的危害。细说起来，抗氧化剂有维生素E、β-胡萝卜素以及某些微

量元素等，这些都是大家听说过的营养素。其中的原理是吸入污染空气后，会在人体中产生很多有害健康的自由基，而抗氧化剂则可以清除自由基。此外，微量元素中锌和硒也是很好的抗氧化剂。

除了摄入抗氧化食物和抗氧化剂外，还要注意一些生活中的细节。例如，不要在空气污染的情况下过多运动；不要在烈日下暴晒；避免到汽车尾气浓聚区活动；不要经常做 X 射线、磁共振和 CT 等放射性体检；禁烟、限酒，保持健康的生活方式；不偏食、不过饱；适当运动和活动等。如果有条件，应该远离交通拥堵的城市，住在空气清新、环境优美的地方；家里也要做好防范自由基的工作，尽量避免油烟、辐射等污染源。

第五节 雾霾天气下，关爱心肺，也别忘记肾

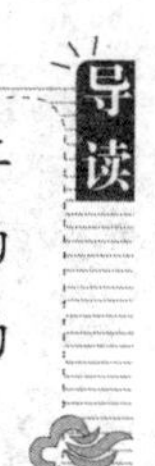

由于空气质量比较差，空气中会携带大量的致病菌，如果带来上呼吸道感染、感冒等常见疾病，而这些常见病又会影响到肾病患者的病情，因为这些常见疾病一旦发生严重，就会造成大量免疫复合物的出现和沉积，对肾脏的伤害加重，使得病情复发。

雾霾“伤心”“伤肺”我们都知道，但对于“伤肾”一说还鲜为人知。其实，空气污染正在一步步伤害你的肾，只是你未曾注意到而已。

在雾霾天气里，空中浮游着大量尘粒和烟粒等有害物质，不仅会对人的呼吸系统产生危害，也会加重肾病的发生率。对于健康人来说，每天将污染颗粒吸入体内，会损伤肾小球毛细血管壁，加速血管壁的硬化，导致肾小球滤过率降低，进而引发肾病；而对于本来就患有肾病的人来说，随着病程的延长，他们身体的各个器官都会出现损伤，如果此时不注意日常的保养，再将 PM2. 5 等污染物吸入体内，那么肾脏功能就会下降，进而使病情加重或者复发。

我有一位朋友，今年 28 岁，是一家证券公司的会计。她老公和她在一家公司，职位为投资理财顾问。二人的工作待遇都不错，光是房子就换了好几处。从“北漂”开始时买的一居室，到现在居住的三室两厅，他们对环境的要求越来越高。无论是材料选购，还是地砖铺贴，事无巨细，他们都要亲自过目。装修的过程中，他们每天还会抽时间去新房中检查一下。3 个月过后，新房终于装修好了，可这位朋友的身体也出问题了。起先是腰部酸痛、四肢轻微水肿，朋友以为是过度劳累所致，没有太在意。后来，她开始头痛、低热，食欲变得非常差，偶尔吃几口饭还因为恶心全部吐出来。在老公的劝说下，她来到了当地医院进行检查。结果显示，这位朋友肾功能不全，并伴有轻度贫血，被诊断为慢性肾衰竭。究其原因，正因为装修时使用的黏合剂、涂料、地砖、夹板等材料损伤到了她的肾脏。幸亏诊断及时，否则这位朋友很可能会并发尿毒症。

我的这个朋友正处于事业的辉煌期，却因为不重视空气养生，吸入过多污染物而致使肾脏受损。听完她的事例，你是否也在担心雾霾会损害到肾脏的健康呢？如果是这样，不妨经常自检一下尿液的情况。

◆通过尿液颜色预知肾脏状况

其实，通过观察尿液是可以发现肾部问题的。肾脏是制造和排泄尿液的器官，每时每刻都在产生和外排尿液。健康的肾脏，会维持好尿液生产与排出的平衡，肾脏一旦有病，平衡被打破，无论是长时间的多尿还是少尿，都说明肾脏出问题了。

正常人的尿量是多少呢？一个成人的尿量，一天是 1000～2000 毫升，平均 1500 毫升，相当于 3 瓶矿泉水的量。如果尿量超过了 4 瓶矿泉水的量，属于多尿；少于一瓶矿泉水的量，是少尿。当然，这种衡量方法也不是绝对的，因为尿量多少受多种因素的影响。比如人在炎热的天气里，身体会通过呼吸、出汗等方式排出一些水分。所以，天热时尿量偶尔少一些很正常，大家不必担心。

人正常的尿液是什么颜色呢？很多肾内科、泌尿科的医生经常会遇到这样的问题："今天我的尿是黄的，还有些浑，是不是有病了？""我的尿没有颜色，正常吗？"等等。其实，正常的、新鲜的尿液并不是无色的，而是淡黄色的透明液体，就像你沏的第一遍茶水的颜色。之所以是黄色，是小便里存在的尿色素造成的。喝水多的时候，尿色素稀释了，尿液也可能像白开水一样透明。喝水少的时候，尿液的颜色会加深，可能类似于啤酒的黄色。这些情况都是正常的。

而不正常的尿液包括以下几种：发亮的鲜黄色，说明尿液中含有黄疸；像洗肉水一样的鲜红色，说明尿中有红细胞，可能由肾脏外科疾病或肾炎所致；酱油色，尿中有破了的红细胞，可能是肾炎的表现；白色，很少见，说明尿中有乳糜，是丝虫病或肾、淋巴管堵塞的常见表现。

但尿液浑浊也不必过于担心。尤其天气凉时，尿液放置一会儿后容易变得浑浊，甚至放久后，尿盆底部还会出现白色沉渣，这往往是尿液析出了盐类结晶，它与肾脏疾病无关。而如果尿液中出现较多泡沫，则可能是肾脏疾病造成的，应该及时到医院去做尿检。

◆体检中最省钱的尿检，千万不要漏查了

体检中的尿检，可谓是最省钱、省事儿的肾脏检查项目了。只需正常解一次小便，大部分肾病问题都可通过此反映出来。如果在验血的时候，发现肾脏有问题，此时恐怕肾功能已经受损不轻了，与其等验血来了解肾脏，还不如平时就定期进行尿常规检查。

通常所说的尿液检查包括：尿常规、尿沉渣、中段尿养、尿蛋白定量等项目。在做尿常规检查，留尿标本时，以清晨第一次尿最为理想，因为晨尿较为浓缩却偏酸性，有形成分相对多、完整，而且没有饮食因素干扰，不影响尿液的化学测定。

尿检可以有效监测尿液中的蛋白尿，有助于慢性肾脏病的早期防治。虽然蛋白尿不能代表肾功能，无法反映肾脏病进展阶段，但是，蛋白尿在肾脏损伤早期就可以出现，除了少数特殊肾脏病类型，蛋白尿水平越高，将来发生心血管疾病的可能就越大，因此，尿检是一个很好的“安全警示灯”。

尤其我们在雾霾过后，出现感冒、发热、感染等症状时，更应该马上去医院进行尿检。这是因为，感冒、发热是引起肾炎最主要的因素。而且人在感冒、发热时服用的一些药物，都会加重肾脏代谢的负担，可能会诱发肾病，比如退热药一类的药物最好在医生指导下使用。所以，当出现这些病症后进行一次小便检查，就有助于查出肾病。尤其对于儿童来说，慢性肾病早期很难被察觉，他们不懂得用具体语言表达自己身体的不适，家长更应该把定期为孩子体检放在重中之重。

除了定期尿检外，我们还要多多留意身体上的一些变化，学会捕捉肾病早期的损害信号：比如，有些人经常出现乏力、容易疲劳、腰酸、腰痛等现象，以往，人们会觉得这是工作劳累引起的。但是值得提醒的是，这些也可能是肾病的早期症状。有些人夜尿增加，这可能是肾脏功能不良的早期临床表现。正常人年龄小于60岁时，一般不应该有夜尿，如果年纪轻轻的人每天晚上要跑厕所许多回，则应引起重视。又如，一些朋友早晨起床眼皮水肿，下肢也有些肿胀，更有甚者出现足背水肿、踝部水肿或全身水肿，这时应及时到医院检查水肿的原因。因为肾病、心脏病、内分泌疾病及某些营养不良性疾病等，都可能出现水肿症状。

总而言之，及早发现疾病，及早就诊，及早治疗才是重要的。这样就能在自己没有感觉的情况下，在已经潜伏小病灶的时候，最先发现肾脏的异常，把肾病消灭在萌芽状态。而小的病灶及时发现，一经治疗也能迅速治愈了。

第三章

日常生活中，哪些因素会影响到PM2.5

烟毒猛如虎，在室内吸烟等于燃烧生命

导读

“吸烟有害健康”是无人不知、无人不晓的道理，而雾霾天气、空气污染、PM2.5 升高影响身体健康也是老幼皆知。大多数人在提到 PM2.5 升高时，首先想到的可能是汽车尾气、工业废气等造成的空气污染，其实人们忽略了身边重要而又常见的来源之一，那就是吸烟。可以说，在室内吸烟，无异于燃烧自己及家人的生命。

现在，我想问大家一个问题，你知道做什么事能够让你立即实现以下 7 个愿望吗？愿望 1：马上改善黯淡的肤色和粗糙的皮肤；愿望 2：让你的呼吸更加顺畅；愿望 3：使你患心血管疾病的风险减半；愿望 4：使你的味觉和嗅觉都变得更敏锐；愿望 5：你被感冒侵袭的机会大大降低；愿望 6：延长你的寿命，让你过上没有病痛的晚年；愿望 7：让你身边的人活得更健康。聪明的你知道我说的是什么事吗？答案就是戒烟！

吞云又吐雾，交心不二途，人情欲往来，烟丝先开路——香烟常常作为一种文化礼仪而用于社交场合。应酬时，香烟是拉近关系的纽带；亲朋好友间，递烟则表示尊敬。除了递烟打招呼外，不少男性烟民则会以香烟作为一种装饰或是寂寞的象征；而越来越多的年轻女性也加入了烟民大军，在他们看来，抽烟不仅算不上恶习，还是一种时尚潮流和文化符号，能让自己看起

来特别有“范儿”……

不过，这股风气该刹刹了，毕竟吸烟对健康是有百害无一利的。据世界卫生组织（WHO）最新报告指出：香烟每小时会杀死 560 人，目前全世界吸烟人数约有 13 亿，那么每年约有 490 万人死于与香烟相关的疾病。与烟草相关的死亡目前已占全球死因构成的第一位，远远超过了非典和海啸。如果目前吸烟状况得不到有效控制，到了 2025 年，香烟的致死率将超过肺结核、疟疾、生产和围产期并发症及艾滋病的总和。香烟如此之毒，所以有学者表示，吸烟是这个时代对人类危害最严重的“疾病”，可谓文明时代的“白色瘟疫”。

◆香烟 = 毒物大全？

虽然香烟不至于一眨眼就送我们见上帝，但是它燃烧后产生的烟雾中却含有上千种有毒、有害物质，可谓是毒物大全。比如芳香烃、生物碱、重金属微粒、有毒非金属、有毒小分子、氧自由基，甚至还有放射性气体——氡！大家想想看，那么多毒物吸入了身体，对我们的健康能没有影响吗？以尼古丁为例，它是一种剧毒生物碱，对人的健康危害最大。一支香烟里的尼古丁，可以毒死 1 只老鼠，20 支香烟里的尼古丁能够毒死 1 头牛。一个人如果每天抽 20 ~ 25 支香烟，就等于吸入 50 ~ 70 毫克的尼古丁，这些尼古丁足以置人于死地，只是由于它们是逐步被吸入体内的，再加上人体有一定的解毒能力，我们才暂时幸免于难。

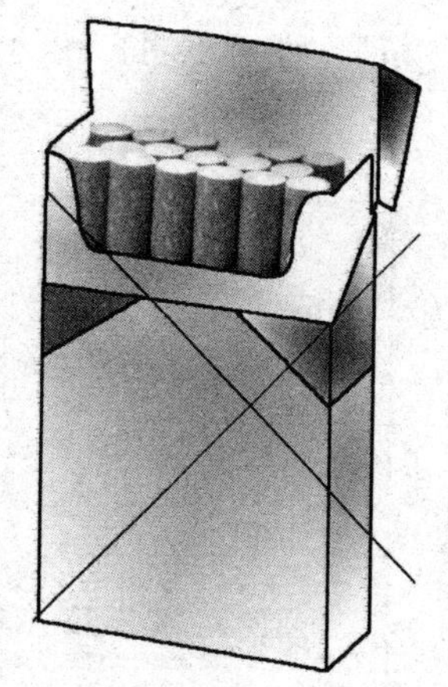

可能大多数烟民一时间很难体会到香烟的坏处，所以在不知不觉中便忽略了它的严重性和致命性。不过“出来混总是要还的”，当吸烟日久成习，毒素在体内日积月累越来越多时，与香烟沾边的疾病便开始“崭露头

角”。举例来说，吸烟是心脑血管疾病的重要诱因和加速剂，有学者研究发现，吸烟者由冠心病引起的猝死，要比不吸烟者高4倍以上；吸烟会损害神经系统，使人记忆力衰退，过早衰老；吸烟者容易得胃溃疡，因为香烟烟雾中的烟碱能破坏消化道中的酸碱平衡；吸烟会损害呼吸系统，据估计，有80%～90%的慢性阻塞性肺疾病的发病和死亡与吸烟有直接关系。经常吸烟的人，长年咳嗽、咳痰，易患支气管炎、肺气肿、支气管扩张等呼吸道疾病；吸烟可导致男性性功能障碍和男子不育症。对于女性而言，吸烟则增加了患宫外孕、不孕症、流产、早产的可能；最为可怕的是，香烟燃烧后的烟雾中含有40多种致癌物质，以及10多种会促进癌发展的物质，比如臭名昭著的亚硝胺、一氧化碳、尼古丁、焦油、烟碱等，这些都是致癌、促使癌变物质。长期吸烟会引起肺癌、咽喉癌、口腔癌、鼻咽癌、食管癌、胃癌、胰腺癌、膀胱癌等。

下面，我们就具体来说一说，这云雾缭绕之中都有哪些东西能让你“缴枪”，那些不明真相的烟客们，请睁大眼睛看看这残酷的现实吧！

烟草中的有害物质

①尼古丁：占烟叶干重的1%～3%，被吸入肺部后能迅速进入血液，并在数秒钟内到达中枢神经系统，有高度成瘾性。当脑中的尼古丁浓度下降时，吸烟者就无法继续体验“愉悦”感，开始想要“再来一支”了。

②稠环芳烃：有机物不完全燃烧的产物，烟草烟雾中超过500种，其中多有致癌性。

③芳香胺类：作为抗氧化剂在药品、杀虫剂、塑料和橡胶产品中使用，其中多有致癌性。

④自由基：有较强的氧化性，在人体内会引起氧化应激，在炎症发生、内皮功能障碍、脂质异常等病理过程中均发挥作用。

⑤重金属：铅、钴、铬、汞、铊等，其中多有致癌性，同时导致脱氧核糖核酸（DNA）损伤。

⑥放射性物质：铅-210、钋-210等，通过呼吸进入人体，容易引起肺癌。

⑦挥发性物质：如一氧化碳，会影响组织供氧，导致胎儿缺氧、死亡；N-亚硝胺，在烟草的处理、调制和贮存过程中产生，其中多种与肺癌等癌症相关；硫化氢能刺激呼吸道黏膜；甲醛则有较强的致癌性。

⑧过滤嘴中的有害物质：如石棉、碳、玻璃等。加装过滤嘴的香烟其实并不能降低吸烟的危害。另外，低焦油香烟对人体的危害并不比一般香烟少，它们会使吸烟者每口吸入的烟雾量更大，吸烟的数量更多等。

◆室内一支烟，盖过一场火

相信你已经了解到，烟毒猛于虎，吸烟有种种穷说不尽的坏处，它就像现代社会的白色瘟疫，不仅危害自身健康，还会伤害家人、影响下一代的身体素质。尤其现在空气质量不好，很多人都躲在办公室或家中不愿出门，此时若控制不住烟瘾，在室内一支接一支吸烟，那么即使你没有暴露在外界空气中，也会吸入高浓度的 PM2.5，这种伤害比身处户外时还大。

为什么这么说呢？因为烟民吞吐出的烟雾，大多数由直径小于 2.5 微米的颗粒物组成，这些的细小颗粒物很容易直达肺泡并沉积在肺部。即使吸烟后没有看到具体烟雾，但只要能闻到烟味，就代表室内的 PM2.5 浓度已经很高了。而且，PM2.5 是不会凭空消失的，当它浓度比较大时，如果不能马上开窗通风换气，这些颗粒物就会附着在墙壁、家具、被子、窗帘、衣服上，成为二手烟、三手烟，污染室内的空气，给身边的人带来危害。

我的朋友小李就吃了 PM2.5 的亏。他曾对我说，他从小学开始就吸烟了，是一个 15 年烟龄的“老烟枪”。任何牌子的香烟，只要拿到他跟前，他闭眼睛吸上一口就能猜中是何种品牌。我对他这种癖好嗤之以鼻，但小李却引以为豪。去年，他跳槽到了一家互联网公司，由于工作关系，小李每天回家都要加班，于是他每天常常一忙就到后半夜了。夏天热了开空调，冬天冷了关窗户，困意来了再吞云吐雾。可是仅仅 1 年多时间，就生病了——谁生病了呢？不是小李，而是与他同处一居的妻子病了。经过 CT 检查，他那不吸烟的妻子被诊断为早期肺癌。这个消息犹如晴天霹雳，小两口顿时觉得眼前一黑。在伤心之余，小李不免有点疑惑，他的妻子平时身体一直不错，就是咳嗽了一段时间没在意，怎么就突然得了肺癌呢？

虽然不能明确是小李的妻子吸二手烟惹的祸，但是美国医学最近的研究报告指出：被动吸烟，也就是“吸二手烟”比原来外界了解的还要危险，和吸烟者共同生活的女性患肺癌的概率比普通人高 6 倍。这项研究在检查密苏里州 106 名和吸烟者生活在一起的妇女的组织之后发现，被称作“GSTMI”的基因突变或缺少此基因的妇女，患肺癌的概率是普通人的 2.6 ~ 6 倍，“GSTMI”基因现在已被认为会让烟草里面的致癌物失去活性。小李在屋子里吸烟，使得狭小的空间充斥了烟雾，成为 PM2.5 的“重灾区”。我们在前面讲过，香烟点燃时产生的烟雾中，含有上千种已知有毒或致癌物质，它们大多是直径小于 2.5 微米的颗粒物，很容易滞留在室内，他的妻子由此饱受二手烟、三手烟的迫害，患肺癌的概率大大增加。

吸烟对室内 PM2.5 的升高有多大影响呢？复旦大学公共卫生学院对此进行了一项实验。研究人员选择了一个 20 平方米的房间，当无人吸烟时，测得房间内的 PM2.5 平均浓度为 52 微克/立方米。而当研究人员开始二手烟雾检测后，仅第 1 支烟吸完，距离吸烟者 2 ~ 3 米处的 PM2.5 浓度达到 251 微克/立方米，根据国际标准，超过 251 微克/立方米为“危险”；当第 2 支烟吸完后，PM2.5 浓度上升至 648 微克/立方米；紧接着，当第 3 支烟吸完后，PM2.5 浓度已高达 955 微克/立方米，这个数值是国际室内 PM2.5“安全上

限”的12倍。由此可见，二手烟雾对室内 PM2.5 浓度的影响是“立竿见影”的。

我国是烟草大国，目前，我国烟民的数量达3亿之多，绝冠全球。同时，也有7.4亿“被吸烟”者也遭受着牵连。据一项研究估算，在我国的现有人群之中，将有190万非吸烟者因被动吸烟所致的慢性阻塞性肺炎而死亡，这组数字不能不让人痛心和反思。在此奉劝各位，为了自身及家人健康，就不要再碰香烟了。

只要能戒烟，对任何年龄段的人来说都不算太晚。即使您超过了60岁，如果痛下决心不再吸烟，仍然可以延长自己的寿命。而如果一个人从40岁开始戒烟，那么他平均可以多活2.5岁。也许有些人觉得这2.5岁没什么了不起，有这种观点的朋友不妨仔细想一下：用目前最好的药物为肺癌晚期患者治疗，只能让他们的寿命平均延长3个月；由最好的医生给冠心病患者做搭桥手术，平均能使他们多活4个月……而你只需放下手中的烟草，就能轻松多活2.5年甚至更多，还有什么医疗措施、保健方法比戒烟来得更简单、更有效、更迅捷呢？所以，广大的烟民朋友应正视烟草的危害，为了你自己，也为了别人，让世界少一点烟臭，多一些花香吧！

点蚊香驱蚊，小心屋子变成“毒气室”

导读

驱蚊，是夏天每个家庭必做的功课，可这个看似全球性普及的行为却很有讲究，因为一旦驱蚊没做好，你赶走的就不仅是蚊子，还有人的健康和环境的安全。比如燃烧蚊香就是一种污染室内空气的做法，用其驱蚊之弊远远大于利，蚊子虽然被消灭了，我们的身体却跟着遭殃了。

曾有一个研究机构对世界上最扰人的动物进行了一个排行，蚊子荣登榜首。的确如此，一说起这小小的生物，几乎每个人都恨得咬牙切齿、抓心挠肝。每当盛夏时节，是蚊子最为猖獗的时刻，与它们周旋实在是一项艰苦的工作。尤其在每天晚上，当人们正睡得香甜的时候，总能听见耳边不停的嗡嗡声，胳膊、腿上也隆起了让人又痛又痒的小红包。在备受蚊子摧残的漫漫长夜里，有的人忍住困意一鼓作气爬起来，眯眼寻找这些害虫的踪迹并消灭之；有的人拿出花露水涂抹全身；还有的人立即燃起蚊香，试图用这种省力的方法祭奠这些小生灵。对于我来说，从来不会选择蚊香，因为我深知，使用蚊香驱蚊的弊远远大于利。

记得小时候，我们小区的物业常组织各家庭开展一些灭蚊活动。在傍晚时，挨家挨户发一些驱蚊药，等时辰一到，各家统一点燃，之后人去楼空，那架势不像是在熏蚊子，分明是在熏人。而灭蚊活动结束后，每次我一进家门，总会被呛得连续咳嗽好几天。现在，早已没有那种驱蚊药了，也不流行那样的驱蚊壮举了，取而代之的是家庭蚊香、电蚊香等，但性质是一样的，虽然蚊香能有效消灭蚊子，但同时也危害了我们身体的健康。

为什么我要这么说呢？我们还是先来认识一下蚊香以及蚊香燃烧时释放的各种物质吧！

◆被蚊子咬几口好，还是被蚊香熏一宿好

蚊香，自 1880 年发明至今已有 100 多年了，一直是家庭驱灭蚊虫的必备用品，它是将杀虫有效成分混合在木粉等可燃烧性材料中，然后让它在一定的时间里缓慢燃烧，将杀虫的有效成分挥发出来，当空间里的有效成分达到一定浓度后，就能对蚊虫产生刺激、驱赶、麻痹、击倒及致死的作用。那么，蚊香焚烧后会释放哪些物质呢？

每一种蚊香材料中无一例外都含有“除虫菊酯”，它是蚊香中真正有效的灭蚊成分，一类模拟天然除虫菊的合成杀虫剂，对人类的毒性不高，也没有致癌或致畸效应。在各个文献中，蚊香所能释放的除虫菊酯的剂量都被认为对人是安全的。不过，整个蚊香的质量中，只有不到 1% 是除虫菊酯（在不同产品里的含量会有差异），真正让人担心的，是剩下那占 99% 的辅料（主要是木粉和黏合剂等）的燃烧产物。

比如，蚊香在燃放时会排放一种叫多环芳烃的物质，它是一类分子中含有多个苯环的化合物，也是最早被公认的化学致癌物。它的化学性质稳定，在环境中能持久残留，容易在人体、生物体和沉积物中积累并致癌、致畸，而蚊香、香烟、煤炭等的燃烧过程都会有这类产物。早在 1775 年，英国一名外科医生就确认烟囱清洁工阴囊癌的高发病率与他们频繁接触烟灰有关。针对这一类污染物的危害，科学家也做了相关的试验，研究证实，燃烧 1 克蚊

香产生的多环芳烃总量远远小于民用燃煤、燃柴和卫生香，不过，如果与香烟做比较，二者多环芳烃的产量却是持平的。以一盘 15 克的蚊香为例，它的污染指标相当于在室内点了 15 支烟。

甲醛是我们最为熟悉的一种室内空气污染物，它通常潜伏在装修涂料黏合剂中，而在蚊香的烟雾中也能找到它的影子。甲醛对人体有致敏、刺激、致癌变三大危害，当我们的皮肤直接接触甲醛时会引起过敏性皮炎、色斑、皮肤坏死，吸入高浓度甲醛时可诱发头痛、支气管哮喘，甚至是白血病、癌症。有文献显示，一盘蚊香释放的甲醛量相当于点了 51 支烟。

一氧化碳也是燃烧蚊香时的产物。作为有机物不完全燃烧的产物，它可以抢占血红细胞中的血红蛋白，阻止氧气与之结合。我曾看过这样一则新闻：浙江某公司的一名值班人员，因为传达室里蚊虫较多，他就点燃了一盘蚊香。为了达到更好的灭蚊效果，他将房间的门窗全部关严后才睡下，结果引发了一氧化碳中毒，经抢救无效，最终导致死亡。一盘小小蚊香竟要了一条人命，可见其释放一氧化碳的含量不容小觑。

蚊香燃烧后还会释放苯系物。苯系物主要包括苯、甲苯、邻二甲苯、对二甲苯等，这些物质对我们的呼吸道有一定的刺激，若长时间接触这类物质，有诱发人体癌变的可能。如果你室内的面积比较大，或者你在燃烧蚊香时开窗通风，就能驱散苯系物的浓度，反之，苯系物很可能超标，进而为健康带来一系列不利的影响。

除此之外，在居住环境中点燃蚊香，还会升高室内 PM2. 5 的浓度，为什么呢？因为 PM2. 5 也是蚊香燃烧时释放的颗粒物。当卧室空间面积较小，烟雾微粒浓度较高时，你睡觉的地方就变成了“毒气室”。在这种环境下，人很容易出现咳嗽、胸闷、哮喘等病症，而心血管疾病患者还会使病情恶化。

我们可以看出，点蚊香的确会对室内空气造成污染，并给人体带来一系列损害。因此，你在使用蚊香时，一定要将它放在通风口，如房门口、窗台

前，为自己创造一个清清爽爽的通风环境。很多人使用蚊香，喜欢睡觉时点着，早晨醒来再熄灭。这是不科学的，最好是将蚊香点燃后人离开，过1个小时左右再进屋。

◆如何科学地和蚊子“死磕”到底

有的朋友可能会问，化学驱蚊对身体有害，难道我们要一直忍受蚊子的摧残，不做出任何反抗吗？其实，生活中有不少较为安全的驱蚊方法，现在就给大家介绍几个小妙招，以帮助你科学地和这些蚊子“死磕”到底。

技巧一：隔离驱蚊法。对于关注健康的人而言，最笨的办法往往是最好的。比如加强纱窗的严密性，在床上安置一个蚊帐等。尽管这种方法古老又费力，不过对于老年人、孩子和孕妇来说却是最安全的方法，而且也能保证空气质量。

技巧二：糖水黏蚊法。找出家里的空酒瓶，每只酒瓶装进约10毫升的糖水溶液，轻摇几下，使瓶子内壁周围黏上糖液，分别摆放于蚊虫活跃之处。蚊虫闻到糖味，会自动投入“瓶中陷阱”被死死黏住。这招有点“守瓶待蚊”的味道，不过能灭一个算一个。

技巧三：营养驱蚊法。如果有几个人在一起，但蚊子偏偏就叮你一个人，主要还是跟你身体散发的气味有关。此时你不妨吃点维生素 B_1，使身体所排出的汗液酸性浓度降低，蚊子就不会对你死缠烂打了。若能在服用维生素 B_1 的同时，用其泡水擦身，也会使蚊子不敢近身。

技巧四：卫生驱蚊法。我们不但要防范从屋外闯入的蚊子，还要防止自己家中滋生出蚊子。一般来说，有积水的角落通常是蚊子栖息和繁殖的地带，所以清理积水就能把绝大多数烦恼扼杀在摇篮中。比如家里储水容器，每3～5天就要彻底刷1次，水生植物的盆罐和鱼缸，最好每周换1次水，还要定期打扫厕所、厨房等一些容易有积水的死角。

技巧五：花草驱蚊法。七里香、食虫草、逐蝇梅、驱蚊草、夜来香、万寿菊、茉莉花、薄荷等花草，不仅驱蚊的效果好，而且对人体无任何伤害，还能美化房间，净化房间内的空气。将花草摆在窗边是一件赏心悦目的事情，特别是炎热夏天会令人神清气爽、心旷神怡。

技巧六：涂汁驱蚊法。用适量薄荷、紫苏或西红柿的叶，揉出汁涂抹在裸露的皮肤上，蚊虫闻到这些植物汁散发出来的特殊气味，便会远远躲开。这些个方法简单易行，对人体没有伤害。

厨房是 PM2.5 的乐土，厨娘厨爹们需留意

导读

你知道吗？厨房可能是居室中空气污染最严重的区域，它对身体健康的影响甚至会超过卫生间！厨房中的污染一是因为燃气燃烧时会释放出有毒气体，二是因为烹饪时热油会产生大量油烟，这些都是显而易见的致癌物。因此，烹饪时我们一定多用蒸、煮、炖、焖等手段来代替煎、炸、炒。最后别忘了，保证厨房里通风良好是非常重要的。

我曾看过这样一则新闻：在美国一所大学发生了一起案件，两位男性室友发生争执，最后竟然大打出手、挥刀相向。二人争吵的原因很简单，就是因为其中一个学生讨厌另一个中国留学生做饭时散发的油烟味，他一忍再忍，最后忍无可忍，终于矛盾被激化。

虽说这位同学处理问题的方式很不理智，不过由此事却能反映出我们的饮食结构极为不健康。与西方人牛奶、泡麦片、烤面包、沙拉的饮食习惯相比，中餐的油烟确实不小，这一点从各家各户油腻腻的吸油烟机上就能一窥究竟。在中国，人们普遍认为“油少了菜不香，盐少了菜没味，糖少了菜不鲜”，所以很多家庭和中小型餐馆做菜用的油、盐、糖都很多，这种不良的饮食习惯由此形成了，我们也渐渐变成了“重口味”。

中餐的味道虽是大多数中国人心头喜，但随着越来越多安全问题不断涌现，中餐的某些“糟粕”也该引起重视了。抛开高盐、高糖先不谈，单说这炒菜用的食用油，如果每天摄入过多，就会成为威胁健康的祸患。对此，一位美国营养学教授发表了一篇文章指出：中国的肥胖问题越来越严重。从1998—2008 年，中国每年有超过 1.2% 的成年人变得超重或肥胖，这个增长率远超绝大多数国家。其中，儿童肥胖的情况较成年人要严重。中国人的腰围和体重正在以不可思议的速度增长。而促成体重和腰围不断增加的众多因素中，中国人的饮食结构问题显然难辞其咎。

一位政府官员在介绍北京市城市清洁空气行动计划时也提到了这个问题，他认为中式烹饪习惯对空气污染的影响不小。此话一出，立即激起千层浪，大家就此话题在网络上展开了激烈的讨论，大多数人都觉得，只不过是炒个菜而已，而且家家都装有吸油烟机，这件事怎么可能与环保沾上边儿呢？

◆油烟之罪，你应该知道的若干事实

其实，这位政府官员说得没错。中国式烹饪主要以煎、炒、烹、炸为主，而这些方式都会产生大量油烟，使厨房 PM2.5 直线飙升，影响到我们日常生活的空气质量。

有专家曾做过这样一个实验，在一间大约 6 平方米的厨房内进行，这个厨房朝南向，采光、通风良好。未进行烹饪之前，专家先测试了一下厨房内的 PM2.5 浓度，1 分钟内平均浓度为 108 微克/立方米。随后，实验人员开始在厨房炒菜，做了一道竹笋炒肉片。在不开吸油烟机的情况下，爆炒 3 分钟后，厨房内飘溢着一股呛鼻的油烟，而 PM2.5 浓度也瞬间飙升至 995 微克/立方米。专家打开了吸油烟机，过了 2 分钟，PM2.5 浓度便降至 606 微克/立方米。虽然数值有所下降，不过对比未进行烹饪前，数值还是上升了许多。

那么，食用油是如何在我们厨房“行凶”的呢？专家认为，当食用油加热到 170℃时，前期会分解出少量的烟雾，随着温度不断升高，其分解的速度也相应加快。当温度达到 250℃时，会出现大量成分复杂的油烟气。有科学家收集过这些油烟气，经过分析检测后证实，其中共有 220 多种组分，其中 PM2.5、丙烯醛、苯、甲醛、巴豆醛、苯并芘、多环芳氢类有机成分的污染水平比较高。这些化学成分能够损伤我们的肝脏及免疫细胞，同时具有潜在的致癌性。比如苯并芘，就是一种可引起肺癌的毒物，当我们进行炭火烤肉、熏制鱼肉时，就会产生苯并芘，且含量非常之高，在我们炒菜时也会促进其产生。我们在前面讲过，PM2.5 罪恶的根源在于，它会吸附大量重金属和化学污染物，所以当 PM2.5 遇到了油烟里的苯并芘、杂环胺时，就会与之“狼狈为奸”，共同入侵人体，进而引发肺癌、胃癌等。

由此可见，厨房油烟是 PM2.5 的一个重要排放源，虽然它比不上工业废气和机动车尾气等，不过对室内空气污染的“贡献”依旧十分明显。目前，我国人的烹调习惯仍以炒、煎、炸等高温烹调为主，在这种烹调环境下，食用油的加热温度一般在 200～300℃，这时厨房“雾霾”天气就形成了。如果我们再不纠正食油过量的饮食习惯，就会给自身的生活和家人的健康带来负面的影响。

◆远离厨房中的 PM2.5

几千年的饮食文化，让活在舌尖上的中国人对饮食的味道越发挑剔，即使我现在掰皮说馅把道理讲得很明白，可相信还是有很多朋友不肯为了健康而舍弃煎、炒、烹、炸的传统烹饪方式。既然如此，现在我就教给大家几个控制油烟的小窍门，学会这些，就可以有效减少厨房 PM2.5 的污染了。

技巧一：学会油量计量。营养专家建议，每天每人食用油摄入量不超过 25 克。一个三口之家，一桶 5 升量的食用油至少要用 2 个月。知道了这个标准，你做菜时心里也就有数了。如果实在控制不好用量，不妨在做菜之前拿出一个白瓷汤勺，倒出 2 勺半的油，大约就是 25 克。此外，我们也可以选择带有刻度的量壶当油壶，这样就能时刻提醒自己不要用油过量。最近网店上推出了一种省油壶，就很适合家庭使用。

技巧二：把菜焖熟后再翻炒。在炒蔬菜时，不妨先放少量的油爆香葱、姜、蒜等调味料，再倒入蔬菜焖 2 ~ 3 分钟，让蒸汽把菜焖熟，再开盖翻炒，加精盐调味出锅，这种方法对控制油烟是很有作用的。千万不要大量放油，长时间猛火煸炒。

技巧三：每次都用新油炒菜。有的朋友为了省油，常常用炸鱼、虾等剩下的油来炸排骨、炒菜。殊不知反复加热的油里会产生大量的致癌物质，而且这种油在加热时所产生的油烟中所含有的致癌物更多、危害更大，所以要想减免 PM2. 5 的伤害，用过的油一定要倒掉。

技巧四：改善烹饪工具。很多家庭都喜欢用薄底的炒菜锅，其实底太薄的炒菜锅会因为温度上升过快而冒出大量油烟。所以建议大家选择厚底锅炒菜，以延长温度上升的时间，进而减少油烟；另外，你也可以用电磁炉代替天然气，这样也能减少油烟的排放量。

技巧五：正确使用吸油烟机。很多人认为，吸油烟机只在炒菜时使用，所以每当结束烹饪，他们总会随手把它关掉。其实，这样的做法不利于排出所产生的废气。正确的使用方法是只要一烹饪就打开吸油烟机，不论是煎、炒，还是煮、蒸、炖，即使烹调结束了，也要继续开 5 分钟再关上。此外，在使用吸油烟机的时候要保持厨房内的空气流通，这样能防止厨房内的空气形成负压，保证吸油烟机的抽吸能力。

技巧六：挑选健康的食用油。每次逛超市，密密麻麻的食用油总是满满一货架，让人眼花缭乱，哪种才对人体有益呢？建议大家在选购时遵循以下几个原则：选择单不饱和脂肪酸含量在 70% 以上的油类，如野茶油、橄榄油；选择富含 ω-3 亚麻酸的油类，如野茶油、核桃油；减少 ω-6 亚油酸含量超过 15% 的油类的选择，如红花油、葵花子油、花生油、芝麻油、葡萄子油、玉米油。另外，我们在选择食用油时，还应该根据自己和家人的具体情况，从营养、健康的角度出发来考量，而不是单纯从香不香来选择，因为健康比香更重要。

网吧、餐厅、酒吧，PM2.5浓度令人堪忧

导读

在这让人无从逃脱的“十面霾伏”中，人们也更加意识到清新空气的宝贵和对健康的重要性。但是很多人不知道，其实雾霾并不仅仅在室外，人们常去的网吧、酒吧和餐厅内也会产生雾霾。经专业测试，这些公共环境中PM2.5的含量非常之高，对健康的影响不可小觑。

大家都看过电影《让子弹飞》，这部影片票房不错，也拿过不少奖，其中有一项“殊荣”可能你还不知道，那就是“脏烟灰缸奖”。原来，这部电影中的吸烟镜头有80个之多，平均每1.65分钟就有1个，而姜文一人的吸烟镜头竟然多达41个。因此，中国控制吸烟协会为《让子弹飞》颁发了具有反讽意义的“脏烟灰缸奖”，希望以此警示那些电影界人士，要限制或避免电视、电影里播放吸烟镜头，以免对群众，尤其是对青少年产生不良的影响。

控制吸烟协会的一个“脏烟灰缸奖”能否取得实际效果不能得知，不过他们的出发点是正确的。有一点可以肯定，在我们日常生活环境中PM2.5的高低，与抽烟有很大的关系，而越来越多的年轻人也加入了“烟民”的行列。不信你可以去网吧、酒吧、KTV或餐厅里瞧一瞧，那些场所有2个共同特点，第一就是年轻人多，第二就是乌烟瘴气。显然，不仅仅是电影、电视作品应该控烟，生活中所有共同场合都应该禁止吸烟。

◆“网吧禁烟”不该只是挂个牌子而已

虽然自从前2年开始，国家就下达了禁烟令，规定餐厅、网吧以及体育馆等十类场所禁止吸烟。可是，据一些环保组织或记者暗访调研发现，还是有一些“漏网之鱼”没有严格实施。远的不说，在我家楼下就有一个网吧，每天形形色色的年轻人出入。我之所以对那里印象深刻，是因为有一天我家的电脑不好用了，但是有一份文案需要赶出来，所以我来到了那家网吧。一走进去，我看见了非常醒目的一个牌子，上面写着“网吧禁止吸烟”，但还没等我站定之后，一股浓烈的烟味就扑鼻而来。在室内昏暗的灯光照射下，网吧里飘散着灰蒙蒙的烟雾，电脑桌和地面上也散落着不少烟头、烟灰。在这种环境下，我只能戴着口罩快速完成工作。在我逃离网吧前，我询问这里的老板：“网吧里应该禁烟啊，怎么你这里到处都是烟味呢?”老板无奈地对我笑道：“很多人在这里玩游戏，他们的精神都处于高度集中的状态，为了振奋精神，他们一玩起来就不停地吸烟。这点我们真干涉不了，一管多了他们就直接下机，上别的地方上网去了。还有一些烟瘾特别大的人，即使你管了他也不听。我们是开门做生意的，总不能把我们的上帝都得罪光了吧?”

事情就是这么个事情，情况就是这么个情况。目前，我国很多城市对网吧的规范化管理都缺乏统一的标准，一半以上的网吧都存在一定程度的安全隐患：比如室内通风措施差，空气浑浊不堪，有的根本没有窗户，更谈不上通风透气了；上网人员相当密集，且平均滞留时间过长；最重要的一点，就是没有实施禁烟的规定，也没有配套的吸烟区。走在里面，随处可见一些人一边上网，一边吞云吐雾。有人曾对不禁烟的网吧做过测试，发现其 PM2. 5 的浓度为 252. 7 微克/立方米，而除了 PM2. 5 之外，空气污染物还可能有几十种甚至几百种之多，包括细菌等微生物、一氧化碳、苯系物、甲醛等物质，这不能不引起大家的重视。

除此之外，网吧里几十台甚至上百台电脑日夜运行所产生的废气也是造成室内空气污染的根本诱因。不要小瞧这些废气，据英报最新研究显示，一台电脑每年会排放大约 3500 万吨废气，相等于 100 万趟进出英国的班机所排放的废气量。这组数字不能不让我们震惊。而且一台电脑使用 3 年左右就该“下岗”了，否则会制造更多的废气，可是网吧的电脑具体使用了多少年头我们无从知晓，网吧的工作人员是否每天为电脑消毒也不能得知，电脑主机、显示器、鼠标、键盘及周围的相关设备产生的辐射我们也看不见、摸不着……这样的网吧，如此的脏乱差，我相信，稍微有理智一点的朋友只要看清它的真面目后就不会再去。

◆餐厅、酒吧，卫生隐患重重

很多人工作很忙，他们为了节省时间，也为了避免油烟之苦，一日三餐常常在餐馆解决。但是环保专家提醒我们，餐饮场所应该少去，吃完饭后不可久坐。这是因为餐厅里存在着严重的空气污染，充斥着饭菜味、酒精味、油烟味、烤肉味、汗味、烟味等多种气味。许多气体本身就有害，混杂在一起，又会发生各种化学反应，产生一些对人体有害的物质。

当然，这个观点不是环保学家凭空发表的，在此之前，很多专家、学者以及志愿者都对餐厅的空气情况进行过调查。其中，有一组志愿者对北京市 51 家餐厅进行了暗访调查，以工薪阶层消费水平的中式餐厅为主，其中 10 家为全面禁烟餐厅，16 家为部分禁烟餐厅，25 家为没有任何禁烟规定的餐厅。志愿者选择用餐高峰时进入，他们随身携带着个人气溶胶监测仪，在餐厅内停留 30 分钟以上，测量并记录下餐厅内空气中 PM2. 5 的浓度。同时，他们还记录下餐厅的大小，每 15 分钟室内人数与点燃的香烟数等情况。测试结果却令人大跌眼镜：在没有禁烟规定的餐厅中室内空气污染程度非常严重，室内 PM2. 5 浓度平均值达到 114 微克/平方米，比世界卫生组织推荐的 PM2. 5 空气质量标准（10 微克/平方米）高出了 11 倍；而在划分了吸烟区的部分禁烟的餐厅中，室内空气污染程度仍很严重，非吸烟区内 PM2.5 浓度平均值达到 103 微克/平方米；只有全面禁烟的餐厅的 PM2.5 浓度较低，室内浓度平均值为 61 微克/平方米。可以看出，划分无烟区的实际效果非常有限，只有完全禁烟餐厅才能减轻 PM2.5 对我们的伤害。

有人说，惹不起我还躲不起吗？找个离吸烟者最远的位置总可以吧？可是，这样做除了闻不到烟味以外，实际上是没有任何意义的。打个比方，在 1 个5 米×7 米×3.5 米（122.5 立方米）的餐厅里，有一位顾客吸了 2 支烟。当他吸完第 1 支烟的时候，餐厅内 PM2.5 的浓度为 80 微克/平方米，他吸完第 2 支烟时，PM2.5 就达到了 600 微克/平方米。随着时间的推移，PM2.5 也会四处飘散。只需 10 分钟左右时间，距离吸烟者 3 米左右的地方，PM2.5 的水平就能够达到 300 微克/平方米；到了 15 分钟左右，距离他 6 米左右远的 PM2.5 水平也接近 300 微克/平方米。更何况，餐厅里不可能只有一名顾客吸烟，如果有朋友聚会、业务应酬，那么顾客们自然烟酒不离手，PM2.5 的浓度也将更高。说了这么多，只希望大家能认清一个残酷的事实——无论你躲到多远，只要没有离开餐厅，PM2.5 就会找到你。

网吧不能去，餐厅少逗留，有的朋友不禁发问，那么装修豪华、烟雾缭绕的酒吧是不是也不能去呢？那里的 PM2.5 浓度又是否超标呢？答案是肯定的。酒吧的污染源主要来自 3 个方面：顾客们吸烟产生的烟雾颗粒；阴湿环境中滋生的细菌和霉菌；此外，酒吧内部豪华的装修还散发出多种有害气体，如内部壁纸、地毯等所散发出的甲醛、苯等，也严重污染了室内的空气。有专家曾对很多酒吧做过测试，发现这些酒吧的 PM2.5 浓度无一例外地处于污染水平，最严重的一家，其 PM2.5 的浓度竟然高达 1154 微克/立方米。所

以，奉劝那些经常泡吧的朋友，别拿自己的身体开玩笑，天天去泡吧。泡吧的危害虽然在短时间内显现不出来，不过若不加节制，再过几年，你可能会发现自己患上了慢性气管炎，甚至是肺部肿瘤。

看到这里你心里可能会打个寒战，原来这些场所的空气污染如此严重。所以，为了健康，请远离酒吧和网吧。至于餐厅，能不去最好也不去，毕竟绝大多数的餐厅仍处于“腾云驾雾”中，一旦进入，就等于吸上了二手烟和三手烟呀！

装修粉尘也是室内雾霾的“贡献源”

导读

你知道吗？很多不可见的甲醛、苯、氨、放射性氡、灰尘等都算是“室内雾霾”。装修可以说是制造污染物的源头，资料显示，因装修污染所释放的甲醛、苯、氨以及其他放射性元素会对人体造成极大伤害，严重时可能会导致神经系统、免疫系统的损害，甚至会引发白血病、癌症等。要想最大程度地防范“室内雾霾”，必须从源头上做好居家环保，选择绿色低碳的装修材料。

很多人认为雾霾天的污染都在室外，只要待在室内，关紧门窗就没关系了，所以室内的 PM2.5 往往被大家忽视。环保专家表示，室内的 PM2.5 超标有时候不逊色于室外，吸烟、厨房油烟、装修粉尘及建材释放的有毒物质，是室内雾霾的三大来源。可是，约有七成的装修业主只知道装修会产生甲醛等污染，不知道装修也会造成室内雾霾。

徐先生和太太今年喜添一子。儿子的出世让全家人都沉浸在喜悦之中。为了能让儿子长大后拥有一个属于自己的小天地，徐先生早在儿子出世之前就做好了准备。去年年底，徐先生与太太商量了一下，找来一家装潢公司，精心装修了家中的另一居室，作为儿子的卧室。他们从粉刷墙面开始，然后铺地板，最后选家具，终于大功告成。由于装修后还剩下了一些涂料，徐先生就顺便把家里的墙面都粉刷了一遍。装修完没多久，一家人便高高兴兴地搬了进去。可是 1 个月后，徐先生发现儿子总是整夜哭个不停，无奈之下，他便带孩子去医院检查。经过化验，医生告诉徐先生一个令人难以置信的消息："孩子的血液有问题，可能患有白血病。"几天回不过神来的徐先生实在不敢相信医生的话，于是又带着孩子来到一家省级医院。在对孩子进行第 2 次检查后，医生表示孩子只是血液中某种成分含量过低，并没有患白血病。在得知徐先生的房子刚刚装修过后，医生建议他马上找相关部门对其装修过的房屋进行检测，并表示，孩子的病可能与房屋装修有关，因为装修也会产生"雾霾"。经检测，徐先生房子中的甲醛与苯轻微超标。为了不让孩子再受害，徐先生一家至今都不敢住进新装修的房子内。

子女降临是人生中的一大喜事，搬进刚装修完的新家是人生第二件喜事。但假如这两件喜事同时发生，娇小可爱的宝宝们的身体可就吃不消了。这不，徐先生的儿子就是一个典型的例子，由于不慎接触了家装污染物，使得宝宝的血小板急剧减少，差点患上了白血病。

事实上，不止这一个案例，不止儿童这个群体，不止是白血病。近年来，很多去医院就诊的人群中，大部分人的家中在半年之内曾经装修过：1998 年，陈西席购买了位于北京昌平八仙别墅小区的一套住宅，装修竣工入住后，从不抽烟、喝酒的他被查出患有"喉乳头状瘤"；2001 年，著名健美明星马华因健身房装修，室内有害气体严重超标，死于白血病；2005 年初，江苏省某夫妇翻新房屋，刚搬进 3 个多月后，有身孕的老婆突然流产；2008 年，南京市马先生全家搬入新装修的旧居，半年后，马先生和妻子、儿子就相继患上哮喘及再生障碍性贫血；2013 年，李某一家搬入新装修的住房，不久，李某的妻子便患上白血病，一年后去世……无数惨痛的案例提醒着我们，房屋装修之后的空气污染问题不可小觑。

室内装修造成的"雾霾"主要有哪些来源呢？专家指出，因装修对人类健康影响最大的室内"雾霾"可分为两大类。

◆潜伏在室内的污染气体

第一类就是装修装饰所用材料及家具产生的污染气体，其中，被大家经常提及的甲醛就属于此类。甲醛是一种具有刺激性气味的气体，释放期长达3~15年。有的业主装修后开窗换气一两个月就搬进新居，其实这是典型的治标不治本的方法。甲醛对人体有什么危害呢？其对人体健康的危害主要表现为嗅觉异常、过敏、肺功能异常、肝功能异常、免疫功能异常等。当发生甲醛急性中毒时，人会流眼泪、眼痛、喉痒、咳嗽、呼吸困难及窒息，同时伴有全身无力、多汗和头痛；而甲醛慢性中毒则表现为消化障碍、视力障碍，甚至神经麻痹。

在室内的污染气体中，氨气也是万年招黑的一种。什么是氨气污染？许多人可能会对这个概念摸不着头脑，或者曾经听过，却不知道具体的解释。简单来说氨气闻上去就好像厕所里面的味道一样，有点酸臭的感觉。氨气主要来源是家具涂饰时所用的添加剂和增白剂。很多人一进新家就感觉头脑发胀，吃饭没有胃口了，睡觉也不踏实，其实这都是“氨气污染”惹的祸。氨气对人体的健康有着严重的危害，比如，氨气可能会使你的皮肤出现病变，引发皮肤癌；氨气将导致你的肺部出现问题，肺部有问题以后，也就连带会出现呼吸困难等一系列症状；孕妇接触到氨气，极易造成胎儿的畸形或者发育迟缓；人待在一个充满了氨气的环境之中，还会发生惊厥、抽搐、嗜睡、昏迷等意识障碍。

除了甲醛和氨气外，室内的苯也是主要的污染气体。苯是一种无色的、具有特殊芳香味的液体，是室内挥发性有机物的一种，主要来源于装修中使用的胶、漆、涂料和建筑材料的有机溶剂。在通风不良的环境中，短时间吸入高浓度苯会引起以中枢神经系统抑制作用为主的急性苯中毒。轻度中毒会造成嗜睡、头痛、头晕、恶心、呕吐、胸部紧束感等，并可有轻度黏膜刺激症状；重度中毒可出现视物模糊、震颤、呼吸浅而快、心律不齐、抽搐和昏迷。严重者还会发生呼吸和循环衰竭、心室颤动等。

如何远离甲醛、苯、氨气、甲苯等可以持续挥发的有害气体，是每个家庭所面临的最为严峻的难题。对此，有关专家建议，装修业主应尽可能选择购买达标的环保产品，尽可能少用或不用油漆。儿童房可以使用水性漆等污染较小的涂料；除了使用环保型装修材料，装修完还要做好保洁工作，并在室内多种植绿化植物，吊兰、芦荟、虎尾兰能适量吸收室内甲醛等污染物质。一些人可能喜欢用活性炭来清洁空气，这个方法也没什么问题，不过要更长时间才能显现出效果；另外，如果室外空气好，一定要开窗通风，让室内的有毒物质及时散发，减少室内的 PM2. 5 污染。但如果室外也是雾霾天，那就不要开窗了，否则会增加室内的 PM2. 5。

◆家装粉尘，你要当心了！

室内“雾霾”的第二类就是可吸入颗粒物，比如装修中产生的粉尘，被称为装修中的“隐形杀手”。它能够侵害人体呼吸系统和消化系统。很多朋友认为，粉尘不直接伤人，但实际上这种物质由各种酚类和烃类组成，并含有致癌性较强的物质，其危害性不低于我们平时熟悉的甲醛。特别是粉尘粒直径小于 10 微米以下的木粉，粒小体轻，会直接进入人的肺内，损伤黏膜，引起肺部弥漫性、进行性纤维化为主的全身疾病，即老百姓所说的“尘肺”；接触或吸入粉尘，还会对我们的皮肤、角膜、黏膜等产生局部的刺激作用，并产生一系列的病变，如萎缩性鼻炎、咽炎、喉炎、气管炎、支气管炎、毛囊炎、脓皮病、铅疹等；如果不小心吸入了如镍、铬、铬酸盐的粉尘，极易引发肺癌。如果接触石棉粉尘，则会引起皮癌。

原来家装粉尘有这么多危害，那么有没有什么方法预防和避免呢？第一，业主在装修的过程中要做好个人防护，如依据不同性质的粉尘，戴不同类型的防尘口罩或呼吸器，为了阻隔粉尘对皮肤的接触，还要戴头盔和眼镜；第二，不要在现场做木工活，尽量选用成品家具，在切割板材的时候，选用无尘切割机等；第三，要注意通风换气，你可以采取排风换气设备，把清洁新鲜空气不断地送入装修场所，将空气中的粉尘浓度进行稀释，并将污染的空气排出室外；第四，当墙砖、地砖铺贴完，要及时打扫卫生，这样才能最大程度地消除粉尘。

本节的最后，还想对大家啰嗦一句，希望每个人都能明白，无论是高档装修，还是经济型装修，健康环保都是重中之重，没有这个前提，再漂亮、再舒适的装修都没有意义了。

第六节 公车站、地铁站，站站有“霾伏”

导读

你知道自己每天所处的生活、工作场所中，哪个地方的空气质量最差吗？随着城市发展和人口增长，道路的不断新建和扩建，公交、地铁带给我们的便捷是不可言喻的。但长时间待在公交和地铁中，很可能会中了“霾伏”，进而对我们的健康造成巨大的威胁。

陕西西安市的李同学最近老是胸闷、恶心，尤其是上下班乘坐公交车时，这种感觉更加强烈。有一次，从不晕车的她突然抑制不住呕吐了起来。据她分析，之所以出现这种症状是因为公交车里的空气太差了，“我的胃本来就不太好，车里又臭又闷，车内的空气污浊闷热，坐上后让人胸闷恶心，我一下子就吐了。”

其实，这种情况并不稀奇，对于城市中成千上万忙碌的上班族来说，早上睡眼惺忪地挤公交、挤地铁上班，晚上拖着疲惫不堪的身躯返家，是每天都难以逃避的两道槛。在人人摩肩擦踵、空气浑浊不堪的环境之下，渐渐地，很多朋友的身体就吃不消了，他们没熬夜却总是感觉头晕，不发热却总是咳嗽，没吃刺激性食物却总是恶心，做什么事都力不从心，但各种检查都做了，却没啥大毛病，就是查不清病因。专家表示，这些症状很可能是中了雾霾的“毒”，因为公交站和地铁站往往弥漫着颗粒物，且浓度很高。

◆会诊公交站空气

坐过公交车的人都看过公交车进站、出站时尾气大肆弥漫的情况，空气生成一朵朵黑云似的烟花，与之接触后既熏眼睛又刺激鼻腔，气管不好的人因此会咳嗽一阵，有鼻炎的人则会不由自主地打起喷嚏，可想而知，公交车站周围的空气是污染比较严重的。

对此，香港科技大学特意组织专家展开了一项调研，数据表明，公交车站每平方厘米的空气中含有高达 50 万个可吸入颗粒物，空气污染最为严重。特别是车即将靠站时，微尘数量会迅速上升。这些微尘很多直径都小于 2.5 微米，它能透过人的肺泡、毛细血管壁进入血液，进而引起哮喘、上呼吸道感染等疾病，其表面也常常聚集着各种有毒物质和重金属，不少物质还能致癌。

为了直观得到汽车尾气对 PM2.5 的“贡献”数据，又有测试者来到了京藏高速路口，分别对两边的公交车站进行了一次实时监测。当天拥堵并不严重，测试者来到一个公交站台前，将仪器对准所开车辆的排气管。在怠速状态下，仪器监测平均值为 214 微克/立方米；当踩下油门，发动机转速达到 2500 转/分钟，PM2.5 瞬间数值飙升至 1095 微克/立方米。可见，公交站周围有多凶险，其周围的颗粒物，高度与人体呼吸的位置接近。当我们等车时，尤其看见车来到时会反射性地向前挤，这也在不知不觉中吸入了更多的颗粒物。

不仅仅是公交站点周围，公交车内的空气也非常浑浊。以北京、上海、广州、西安等地为例，这些城市人员高度流动，汽车乘载压力非常大，每到高峰期，基本每辆公交车上都是人挤人。人一多，车内的霉味、臭味、烟碱、病菌等就增多，车内乘客呼吸、泌汗等代谢产物也增加了，外加车外道路浑浊的空气窜入车内，本车发动机室散发的气体，以及车内非金属材料、黏合剂等挥发物，所以公交车内的空气聚积了各种各样的污染物。这些污染物的主要成分有一氧化碳、二氧化碳、氮氧化合物、燃油挥发物、苯类、醛类等挥发物，可吸入颗粒物及细菌、真菌、病毒等，极易成为呼吸道疾病的传染源。

怎么做才能减轻环境对我们的损害呢？既然改变不了外部环境，就要加强自我防护：口罩是必不可少的装备，不管天色好坏，每天都应准备好；当公交车进站时，不妨用手捂住鼻子和嘴，这样可以防止尾气被吸入鼻内或口腔内，也可有效防止上呼吸道感染；与人约定见面地点时，不要选择公交车站，以免在此地长时间等待、逗留；还要在包里备一瓶水，当公交车内空气质量比较差时，难免会因闷热和浊气而感觉口渴、头晕，这时喝上一口水，就能迅速缓解不适症状；另外，如果车内的空气真差到不能忍受时，请一定及时和乘务人员联系，请他们打开顶窗或换气扇，进而改善车内的空气质量。

◆生命不可承受之“地铁苦旅”

除了公交站外，地铁站也是 PM2. 5 的聚集地。不知道你是否来北京旅游过，是否在上班高峰时乘坐过北京地铁？北京城是出了名的人多，而北京早上地铁的人潮，更是出了名的让众多上班族头疼。常常是这样一幅画面：车里一群人像是打仗一样争着下车，同时车外一群人则迫不急待地挤进车厢里。随后由于太多人拥堵在车门口，穿黄色制服的工作人员会在车厢外搭把手，把上不去车的人推进车里，以保证地铁安全启动……这么恐怖的地铁站，人流已经多到无法计算的程度，你们说，这里的空气健康指数又怎能达标呢？

据英国伦敦国王学院最新调查研究发现，在室内外各种环境中，地铁里的空气最脏。伦敦国王学院的研究人员选择了 6 名身体健康的志愿者，让他们随身携带空气检测仪，在一天时间里，随时监测自己所到之处的空气质量。监测结果发现：花园中的空气质量最好，PM2.5 数值不超过 1；在厨房中做饭，数值为 19；上下班高峰期在路上骑自行车，数值为 26；步行去商场和操场，数值为 31；在路上开车，数值是 33；而乘坐地铁，每立方米的 PM2.5 浓度则飙升至 64 微克，可见，地铁中的空气质量最脏、最差。

相对于地铁外来说，地铁内部是一个相对封闭的空间，地铁车站与外界的空气交换只能通过车站出入口和有限的隧道风井来进行。当早、晚高峰人口密度增大，出现人挤人的情况时，地铁内的通风效果就会变得更差。在相对密闭的空间，人们一举一动间，每分钟可产生 500 万个小颗粒，如掉落的皮屑、打喷嚏的飞沫、衣服上的纤维、鞋底的扬尘等，随时都可被人吸入体内；而且，地铁内高度密集的人群会释放出大量异味和二氧化碳，并产生各种微生物细菌，加之通风不良、日光不足，细菌等微生物污染物在地铁这一特定的环境下会长久存活并进行传播；另外，为保证车体气密性及车内装饰和节能的要求，地铁中使用了大量装饰材料和保温材料，这些材料会直接向车厢内释放出醛类、苯系物、挥发性有机化合物等化学污染物。虽然工作人员常对地铁进行清洗和消毒处理，可是，地铁运行时，来来往往的乘客交换着使用扶手、拉手和座位，细菌等微生物也不断地滋生和传播。

一位瑞典医学教授曾发表论文指出，地铁空气中含好多种有害微粒，它们能够破坏人体的 DNA 结构，可伤害人体的肺、脑、肝、肾等器官，比汽车尾气对乘客健康造成的伤害还要大。而且，一些有害物质微粒还会诱发各类炎症，甚至是癌症。

看到这里，有些不得不乘坐地铁这一交通工具上班的朋友不禁发出疑问，有没有什么方法能减小地铁空气带来的危害呢？显然，口罩是必不可少的。经常乘坐地铁的人，可以选择佩戴专业的防护口罩，如 N90、N95 等系列，除了可以阻挡 PM2.5 颗粒外，也可以过滤细菌等微生物；当然，并不是戴上 N95 就绝对安全了，为了最大限度地躲避车轮和轨道摩擦产生的污染颗粒物，在地铁进站和出站时，还要尽量站得离站台远一些；在坐地铁的时候，拿钱买票，抓电梯扶手或者车厢内拉手的时候都有可能接触到一些细菌和病毒，所以每次坐完地铁都要洗手，而且洗手的时候不能只用清水，要用肥皂、洗手液或者消毒液，特别要将指间的缝隙、指甲沟等地方洗干净。

每个人都抱怨雾霾，却很少有人能减少开车

导读

与汽车市场蓬勃的发展相比，尾气污染已经变成令人触目惊心的现实，中国已成为名副其实的架在轮子上的国家。汽车在给人们带来便利的同时，也带来了巨大的麻烦。有数据显示，空气中的 PM2.5 有大约 22% 来自于机动车尾气的排放。因此机动车尾气一直被视为重度污染的元凶。

去年五一，我带家人去北京延庆的百里山水画廊游玩，返程的时候，堵在了从怀柔到北京的路段上。我们就好像钻进了烟筒一样，空气是苦涩的煤烟和汽油混合的味道，而抬头看天空，则被一团灰黄色的云团笼罩，毫无美感可言。本该是全家人开开心心的一场外出，结果以全家人精神疲惫、怨声载道结束。回来后我不禁陷入反思：在这样的空气中生活，就算我们都有了汽车和住所又怎么样？可能生活更加方便了，四肢更加舒服，但是这些现代化便捷，却给我们生存的环境造成了难以承受的负担。

◆汽车时代给我们带来了什么

毋庸置疑，行驶在全国大小道路上的上亿辆汽车，已成为国内空气污染物的主要“贡献者”。据有关研究显示，目前，中国拥有汽车 1.8 亿辆，完全超过法国，在美国、日本、德国之后成为世界第四大汽车生产国。中国汽车市场需求完全可能保持 20 年甚至更长时间的持续、稳定、快速增长。据统计，仅 2009 年，我国便新增汽车 1300 万辆。到了 2012 年，我国汽车产销双双突破 1900 万辆。以这样的速度估算，到了 2020 年，我国家用轿车保有量将达到 7200 万辆，用“架在轮子上的国家”形容我国，一点都不夸张。

汽车在给人们带来便利的同时，也带来了巨大的麻烦。作为居住人口密集的亚洲国家，大面积推广私家车、公用小轿车，带来的往往不是便利，而是拥堵的交通、污浊的空气、嘈杂的环境以及不安全的道路。有人在论坛发帖说，在北京开车，要增加一种“饥饿险”，因为堵在路上的时间太长，人可能被饿死。有人则在下面回应道：饿死不怕，就怕被汽车释放的污染物毒死，还要给市民增加一种“空气险”……虽然是两个网友的玩笑，却也道出了这样一个事实：越来越多的机动车，不仅影响了交通运行，还污染了我们赖以生存的空气。

汽车的主要燃料是汽油、柴油等石油制品，燃烧后不仅能直接产生大量的 PM2.5，而且尾气中的碳氢化合物（HC_x）、一氧化碳（CO）、氮氧化物（NO_x）、多环芳烃和醛类等，这些有害的污染物在特定环境下也会产生 PM2.5，为雾霾的产生“增砖添瓦”。据调查显示，截止到 2010 年，我国机动车排放的污染物达到 5226 万吨，其中汽车排放的颗粒物（PM）和氮氧化物（NO_x）占机动车排放总量的 85%，而随着汽车数量不断增多，污染问题将进一步加剧。

尽管如此，很多人并没有减少开车。曾有媒体发起一次调查，问题就是：“持续重霾天，你还在开车出行吗?”结果并不乐观，在接受调查的 153 名车主中，仅有三成人对开车说“不”。有一些朋友认为，雾霾天里，开车上下班比挤公交、挤地铁或暴露在空气中更安全，假如开启车内空气内循环，还可以降低车内 PM2.5。没错，这种做法的确能降低车外浑浊空气对车内空气质量的影响，不过，这种“安全”却并不持久。由于车内的空气完全是自循环，长时间开车后，车内的氧气就会越来越少，乘车人呼出的二氧化碳会越来越多，车内的空气质量则越来越差，进而引发缺氧和二氧化碳轻度中毒的表现。

还有一些朋友觉得，花钱买车就是为了能给自己和家人提供方便，如果一直把车放家里停着，不但价值得不到体现，而且折损率丝毫不减。其实，有这种想法时你又有没有想过，环境是大家的，当空气质量整体变差时，你和你的家人又能舒适到哪去？虽然任何一个人都不能像电影中的救世主一般，以一己之力拯救家园于危难之中，不过无数个“我“组合起来，每个人、每个月都少开几天车，完全可以控制空气的质量。诚然，要想生活中处处环保没有那么简单，但是它也没有想象中的那么困难，比如去家附近的超市买东西尽量步行，在空气质量良好的日子里乘坐公交车上下班这些最基本的事情，我们只要稍费心思即可办成。

◆为了蓝天白云，做低碳开车人

“有车一族”除了尽量减少自己的开车次数外，平时养成良好的开车习惯不仅对车辆有益，也是在为环保做贡献。那么，如何才能为保持良好的空气质量贡献自己的一份力量呢？怎么驾驶才能降低油耗、减少尾气排放？这里面大有技巧。

技巧一：多检查，勤更换。车主最好选择高品质的机油，因为好的机油不仅可以延长发动机的寿命，而且对降低油耗和尾气排放也有一定的帮助。车主还要定期检查、按时更换机油及其滤清器，减少污垢的产生，进而更好的起到过滤的作用。

技巧二：养成良好的驾驶习惯。环保驾车不但有利于汽车的保养，还能节约能源，减少污染物排放。如因交通拥挤或遇红灯停车时间较长时，应关闭发动机，关机 30 ~ 40 秒钟节省的燃油比再次启动发动机所需燃油要多得多；加油时要轻踏轻放，切忌猛踩猛踏，要知道，一次猛加油和缓加油，同样的速度，油耗相差可达 12 毫升，每公里会造成 0.4 克的多余二氧化碳排放；尽量避免在交通高峰期经过繁忙路段，以免堵车而白白浪费燃油和时间。

技巧三：驾驶切莫分心。很多人一边开车一边打电话，或者发微信，这样会下意识将车速平均降低 17%，同时错过路口的风险也会随之增加 40%。车主应该尽量改正这种不良习惯。

第四章 居家、办公室消除PM2.5影响的10个小窍门

不想做人肉吸尘器，就要从佩戴口罩做起

导读

空气中的污染颗粒会随着呼吸进入呼吸道、肺部，时间长了容易引起支气管炎、肺炎。在空气污染较为严重的时候，最好的防御方式就是少出门。如果必须出门，也必须佩戴口罩。一般来说，普通的口罩基本起不到防霾的作用，而医用的 N95 型口罩抵抗雾霾的效果最好。当然，在使用 N95 时还要注意一些细节，否则戴错了还不如不戴。

近一段时间的空气质量一直令人提心吊胆，其中的 PM2. 5 成了大家的一块“心病”。从城市里 PM2. 5 的来源看，汽车尾气是产生这种污染的最主要渠道，同时来自道路扬尘、工矿企业的粉尘，甚至自然界中广泛存在的病毒、细菌，都属于 PM2. 5 的范畴。当空气污染发生时，大街小巷都好像变成了“屠宰场”，身处室外，只有给力的防护口罩才能“救你一命”。因此，为了自己的身体健康，就算被人视为“大惊小怪”或“矫情”，也务必顶住众人的目光，毫不犹豫地戴上口罩。

不过，现在市场各类口罩产品五花八门，大都宣称具有防尘、防霾功能，对细小颗粒物 PM2. 5 等有很好的过滤效果。这些口罩是否如介绍的那样管用？你的口罩选对了吗？专家表示，如果佩戴的口罩类型或佩戴方式不正确，其结果还不如不戴理想。

就目前来看，市场上主要有三类口罩：第一就是商场中出售的五颜六色的时尚口罩，这些口罩都是样子货，中看不中用，根本没有过滤 PM2.5 的功能；第二类就是药店中的一次性口罩、纱布口罩，这类口罩主要针对 PM10 以上的可吸入颗粒物，在微小的 PM2.5 面前却束手无策；第三类口罩就是专业的医用口罩，如一种被俗称为“猪嘴”的 N95 型口罩，这种口罩里有一层特殊材质的过滤布，还有一个鼻夹，与鼻腔贴合紧，密闭性好，很多医生进入传染性病房时，都是戴 N95 口罩的。显然，它最适合用来应对大气污染。

◆ N95 型口罩，走红于“非常时期”

那么，什么是 N95 型口罩呢？有不少朋友误以为“N95”是口罩的品牌，其实不是。美国有个机构叫美国疾病预防控制中心（CDC），这个机构下面有个职安健研所（NIOSH），N95 就是这个机构制定的标准。所谓的“N”代表“非耐油”，什么意思呢？我们在炒菜产生的油烟是油性颗粒物，而 N95 型口罩可以有效阻拦的则是一些非油性悬浮微粒，比如人说话或咳嗽时产生的飞沫，阻挡时限为 8 个小时；而“95”是指在 NIOSH 标准规定的检测条件下，过滤效率达到 95%。只要生产商生产出来的口罩符合 N95 的标准，获得 NIOSH 许可，就可以自称其口罩产品为 N95 口罩。

大多数人熟知 N95 型口罩，是在 PM2.5 频繁爆表的 2013 年冬季，其实，N95 型口罩问世已经很久，早在整整十多年前的抗 SARS 的行动中，N95 型口罩就被世界卫生组织（WHO）和疾病预防控制中心（CDC）大力推荐，因为它可以有效降低 SARS 患者呼吸系统通过咳嗽等生理活动排到环境中的飞沫，还能阻挡某些微生物颗粒，如病毒、霉菌、炭疽杆菌、结核杆菌等，功能十分强大。在阻挡雾霾方面，N95 型口罩也“身手不凡”，它能深度过滤阻挡颗粒物，有效过滤空气中的隐形杀手——PM2.5、汽车尾气、二手烟、重金属、粉尘、甲醛、尘螨、挥发性化学物、空气污染毒气。无论是过滤效率、透气性、抗菌性、安全性等方面都大大超越普通口罩。所以，如果正确佩戴 N95 型口罩，即便空气质量指数（AQI）报告重度污染，外出的我们也能稍稍安心些。

很多人都不清楚 N95 型口罩的正确佩戴方式，以为只要盖住口鼻就不用担心了。其实，戴口罩的关键是紧紧贴合面部，不要露出空隙。因为雾霾是来自四面八方的，一旦露了缝，它们就会钻进来，那样便起不到防护的作用了。如何正确佩戴口罩呢？以 N95 为例，最上面有条横着的可弯曲的金属条，在佩戴时，一定要捏紧卡在鼻梁上的金属条，尽量使鼻部、面部的皮肤与口罩贴紧。口罩戴好后，还要进行正压及负压测试，方法为：双手遮着口罩，大力呼气（或吸气）。如空气从口罩边缘溢出（或进入），即佩戴不当，须再次调校头带及鼻梁金属条，直到没有漏气为止。

◆ 佩戴口罩有讲究，戴错了还不如不戴

有的朋友一听说 N95 有效，便不管自己的身体情况如何，每天都把它挂在嘴上，除了吃饭、洗漱、睡觉外，根本不舍得摘，殊不知，这种做法更加有损健康。因为从理论上来讲，口罩滤除悬浮颗粒的效率越高，阻挡颗粒物的效果就越好。反过来说，口罩越密闭，造成的呼吸阻力就越大，人的呼吸也越费劲，长时间佩戴容易引发缺氧、胸闷等症状。所以，对于一些呼吸肌薄弱或是心肺功能不好的老弱病残幼而言，佩戴此类口罩一定要谨慎，千万不能久戴。如果佩戴时出现不适，请立刻摘下来。

即使是一些经常锻炼、心肺功能良好、身体倍棒的男性朋友，每次佩戴口罩的时间也不能过长。这是因为，人的鼻子就好像一个天然的加温器，在鼻黏膜内有丰富的血管，鼻腔里的通道又很曲折，鼻毛构起一道过滤的“屏障”。当空气吸入鼻孔，气流在曲折的通道中形成一股旋涡，使吸入鼻腔的气

流得到加温。所以空气进入肺部时，已经接近于人的体温。而我们戴上口罩后，口鼻中呼出的热气会在口罩上遇冷变成水，让面部更加潮湿，口罩上也容易沾染污染物。如果长时间戴口罩，会使鼻黏膜变得脆弱，失去了鼻腔的原有生理功能。所以，口罩（尤其是 N95 型医用口罩）只能在特殊的环境中使用，每隔 4 个小时还要更换 1 次。

有的朋友虽然每天戴口罩的时间不长，但他们不重视卫生，每天回到家把口罩随手一扔，第二天起床再接着戴，这种不好的习惯也应该及时纠正。因为口罩的外层往往积聚着很多外界空气中的 PM2.5、粉尘、细菌等污染物，没有经过清洁就反复使用不仅不能阻挡有毒、有害物质，反而增加了感染概率。我身边就有一个朋友，每天早上戴着厚厚的 PM2.5 防护口罩上下班，到了单位把口罩摘下，放在抽屉里。晚上回到家，把口罩挂在室内。结果，仅半个月时间他就感冒了 2 次，这便是口罩中的细菌进入鼻腔的后果。因此，我们不要嫌麻烦，最好多准备几个口罩，以便替换使用；每天回家后，抽几分钟的时间把戴完的口罩放到开水中烫一会；口罩在不戴时，应叠好放入清洁的信封内，并将紧贴口鼻的一面向里折好；另外，如果你戴的是 N95，是不能过水清洗的，每次用完应直接丢弃。

以上就是雾霾天戴口罩的林林总总，说到底，对我们来说真正重要的不是口罩，无论什么口罩，在漫天爆表的长期雾霾下的效果都有限，唯有正确使用口罩，才能有效隔绝空气污染对我们的伤害。

第二节

会呼吸更长寿，教你纠正错误的呼吸方式

导读

在雾霾天气学会合理调节呼吸至关重要。我国著名呼吸科专家钟南山表示："现代人大多是胸式浅呼吸者，主要用肺的中部和上部呼吸，而健康的呼吸方式应该是像婴儿一样的腹式呼吸，通过横膈活动来增强肺的通气量。我们平时可以通过呼吸训练来改变自己的呼吸方式，做到正确呼吸。"

也许只有人们不幸患上了呼吸系统疾病时才会关注呼吸，然而最近一段时间，当我们时常被雾霾笼罩，生活在"十面霾伏"中时，才突然意识到顺畅的呼吸有多么可贵——我们的生命从第一次吸气开始，也在最后一次呼气后结束。呼吸这个无师自通的能力看似简单，其实蕴含了巨大的学问，如果它不能为身体发挥真正的效力，那么它便不再是呼吸，只是喘气。

我国自古养生都强调生命活动要有张有弛，其中最重要就是呼吸养生。《黄帝内经》曾指出，人体应根据"五十营"调节呼吸节奏。所谓"五十营"是指经脉之气在人体内按一定规律运行，一昼一夜间循行全身五十周。意在强调要采用一种深长而缓慢的呼吸形式，经过换算，一呼一吸相当于6.4秒，这是古人呼吸养生的最佳节奏。

◆90%的成年人呼吸方式都不正确

可是到了现代，随着生活节奏不断加快，人们总是行色匆匆地上班，风风火火地赶路，这样长年累月下去，我们呼吸的平均速度竟然比古人快了1 倍左右，每次只用 3.33 秒！要知道，如此短浅的呼吸，每次的换气量非常小。在正常呼吸频率下通气不足，会使体内的二氧化碳累积，导致脑部低氧，出现头晕、乏力的症状。而且，受雾霾天气的影响，漂浮在空气中的颗粒物会随着呼吸进入人体，引起哮喘、急性气管炎、呼吸道感染、慢性支气管炎等呼吸系统疾病，如果此时不能改变呼吸方式，合理地调整呼吸，我们的身体只会每况愈下。

据统计，大多数人采用的都是胸式浅呼吸，就是用肺的中部和上部呼吸。这种呼吸之所以不健康，是因为在呼吸时只有肺的上半部肺泡在工作，占全肺 4/5 中下肺叶的肺泡却在“休息”。肺叶长久得不到锻炼，弹性就会减退，呼吸功能也随之变差，人就易患呼吸道疾病。

◆腹式深呼吸，治疗疾病最好的药

与胸式浅呼吸相比，腹式呼吸更为科学。所谓的腹式深呼吸，就是让腹部参加呼吸的一种呼吸方式。说得通俗一点，就是吸气时用鼻子，除了胸廓扩张之外，让肚子也鼓起来。呼气时用嘴，随着胸廓回缩，肚子也回缩。大家都知道乌龟是长寿的动物，它们的寿命有的可达 1000 年，原因之一就是它们是以腹式呼吸为主的。你也可以观察一下身边的婴儿，尤其是刚刚会爬的孩子，观察他睡觉的呼吸方式，那也是典型的腹式呼吸。但是人随着学会了直立行走，胸式浅呼吸便成了主导，这不能不说是一种退化。

腹式深呼吸有什么好处呢？这种呼吸方式可以增加膈肌的活动范围，使中下肺叶的肺泡在换气中得到锻炼，从而延缓老化，保持良好弹性，防止肺的纤维化。特别是在雾霾天气，腹式呼吸可以使氧气得到充分交换，从而改善人们缺氧、呼吸困难等情况。

腹式深呼吸简单易学，站、立、坐、卧皆可，随时可行，但是以躺在床上进行为好。刚开始可以这样训练：仰卧在床上，松开腰带，放松肢体，集中思想，排除杂念。先由鼻慢慢吸气，鼓起肚皮，每口气坚持 10 ~15 秒钟，再徐徐呼出，每分钟呼吸 4 次。做腹式深呼吸的时间长短由个人掌握，你也可以将它与胸式浅呼吸相结合，这便是呼吸系统的交替运动。被“雾霾病”困扰的朋友，如果能常年坚持腹式深呼吸，你会意外地发现，疾病竟然慢慢减轻，甚至消失了。

第三节 眼睛也恐“霾”，负分环境下的护眼之道

导读

众所周知，雾霾会伤害呼吸道。其实，雾霾天里眼睛也比平常要容易出问题，尤其是平常就用眼频繁，或者是比较喜欢戴隐形眼镜的人，在雾霾天里眼睛更容易出现一些不适症状。所以，想要一双明亮双眸的你，在雾霾天里千万不要偷懒，及时保护好眼睛可是必需的工作哦。

比起“2012 世界末日”的说法，我觉得2013 年末的天气似乎更像末日来临的样子。前阵子雾霾严重，每天早上起床拉开窗帘，外面都灰蒙蒙一片，像一幅幽暗、压抑的水墨画。要知道这种恶劣的环境污染，对身体是有害的，即便是对我们的眼睛，也有很大的损害呢！

30 岁的赵女士就是一个最典型的例子。她是一家公司的美工，周六，她的单位组织活动，到了周日，她架不住孩子的央求，又带着孩子去欢乐谷玩了一整天。回到家里，赵女士突然感觉眼睛酸涩、爱流泪，她分析了一下原因，可能是最近工作比较忙，天天盯着电脑造成的。心想睡一觉就会恢复了，所以刚开始她便没怎么在意。谁知，好多天过去了，赵女士的眼睛仍然不见好转，而且疼痛得比前阵子更厉害了。前天早晨她起床后发现自己的眼睛又红又肿、疼痛难忍，赵女士怕再拖下去会出问题，便来到一家医院的眼科中心就诊。

眼科门诊里排了很长的队，像赵女士一样情况的人真不少，赵女士等了足足 2 个小时才轮到。经检查，赵女士患的是结膜炎。医生叮嘱她注意用眼卫生，空气污染时不要外出，否则病情还会反复。走出门诊，赵女士忽然遇见一个熟人，他也是来检查眼睛的。据这个朋友说，他患有慢性结膜炎，每当空气中 PM2.5 的浓度过高时，他的眼睛就特别不舒服，无论点了多少眼药水都无济于事。末了，这个朋友还打趣道："我现在看外面就是月朦胧鸟朦胧的感觉，我有时候真分不清到底是我眼睛的问题，还是老天的问题。"

当出现雾霾天气时，人们经常用口罩遮挡口鼻，减少污染物对呼吸道的伤害，但是眼睛却没有被很好地保护起来，所以也就出现了一开始这样的病例。专家提醒我们，长期暴露在雾霾条件下，可能会增加眼睛的致病风险。雾霾的主要成分是空气中的灰尘、硫酸、硝酸等物质，这些物质极易对眼睛黏膜系统造成刺激从而导致化学刺激性结膜炎，在一定的情况下容易并发感染性结膜炎。在这些物质的刺激下，眼睛会出现干涩、有异物感、疼痛、流泪等症状。产生泪液的导管也会堵塞，对角膜的清洁保护作用降低，由此可能导致眼睛被感染。时间长了，这种不适感会越来越明显。尤其有几类特殊群体，是雾霾重点侵犯的对象，更不能忽视对眼睛的保健。

需重点保护眼睛的群体

①本身有眼外伤或眼部近期做过手术的人，在雾霾严重时，伤口有被细菌感染的风险。

②患有糖尿病的老年人，其体质比较弱，血管功能不好，对于雾霾颗粒刺激的抵抗力低。

③体质过敏者可能会对霾里的某种成分过敏，造成免疫反应，比如细胞组胺的释放，就会启动身体内的炎性因子。

④平时爱化妆的女士也要重视眼健康，因为在连续多日的有雾天气，眼表皮肤化妆的残留物容易在潮湿环境下造成微生物滋生污染。而涂睫毛膏、粘贴假睫毛等化妆方法，更容易"招惹"PM2.5 等颗粒物。

⑤庞大群体“低头族”，如手机族、电脑族，长期用眼会造成眼部疲劳，加大被雾霾损伤的可能性。

◆雾霾时刻，如何护眼

虽然负分环境给我们设置了无数障碍，但是如果做好补给工作，也不是不可以避免雾霾对眼睛造成的伤害。我们该如何做呢？眼科专家建议我们做到如下几点。

减少外出机会：雾霾天气减少外出是最好的方法，呼吸道可以通过口罩来预防，但是经常外出，眼睛就没有什么好的防护办法了，只能是受害后的护理，所以为了眼睛的健康，还是要减少外出为好。尤其是老人和小孩，他们的身体抵抗力较弱，应尽量待在家中，同时关闭门窗，避免室内的空气受到外界的污染。等到霾散日出时再开窗换气。

勤洗眼睛：感觉眼睛干涩，同时脸上有细小的灰尘，是因为你在外逗留的时间比较长，让雾霾彻底依附在面部了，这个时候可以用流动的水冲洗眼睛，以减少细菌附着的时间。不要反复使用盆中水，以免发生二次感染。

使用眼部护理产品：在眼睛疲劳干涩的时候可以使用眼部护理产品，比如眼药水、滴眼液等，使用之前最好先清洗一下眼睛。不过，一旦出现流泪、畏光等症状，一定要到正规医院进行治疗，对症下药，不可随意购买眼药水。因为雾霾的组成成分非常复杂，每个人的抵抗力不同，如果没有对症治疗，反而有可能对眼睛造成伤害。

合理饮食：通过饮食调理是一种既简便又有效的护眼方法。在生活中，护眼的食物很多，如动物肝脏、胡萝卜、枸杞子、豆腐、牛奶、各种水果等。如果你懂得如何合理地对食物进行搭配，那么这些食物的护眼功能就可发挥到极致。

◆别让隐形眼镜成为隐形伤害

时下，越来越多的人投入到隐形眼镜的大军中，有些近视族是为了日常生活方便，有些人则是为了漂亮而佩戴。然而你可能不知道，雾霾天气佩戴隐形眼镜不但无法使你明眸雪亮，反而会伤害你的一双灵魂之窗。

为什么戴隐形眼镜更容易中招？有实验员曾在雾霾天里做过实验，他戴着隐形眼镜在户外活动了4个小时。之后，他将所戴的隐形眼镜送到化验室，结果显示，上面的细菌菌落总数达到325，包含能致病的金黄色葡萄球菌。可见，隐形眼镜是真正的藏污纳垢的“窝点”。大家想想，我们的眼睛被细菌包围一整天，势必会引发一系列眼病，如结膜炎、急性红眼病等。虽然护理液可以清洗掉隐形眼镜上的污物，但也于事无补，因为你在户外活动时，灰尘和细菌已经通过隐形眼镜进入你的眼睛里了。

雾霾天气戴隐形眼镜吸附的不仅仅是细菌，连PM2.5也会找你麻烦！我们眼球的最表层是泪膜，在不戴眼镜的情况下，如果PM2.5等颗粒附着在眼球上，人们能通过眨眼和分泌泪液将脏东西洗刷掉。但戴上隐形眼镜后，镜片会阻碍泪液流动，使杂物无法被洗刷净。

不仅如此，大量雾霾颗粒吸附在隐形眼镜上，还会造成眼睛缺氧。就像人体一样，眼睛也是需要呼吸的。隐形眼镜本身具有一定的透氧性，而附着在眼镜上的细微颗粒像蒙了一层盖子，加重了眼球缺氧，导致角膜水肿，视力清晰度和透明度下降。而且，如果颗粒物不小心进入眼睛，还有可能损害到镜片，破损的镜片还有可能划坏我们的角膜。

因此，建议隐形眼镜族在雾霾天气里放弃隐形眼镜，戴框架眼镜。如果一定要戴隐形眼镜，最好随身携带专用护理液。从外面走进室内时，及时取下镜片，放到护理液中浸泡，滴几点人工泪液冲洗一下眼镜后再佩戴。一旦发觉眼睛不舒服，要立刻停止佩戴。

雾霾天护肤不止步，深层清洁是关键

导读

雾霾天发生时，空气中的悬浮物变多。这些悬浮物有来自建筑工地的扬尘，有汽车的尾气，有化工厂排放的废烟等。其中多含有灰尘、硫酸、硝酸、有机碳氢化合物等粒子。这些悬浮物粒子很小，直径平均只有 10～20 微米，很容易附着在我们脆弱的肌肤上。容易给肌肤带来过敏、发炎、毛孔变大、肤色暗沉等问题，而这些问题都会加速肌肤衰老的速度。

晴空万里越来越难见，环境污染问题越来越严重，对于爱美的女性来说，千万要盯紧自己的肌肤。如果出现皮肤粗糙、油腻，肤色暗沉，毛孔粗大等症状，那么你的肌肤已经受到有害物质的污染了。

这不，徐女士就是其中一位。最近，她脸上莫名其妙出现了过敏反应，在脸颊部位长出很多痘痘，一洗脸又痛又痒，到医院检查，医生告诉她，出现这些症状跟空气污染密切相关，雾霾中的 PM2.5 可引发过敏性皮肤病。在与医生沟通时，徐女士还了解到，这段时间，医院皮肤科的门诊量上升很快，不少人都与她情况相仿，因为接连不断的雾霾天而出现各种皮肤过敏问题。

大家都知道雾霾被吸进体内，能造成呼吸道疾病，咳嗽、胸闷，殊不知落在皮肤上，也是后患无穷啊。在雾霾天里，空气中的尘埃、螨虫、化学颗粒物较多，这些脏污颗粒小，很容易飘落并附着在裸露的肌肤上，引起湿疹、红斑、皮炎、丘疹等一系列过敏症状。尤其本身是过敏体质的人群，更容易被激发出过敏问题。

不仅如此，雾霾天的空气里还夹杂着很多细颗粒状的粉尘，这些粉尘具备极强的吸附能力，把皮肤堵了个水泄不通。外加有些人皮肤的角质层过厚，体内水分就无法顺利与表皮进行代谢交换，搽在皮肤上的水分和营养受到过厚角质的阻碍，也无法渗透到真皮，皮肤就会一直处于干燥状态，那么细纹、斑点、暗黄也就随之而来了。

谁不想做一尘不染的美女？可是在科技日渐发达的世界，我们的肌肤除了要面对自然的老化现象以外，还要经受外界空气污染、生活工作压力、紫外线、电脑辐射等因素的折磨。如果很不凑巧，你还是一个吸烟族、熬夜族，那么你的肌肤将受到更加残酷的迫害，而你离“黄脸婆”也就不远了。难道破罐子破摔，向雾霾低头吗？当然不是，现在就教给大家赢得这场“肌肤保卫战”的方法。

◆ 完美肌肤始于清洁

在雾霾天气里，皮肤清洁显得特别重要。因为悬浮颗粒进入毛孔中，容易形成黑头，造成毛孔阻塞、角质堆积、肌肤起皮。尤其是经常化妆的妙龄女性，如果每天洁面不彻底，将会受到雾霾天气悬浮颗粒物和化妆品残留物的双重伤害。所以，我们要学会清洁皮肤。

清洁皮肤最重要的介质就是洗面奶，在日渐恶劣的天气中，一款好的洗面奶对皮肤有改头换面的作用。不信你可以和专业的美容师、美容顾问、甚至是更有经验的皮肤科医师沟通一下，他们差不多都会这样建议你：你的皮肤不好，你的皮肤敏感，你的皮肤太薄……必须要使用温和一点的洗面奶。可见，洗面奶的重要性。那么，我们如何去分辨哪一种洗面奶好，哪一种坏，哪一种刺激，哪一种温和呢？

判断你使用的洁面品的好坏，主要是观察其搓出泡沫的大小。如果泡沫的直径在 1 厘米以上则属于磺酸等级，这样的洁面品可以用来洗衣服了；如果泡沫的直径在 2～3 毫米，泡泡多且重叠，那么用此类产品洗头发、洗身体没什么大问题，如果用它洗脸的话就不建议长期使用了；如果泡沫的直径在 1 毫米左右，且泡泡重叠不多，这类洁面品就算质量不错的了，可以放心使用；如果泡沫的直径在 0.2～0.3 毫米，且泡沫不重叠，给人感觉泡少且绵密，那么可以确定，这类产品在所有洁面品中质量是最好的，它的性质非常温和，即使刚出生的婴儿都可以使用，自然最益于皮肤。

有了好的洗面奶做护理基础，接下来要学会的就是正确的洁面方法了：将洗面奶挤在掌心，揉出泡沫后，先从额头开始，双手分别向外划圈，然后从上到下，以划圈的方式清洗脸颊和鼻翼两侧，再从鼻翼洗到鼻尖，从鼻根处至双眉间。有些女性朋友脸上特别容易长“痘痘”，但是不能因为容易长痘痘就用力揉搓。要记住，脸部不是衣服，不是越用力洗就越干净。

一般来说，洗脸与肌肤有着很密切的关系：眼部四周肌肤脆弱，一天用手轻轻洗一次足矣；鼻翼两侧、人中四周、T 字区和下颌等部位容易出油，应仔细清洗；下颌是极易忽视的部位，衣领容易使下颌藏污纳垢，所以可别忘记重点清洗。如果担心用手洗得不够干净，我们可以借助洗脸刷、洗脸棉等辅助工具进行清洁，这样清洁的效果会更好。

◆保湿、隔离和防晒，一个也不能少

除了在雾霾天气里做好皮肤的清洁工作外，我们还应该重视皮肤保湿、隔离和防晒，这当中最重要的就是做好保湿工作。关于“保湿”确实是老生常谈，不过正因为它很重要所以美容专家才一而再再而三地强调。尤其在春天，空气中不足 15% 的相对湿度会让水分流失加速，而若遭遇雾霾天气，只有补足水分才有助于肌肤顺利代谢，增加自身抵抗力，减少因外来污物引起的过敏及炎症。每天晚上 11：00 到次日凌晨 6：00 是肌肤护理的最佳时间段，想要加速细胞排出毒素，改善肌肤暗哑缺水状态，就要好好利用这段时间，为肌肤补足水分。

当然，各种保湿产品是因人而异的，使用前先要判断你的肌肤是单纯性缺水还是需要水油同补。对于干性、中性肌肤，推荐保湿型乳液或清爽型乳霜，千万不要用油性的护肤品，否则会增加雾霾颗粒物黏着肌肤的可能性，同时可以辅助配以滋润型的保湿面膜；而对于油性肌肤，则适宜选择不含油分或低油分的保湿凝胶或啫喱，保湿面膜则可以天天使用。

说完了保湿，再来谈谈隔离。隔离霜是护肤当中必不可少的。它相当于你的皮肤上的一层保护膜，能有效抵御脏兮兮的空气、无处不在的辐射以及晒伤人不偿命的紫外线。同时，它还能防止底妆和肌肤直接接触，缓解粉底堵住毛孔的情况。有些人觉得，只有夏天才用隔离，其实，想真正保护皮肤，一年 365 天每天都需要搽隔离霜，在雾霾天气，这一点尤为关键。

最后来看看防晒霜。这种护肤品不仅能预防紫外线的照射，也能阻挡杂尘的侵袭，有的防晒霜也有美白、补水、锁水等功能。防晒霜有不同的倍数，怎样选择呢？在雾霾天气里，为防止更多雾霾颗粒附着于肌肤，在防晒及隔离产品的质地上就应以轻薄为主，也就是说，防晒倍数可以相应降低，因为倍数越高就意味着黏度加大。以我为例，我会根据自己所处的环境进行选择，如果我去办公室，会使用 15++ 的，如果是出去逛街用 25++ 的，如果外出旅游就用 30++ 以上的。

还要对大家唠叨几句，不仅仅是脸部，裸露在外的皮肤都需要呵护，比如手臂，要搽护手霜和防晒霜，脖子的保养和面部一样就可以了。虽然卸妆时稍微麻烦点，可为了不被雾霾“毁容”，我们拼了！

不怕污染和干燥，PM2.5 时代的护发计划

导读

人们常说“有头有脸”，可多数人的护肤功课里总也见不到“头皮”这一项。他们觉得，只有脸皮才最重要，而头皮护不护理都无所谓。殊不知，后者比前者更需要精心呵护。尤其在雾霾天里，空气中飘浮着复杂的颗粒物与污染物，它们很容易附着在头皮上，并通过毛囊进入人体，而头皮发痒、疼痛，头皮屑多，油脂分泌过量等问题也接踵而来。

环境污染引发了频繁的雾霾天气，大家出门前都会戴上口罩保护口、鼻“门户”，但是，戴口罩只是对呼吸道的一个基础保护而已，要想彻底避免雾霾天气对人造成的伤害，出门前最好将自己全部武装起来，身体有衣服的保护，面部有口罩的防护，而我们的秀发也应该有帽子的保护。可是，大多数人都没有意识到雾霾天气会对头皮和秀发产生的伤害，他们更不知道头皮的重要性和脆弱程度。

现在，就让我们了解一下吧！头皮对于人体各部位的皮肤而言占据着特殊地位：头皮是人体皮肤最薄的部位之一，仅次于眼周及唇部的皮肤，其厚度仅为人体皮肤最厚部位的 1/50。同时，头皮也是全身老化最快、自由基含量最高的部位，而头皮老化的速度，是脸部皮肤的 6 倍，是身体肌肤的 12

倍。与其他部位的皮肤相比，头皮不仅长期暴露在外，更有最浓密的毛发覆盖，因而承担着保护与装饰的双重任务。而头发是在头皮的毛囊内生长的，头皮为头发的生长提供所需的全部养分。

常见的头皮问题分为 2 种，先天和后天。很多人天生发质就不好，头皮爱出油，发质干燥。但也有一部分人，小时候的发质很好，长大后受许多不良生活习惯影响，比如吸烟、喝酒、熬夜、频繁烫发、久处空调房等因素引发了“头皮问题”；或者是由季节变化而产生的阶段性头皮问题；还有滥用药物带来的不良反应等。随着年龄渐长，头皮活力逐渐流失。

◆ 头皮载不动太多雾霾

如果我们的生存环境中雾霾弥漫，会对头皮产生哪些不良影响呢?

相信很多细心的朋友会发现，雾霾天增多时，头皮屑也随之增多了。这是因为，头皮屑是细菌在头皮上的大量繁殖引起的皮肤病，而雾霾空气中的有害细菌数量非常多，头皮被“攻占”的概率也就大大增加了，所以你会发现头皮屑来得特别频繁；不仅如此，如果空气中的化学物质和污染颗粒物长时间附着在头皮上，会严重损伤头皮及毛发乳头细胞，这些物质还会通过毛孔进入毛囊，从而引起严重脱发；另外，当雾霾久久不能散去时，空气中的粉尘、重金属等有毒物质也会“寄居”在裸露在外的头发上，这样头皮便成了藏污纳垢的载体。被有毒物质包裹的头皮无法将营养输送至头发，头发因而变得干燥、枯黄、分叉。

由此可见，在 PM2. 5 时代，我们的肌肤需要呵护，身体需要呵护，生活需要呵护，头皮更需要呵护。

◆ PM2. 5 时代的头皮护理经

很多人意识不到雾霾天气对头皮的损伤，因为空气污染所导致的脱发、

头皮屑等并不是立即显现的，但等到发现这些症状严重时就为时已晚了！所以我们一定要及时捕捉头皮发出的“抗议信号”，同时在日常生活中加强对头发的保护。

在雾霾天气来袭时，如何拯救脆弱的头皮呢？我们在前面说过，一些不良的生活习惯，如熬夜、抽烟、喝酒、喝咖啡、嗜辣等，都容易使头皮的新陈代谢加速，造成角质层大量脱落，而形成恼人的头皮屑、脱发、头皮瘙痒、头发干枯分叉等问题。如果时值雾霾天气，此类烦恼更有加重的趋势，所以，如果想使头皮恢复健康，头发更加亮丽，就一定要从源头上入手，杜绝这些会引发头皮问题的不良习惯。

在雾霾严重的天气里，我们回到家里，还要及时清洗头发以保证头皮的清洁，千万不要顶着一头脏兮兮的污染物上床睡觉。可能有的人会觉得洗头发是一件简单的事情，人人都会，其实这里面有不少需要注意的细节，比如在洗头前，应先用梳子将头发梳开。然后一边用梳子按摩头皮，一边用接近体温的水将头发冲洗一遍，这样可以使头发上的粉尘、颗粒物及头皮屑略微减少。之后，取如硬币大小的洗发水，用双手搓揉出泡沫，再打到头发上，这样洗发可以降低对头皮的刺激。在洗完发后，还应该涂抹护发产品，如精华液、橄榄油等，修复和保护受损的头发。

在洗完头发湿发的时侯应该涂抹护发产品，要想解决头皮问题，保持良好的发质，你还应该每天坚持按摩头皮。如何按摩呢？最简单的办法就是梳头，早上起床后拿出牛角梳子梳头 100 次，不仅能刺激毛囊，而且能使发隙间保持良好的通风，不再被汗液和热气所笼罩，进而防止脱发、头皮屑。

除此之外，还可以在睡觉前和次日起床后用双手按摩头皮，操作非常简单：将双手十指插入头发内，从前额经头顶到后脑轻轻揉搓头皮，每次 2 ~ 4 分钟。每天坚持按摩头皮，可改善头皮营养状态，调节皮脂分泌，促进头皮血液循环。

另外，如果你的头发因空气污染严重而脱落，渐渐变得稀少，不妨试试这个小妙招：用蜂蜜1茶匙，鸡蛋黄1个，蓖麻油1茶匙，洗发水2茶匙，葱头汁适量，将这些兑在一起搅匀，涂抹在头皮上，再戴上塑料薄膜帽子，不断地用温毛巾热敷帽子上部。过1~2个小时之后，再用洗发水将头发洗净，坚持一段时间，头发稀疏的情况就会有所改善。

以上几点就是护理头皮的有效措施。恶劣的环境是目前无法避免的，但是我们要从自身出发，尽力做好头皮的护理工作，这样，在雾霾的天气里，才能将头发受到的伤害降到最低。

PM2. 5 来势汹汹，巧用植物营造“天然氧吧”

导读

雾霾已经成为很多城市挥之不去的阴影，每到冬季，全国各主要城市都会出现大面积的雾霾，而且持续的时间还会很长。出现雾霾，作为普通市民只能采取少出门、少开窗、出门戴口罩的措施保护自己身心健康。此外，在室内我们可以自己种植一些绿植来改善室内空气，调节室内湿度，进而得到一个愉悦的生活环境。

2013 年入冬，我国近 1/10 的国土被雾霾“吞噬”，中央气象台连续 5 天发布霾黄色预警。北京、天津、河北、山西、山东、河南、陕西等地在今日仍旧饱受雾霾之困。市民们的防霾意识不断增强，在对抗雾霾这件事上也是绞尽了脑汁，想出的点子更是层出不穷。有技术宅的科学抗霾，也有“吃货”的食物抗霾，还有居家的绿植抗霾。这不，前两天，市民于先生就从家附近的花卉市场捧回 2 盆绿萝，他说：“网上都说绿萝可以吸雾霾，我便买了 2 盆。价钱不贵，摆在家中也美观，很划算。”

和于先生抱有一样观点的人有很多，随便到一个花卉市场转转，就能看见一些人在绿萝、吊兰等有净化空气作用的植物前打转。有的人准备买来绿植摆放在刚装修好的新房内以驱除味道，更多的人是想用它们来应对雾霾、净化室内空气。

◆植物能拯救室内空气吗

目前，有一种“植物能吸收 PM2.5”的说法在网络流传开来，这样的观点是否靠谱呢？我们先从植物的叶片说起吧。我们用肉眼看，很多植物的叶片都是光洁的。可是假如把叶片放到显微镜下去观察，你就会发现，那光洁的叶片其实是粗糙不平的。这是因为在植物叶片表面是由犬牙交错的表皮细胞构成，在表皮细胞外侧还会有分泌产生的一些角质或蜡质层。这些角质或蜡质对表皮细胞起到一定的保护作用。这些粗糙的叶片表面，大大增加了叶片的表面积，当尘埃颗粒落在叶片上时，就被阻滞、吸附在凸凹的缝隙之中。对于 PM2.5 颗粒，还可通过气孔进入植物叶片，停留在植物叶片内。可见，植物对于 PM2.5 等颗粒物确实具有一定的吸附作用。

除了能降低颗粒物浓度，植物能吸收甲醛等有毒气体吗？答案和 PM2.5 一样，是肯定的。植物通过茎叶吸收、植物代谢与转化根际、叶际微生物降解作用以及土壤吸附等去除室内空气污染物。植物吸收甲醛主要是通过叶片气孔和茎上皮孔，并经由植物维管系统进行运输和分布，然后在植物体内经过代谢和一系列的催化反应而得到净化和降解，或形成对植物本身无害的成分。

植物还能够除菌。平日生活中，我们经常在化妆品或生活用品上看见一些“来自植物的天然抑菌成分”的产品。毋庸置疑，不少植物所含物质都有杀菌、抑菌作用，我们最熟悉的芦荟和大蒜，就能起到一定的杀菌作用。当室内的细菌落在植物叶片上甚至入侵到植物体内，植物就会产生一些抗菌物质，将“入侵者”一网打尽。

另外，植物还能吸收二氧化碳释放出氧气。这是因为植物像人一样，也需要进行呼吸作用。在白天，植物既进行呼吸作用又进行光合作用，也就是既吸收二氧化碳也放出二氧化碳，且它们吸收的比放出的多。到了夜间，植物不再进行光合作用，只进行呼吸作用，此时不再释放氧气，而是放出少量的二氧化碳。自然界中的大部分植物都是如此，不过也有例外，比如仙人掌、仙人球、水仙等植物，在夜间也可以释放氧气，起到净化空气的作用。

◆抗霾植物大盘点

下面就给大家推荐几款植物，这几款植物对于雾霾起到一定的治污作用。

第 1 名：吊兰。又称垂盆草、桂兰、钩兰、折鹤兰。此外，有 1 种吊兰叫“折别鹤”，不但美观，而且吸附有毒气体效果特别好。1 盆吊兰在 8 ~ 10 平方米的房间内就相当于一个空气净化器，它可在 24 小时内，杀死房间里 80% 的有害物质，吸收掉 86% 的甲醛；能将火炉、电器、塑料制品散发的一氧化碳、过氧化氮吸收殆尽。

第 2 名：虎尾兰。又名锦兰，属龙舌兰科。虎尾兰叶片对环境的适应能力强，虎尾兰的花叶对气味的吸收也有很大的作用，放置于客厅之中不仅美观而且实用。1 盆虎尾兰可吸收 10 平方米左右房间内 80% 以上的多种有害气体，两盆虎尾兰基本上可使一般居室内空气完全净化。虎尾兰在白天还可以释放出大量氧气。

第 3 名：芦荟。芦荟是 1 种百合科草本植物，是多年生百合科肉质草本植物。含有丰富的多糖、蛋白质、氨基酸、维生素、活性酶及对人体十分有益的微量元素。芦荟的好处众人知晓，对于甲醛气味的吸收也不言而喻了，花谚说，“吊兰芦荟是强手，甲醛吓得躲着走。”在 24 小时照明的条件下，可以消灭 1 立方米空气中所含的 90% 的甲醛。

第 4 名：常春藤。1 盆常春藤能消灭 8 ~ 10 平方米房间内 90% 的苯，能对付从室外带回来的细菌和其他有害物质，还能有效抵制尼古丁中的致癌物质，甚至可以吸纳连吸尘器都难以吸到的灰尘。

第 5 名：龙舌兰。是南方室内与室外园林布置的重要材料之一。四季常青的叶片易于打理，坚挺的叶片对于吸收空气中的杂质气体尤为有效，龙舌兰能吸附家居中的有毒气体。在 10 平方米左右的房间内，可消灭 70% 的苯、50% 的甲醛和 24% 的三氯乙烯。

以上这些绿植可以通过吸收二氧化碳、释放氧气来净化空气，同时，叶片可吸附空气中的飘尘，在一定程度上可降低 PM2. 5 浓度。在 PM2. 5 数值很高的时候，可有选择地挑选一两种摆放在室内，既能为家居增添色彩，又能降低雾霾对人体的危害，我们何乐而不为呢?

第七节 我们不能改变天气，却能选择最好的空气净化器

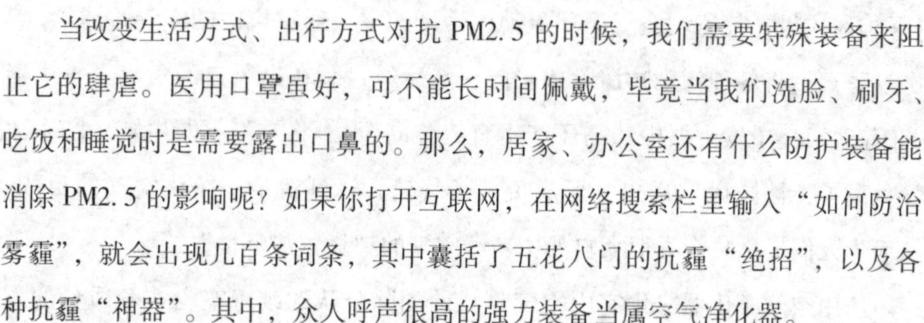

导读

我们每天在室内活动和休息的时间占全天的90%。而长期工作、生活在空气污染严重的室内环境中，可导致人体健康损害。尤其对患有心脏病、哮喘等慢性疾病的老人、幼儿，空气污染的危害更为明显。空气净化器的出现，无疑在一定程度上缓解了大家对 PM2.5 的恐惧。

当改变生活方式、出行方式对抗 PM2.5 的时候，我们需要特殊装备来阻止它的肆虐。医用口罩虽好，可不能长时间佩戴，毕竟当我们洗脸、刷牙、吃饭和睡觉时是需要露出口鼻的。那么，居家、办公室还有什么防护装备能消除 PM2.5 的影响呢？如果你打开互联网，在网络搜索栏里输入“如何防治雾霾”，就会出现几百条词条，其中囊括了五花八门的抗霾“绝招”，以及各种抗霾“神器”。其中，众人呼声很高的强力装备当属空气净化器。

有一位网友现身说法，在论坛发帖，其中就提到了空气净化器：最近我们山东这边也“爆表”了，空气中到处都是刺鼻的味道，我的嗓子和喉咙都不舒服。回到家后也不敢开窗了，家里的空气老是那么闷着也不舒服嘛，所以我上网团购了一台空气净化器。网上样式很多，价格也有高有低，我选择了一台主要针对清除 PM2.5 和甲醛等有害物质的空气净化器，一看，价格真不便宜。可是再也没有比呼吸更重要的事了，我一狠心就买了，花了我 1 个月的工资呢。现在我们全家都离不开这宝贝了，平时放客厅，等睡觉时我们再将它放在卧室。要说起作用，我觉得还是有的，至少我的嗓子没那么难受了，我家小孩也不再咳嗽了。”

怎么样？看到这里你是不是也蠢蠢欲动想选购一台了？别急，俗话说“知其所以然”，我们在选购之前，还是先来了解一下空气净化器的工作原理及具体作用吧！

◆知其所以然，认识空气净化器

空气净化器，也叫空气清洁器、空气清新机，是指能够吸附、分解或转化各种空气污染物（一般包括粉尘、花粉、异味、甲醛之类的装修污染、细菌、过敏原等），可以有效提高空气清洁度的产品。

空气净化器的基本结构其实并不复杂，通常由电路负离子发生器、微风扇、空气过滤器等系统组成，其工作原理简单来说就是，机器内的微风扇（又称通风机）使室内空气循环流动，污染的空气通过机内的空气过滤器（2次过滤）后将各种污染物清除或吸附，然后经过装在出风口的负离子发生器（工作时负离子发生器中的高压产生直流负高压），将空气不断电离，产生大量负离子，被微风扇送出，形成负离子气流，达到清洁、净化空气的目的，从而为人们提供一个类似大自然中新鲜空气的“微气候环境”。

使用空气净化器净化室内空气是目前国际公认的改善室内空气质量的方法。目前市场上常见的空气净化器大致可分为三类。第一类是静电式空气净化器，它主要利用静电原理，使空气中的微粒带电荷后，把它们吸附到集尘装置上；第二类是过滤式空气净化器，它主要利用多孔性过滤材料，把悬浮在空气中的固体微粒或液体微粒拦截并收集起来；第三类是复合式空气净化器，它主要利用光电催化分解有害气体，并使用除尘技术和紫外线技术杀菌。

◆挑选空气净化器的学问

了解了与空气净化器相关的知识后，问题又来了——空气净化器有种类和品牌，如何判断你眼前的这台机器真的适合你？要判断一台空气净化器的性能好坏如何，最重要的就是由洁净空气的输出比率来决定，通常机器的洁净空气输出比率越大，净化效率也就越高。下面就与各位分享一些挑选空气净化器的学问。

在选择空气净化器之前，要先考虑好你使用的环境是什么。如果你所在的室内烟尘比较大，那么应该选择配置有 HEPA 滤网的空气净化器。因为 HEPA 滤网密度高，在目前来说是最先进的空气过滤材料之一，可更好地过滤和吸附 0.3 微米以上的污染物，特别是针对室内的烟尘、可吸入颗粒物、细菌、病毒都可轻松吸附；如果你是刚装修好的新房，那么就要选择配置有除甲醛滤网的空气净化器了。这种配置有除甲醛滤网的空气净化器，不仅可去除室内甲醛，还对烟尘和加湿都有功效，算是智能型空气净化器。

其实，要根据家里的面积选择空气净化器。空气净化器的功率大小与你的室内使用面积有着密不可分的关系。如果室内空间比较大，应该选择单位时间净化风量大的空气净化器。比如 30 平方米的房间，就应该选择 120 立方米/小时的空气净化器。要是你不懂的话，在选购的时候，记得要问导购员。

最后，还要考虑空气净化器的滤网使用时间。空气净化器的滤网使用时间决定了空气净化器的使用寿命。滤网在使用的过程中，会因为时间的增加而导致趋于饱和，设备的净化空气能力也因此而下降，这时最需要的，就是清洗和更换滤芯了。因此在选择空气净化器的时候，最好选择具有再生能力的滤网，可延长空气净化器的使用寿命。

我们不能改变天气，却能选择最好的空气净化器。空气净化器可给我们带来清新而健康的空气，为家人的健康增加了一份保障，只要你在选择空气净化器的时候多加留心以上几项，那么就会买到称心如意的产品。

以乐观的心态应对“雾霾”爆表

导读

越来越多的研究证实，气象的好坏能引起人的心理和行为的变化，左右人的工作效率。有利的气象条件使人情绪高涨、心情舒畅、干劲倍增，工作效率提高；而不利的气象条件如持续的雾霾天气，则会影响人的内分泌，引发烦躁不安、抑郁等情绪问题。

记得在几年前，都市里的时尚一族们流行一句口头禅“别理我，烦着呢。”这句话听起来多少有些“少年不识愁滋味”的感觉。然而直到今天，郁闷、焦虑等情绪却始终与都市人如影随形、挥之不去，像病菌一样侵蚀着人们原本健康的身心。糟糕的空气质量，给我们的生活蒙上了一层愁云惨雾，看不到蓝天白云，呼吸不到清新的空气，不能尽兴的玩乐……这些因素正逐渐吞噬着人们心灵中的明媚。

有心理专家指出，在长期看不到阳光的雾霾天气里，人很容易产生疲惫、情绪低落、烦躁不安、抑郁、懒散等消极情绪。

◆人的心情好坏与天空洁净度成正比

面对灰蒙蒙的天气，有人会感觉害怕和恐惧，有人会感到焦虑和烦躁，有人会心情变得低落，有人会感到不舒服、不快乐或不幸福。近日，某心理健康教育与咨询中心开展了针对雾霾天气影响人的心理状态情况调查，结果显示，雾霾天气对大部分人的心理状态都会造成影响。其中，48.65% 的人会感到害怕和恐惧，62.36% 的人会感到焦虑和烦躁，66.41% 的人心情变得低落，65% ~76% 的人心里会感到不舒服、不快乐或不幸福，61.78% 的人认为雾霾天气会使自杀率增高。

小安最烦的就是大雾天气，每当起床拉开窗帘，看见外面灰蒙蒙一片时她的心情就变得糟糕。上班路上，看见一群人戴着口罩匆匆忙忙地行走也会引发她的感慨，她感觉自己像活在一个没有希望的世界里。到了公司，与同事探讨工作问题也能引发小安的火气，她动不动就向人“开炮”，而对方心情也不怎么好，双方你一言我一语，把办公室搞得火药味十足。每次冷静下来后，小安都开始自我检讨，她想起从前她是一个性格柔和的人，现在却像一匹劣马，无端地发着坏脾气。想来想去，她终于弄明白症结，原来心情不好与暗无天日的雾霾有关。

暗无天日的雾霾天气令人情绪低落，这并不是什么新鲜的结论。很多国外学者都认同了这种看法。一位加拿大学者通过统计对比发现，阳光明媚的好天气会对情绪产生积极的影响，使人变得更加乐观。而缺乏阳光的天气，则会令人心情抑郁，甚至变得疑神疑鬼。

从心理学角度来讲，人们对于周遭事物、景色会产生下意识的反应，看到不用的色彩就会产生不同的心理感受。比如黄色表示快乐、明亮，使人兴高采烈，绿色表示和平，给人安定、清新的感受，灰色和黑色则使人感到郁闷、空虚、沮丧。同样道理，晴朗天气下的明亮色彩，亦会使人的精神愉悦放松，保持良好心情；雾霾天气则容易将人们的心情变成灰色。

如果从现代医学的观点来看，这其中的道理也不难理解。在人脑中有一个叫做松果体的腺体，它对于光线的感知十分敏感。当它感知到足够的光照时，细胞活动就会降低。但是一旦外界环境变暗，或者无法接受阳光照射，它便会变得活跃并抑制人体内某些激素的产生。而这些被抑制的激素里，恰恰有让人激发振奋作用的甲状腺素和肾上腺素。如此一来，人就相对地容易表现出情绪欠佳，甚至萎靡不振。如果恰逢长期阴霾，情绪的低沉就会更加明显。

◆雾霾下，别让你的心情“变脸”

灰霾笼罩，久不见阳光，人容易出现疲惫、情绪低落、烦躁不安等情绪问题，有些人甚至因为抑郁症而自杀，所以我们不该把情绪当小事。当被焦虑、悲观、抑郁等负面情绪所困扰时，我们就该放慢生活的脚步，多多关注一下自己的内心。

心理专家建议，雾霾天除了尽量减少外出，还应该学会转移注意力。比如，你可以听听音乐，看一些轻松愉快的电视节目、书籍，常与亲友沟通交流，让自己的身心得到适度放松；而且，室内的光线不宜太暗，尽量打开室内电灯，增强光线；饮食上可以补充维生素 D，以缓解郁闷的情绪。此外，原来就患有抑郁症的人，雾霾天容易加重，身边的人更应该注意护理照顾。

我个人的建议和经验总结就是要分清哪些是自己的事情，哪些是别人的事情，哪些是老天的事情。你只要控制好自己分内的事情就可以了，至于老天如何，外面会刮风下雨还是飘起浓雾，这些我们控制不了，所以不要再为外界事物的变化而干扰自己的情绪。为什么建议大家这么想，是因为我们每一个人的能量、精力、脑力都是很有限的，如果对外界过分关注，再独自生闷气、焦虑或抑郁，不仅会影响到自己的家庭和工作，还伤害了自己的身体。我们应该时刻记住，决定自己生活的，不是外在世界，而是自己的内心。

第九节 常做几种轻体操，足不出户也能健身

导读

运动的场所不只是户外，也可在户内。运动的方式不只是从头到尾动个不停，中间也可以稍做休息。运动的项目不只是有氧锻炼，也可以有力量练习、柔韧练习、平衡练习等。正好借着这个雾霾天提升一下我们平时忽视的其他运动素质能力。

上班路上，你是否留意到不少中老年人结伴练太极？下班回家，你又是否经常看到社区的姑娘小伙们一起跳广场舞？当太极、广场舞这些人们热衷的室外运动遇上雾霾天气，那该怎么办？我们先来听听王叔叔的烦恼。

王叔叔自从退休后，每天早上都进行长跑运动，已坚持了 4 年多。可是最近，由于受雾霾天气的影响，他被诊断出急性支气管炎。万般无奈之下，他只好中断了晨练。王叔叔对此非常苦恼，他一边咳一边对老伴说："我告诉医生，我前一段雾霾天还坚持跑步，医生说很可能这就是病因。可是，我每天闷在家里，不坚持锻炼，身体不就完了吗？上了岁数的人不活动活动筋骨哪能行啊!"

的确，这也是很多人的疑问。雾霾时，早晨空气比较浑浊，悬浮着细小的颗粒物，而颗粒物上还携带者细菌、病毒等毒物，如果一不小心吸进身体，肺气肿、哮喘、支气管炎、鼻炎等常见的慢性呼吸道疾病很可能被污浊空气急性触发。所以无论报刊杂志还是电视广播，都建议我们不要在大雾中锻炼，可是，生命在于运动，日常的运动并不可缺少。有没有什么两全其美的办法，既能锻炼身体，又能规避雾霾的伤害呢？下面，就为大家介绍几种运动。

◆老年人：常做拍打操

老年人因为体质原因，雾霾天里不该进行户外活动。如果实在需要去户外走走，可以试试在下午2：30～6：00，雾霾不太严重的时间，快步走半小时。当然，最为安全有效的方式是，在室内进行简单易学的拍打操。

晨起拍打：老年朋友每天早上起床后，可以站立或坐在椅子上，双目平视前方，全身放松，然后举起双臂，用双手掌同时拍打头颈部。左手拍打左侧，右手拍打右侧，先从后颈开始，逐渐向上拍打，一直拍打到前额部，再从前额部向后拍打，一直拍打到后颈部，如此反复5～8次即可。在雾霾不严重的情况下，拍打完头部之后，老年人可以把窗户打开一点，让室内适当通风，随后站起来，双手半握拳，用左手拍打右胸，再用右手拍打左胸，先从上至下，然后由下至上，左右胸各拍打100次。此后，再用类似方法拍打背部。拍打时，最好不要站在窗口，用鼻呼吸。拍打结束后立即关上窗户。

饭后拍打：拍打操也可以在饭后进行，不过不要一放下碗筷就立刻拍打，至少要等10分钟左右的时间。拍打时保持站立的姿势，全身放松，双手半握拳或手指并拢伸直，然后腰部自然而然地左右转动，随着转腰动作，双上肢也跟着甩动。当腰向右转动时，带动左手向右腹部拍打，同时右手向左腰部拍打；腰部向左转动时，上肢再进行与腰部右转时相反的动作。如此反复转动，手掌有意识地拍打腰部与腹部，每侧拍打200次。

拍打操是众多室内运动方法中最有效的保健方法，可以祛病防病、强身健体、延年益寿。长期坚持，对提高身体素质非常有益。

◆孩子：简单易学的小动作

孩子正处于生长发育的阶段，每天保证适量的运动，才能达到强健体质的目的。但是雾霾天气实在不适合进行户外锻炼，建议家长们不妨教给孩子一些健身小动作。

点点头：让孩子保持站立，两脚分开，与肩同宽，双手叉腰，分别做前屈（下颌贴近胸部）后伸（抬头后仰）、侧屈（耳朵贴近肩膀）和旋转动作，动作要求做得缓慢、到位，到了某一位置，要稍微用力拉伸一下，以产生酸胀感为宜。每节做 1 分钟左右。

扭扭腰：让孩子双手叉腰，拇指放在腰前，其余四指在腰后，胯部分别向右、向左做顺时针或逆时针转动。转动时不要太快，要做到缓慢有力。

拍拍肩：腰部转动最好和拍肩相结合。让孩子用右手掌拍左肩，同时腰向左转，另一手背拍腰骶部，反之亦然。经常做这个动作可以起到舒经活络的作用。

踢踢腿：这个动作就像是正步走一样。让孩子摆动手臂，同时将下肢伸直，脚尖绷紧，尽量与下肢成一直线，踏步走时尽量把腿踢高一些。

◆办公族：最简单的原地跑好处多

每天定时上下班的都市白领们，有时间的话可以去健身房，如果时间紧张不妨试试在办公室原地跑。看起来简单的活动，其实非常锻炼体质，还是一种有氧运动。

在进行原地跑之前，先要做一些热身运动，如踢腿、扭转踝关节等。跑步时要求抬高腿部，两脚离地 20 厘米以上，脚尖轻轻落地，脚跟不着地。然后抬头挺胸，收腹，两臂同下肢速率，自然前后摆动。在跑步的过程中呼吸要自然、顺畅，建议鼻吸口呼，吸气要均细，呼气要充分。初练者速度慢一些，可控制在每分钟跑 140 ~ 170 步，每次跑 5 ~ 10 分钟，心率 105 ~ 140 次/分钟，每天锻炼 1 ~ 2 次。随着体力的增强，可逐渐加大运动量和锻炼次数。

第十节 老祖宗留下的养生智慧，助你远离雾霾侵害

导读

中医学认为，雾霾属阴浊，自呼吸道进入人体，最易伤人阳气。所以雾霾四起的日子里，应尽量待在家里，并减少户外运动。除此之外，还可以尝试一下中医传统疗法，如吃热食、睡子午觉、坚持泡脚、穴位按摩等，以提高自身的阳气和五脏六腑的动力，进而最大限度地适应环境变化，杀出"霾伏圈"。

现在的雾霾越来越严重，人们怨声载道。很多人认为古代空气好，没有雾霾。其实，据史料记载，古时候也有雾霾。比如"蒹葭苍苍，白露为霜"的《诗经》里，就有"终风且霾，惠然肯来"的记载；《元史》中也有"雨土，霾，天昏而难见日，路人皆掩面而行"的描述；至元六年（1340 年）腊月，"雾锁大都，多日不见日光，都门隐于风霾间，风霾蔽都城数日。"《明实录》中则如此记载："今年自春徂夏，天气寒惨，风霾阴翳，近一二日来，黄雾蔽日，昼夜不见星日。"可见，雾霾不是现今才有的产物。

既然我们的祖先经历过雾霾的侵袭，那他们有没有留下什么抗霾方法呢？虽然古人们没有留下什么具体的方剂或药物，但是却留给我们一套完善、科学的中医理论，即使放到今天，这些理论仍不会过时。

中医学认为，雾霾属于邪气的范畴，什么是邪气呢？邪气即为导致人生病的气候因素，共分为六种，分别是风、寒、暑、湿、燥、火，称为六邪，而以雾霾的趋势来看，可称第七邪。它由呼吸道进入人体，最易损伤人体的阳气，而引发一系列疾病。在这样恶劣的气候下，有的人安康，有的人生病，这是他们体内的阳气足与不足的区别。

如何得知你的阳气是否充足？先观察四肢末梢，一个人唯有阳气充盛才能灌溉到枝节末梢，所以请看你的手掌是否红润温暖，手指肚是否饱满有弹性，指甲是否光滑亮泽没有纹路；然后看“三光”：面部是否红润有光，头发是否黑亮有光，眼睛是否含神有光；再次，观察你的精神是否充足不易困乏，你的腿脚是否有力不疲软，你的声音是否洪亮不懒言？如果这些条件都满足，那么恭喜你，你是一个阳气充足的人，你适应外在的能力、抗病能力和自我疗愈康复的能力比较强。一般情况下，你不会被雾霾、病菌等所伤，即使偶尔患了小病，由于体内充满了阳气，也康复得很快。反之，如果你阳气不足，那么接下来，就应该想方设法补不足，从根本上提高机体免疫力。若只是被动地采取戴口罩、净化室内空气、吃所谓防霾食物等，作用是非常有限的，因为身体内在并无抵抗能力，往往会不攻自破。

由此可见，应对雾霾最根本的方法就是在“阳气”二字上做文章。只要阳气足，我们就自然地不怕生病，不怕衰老，也没有对死亡的恐惧。

◆吃热食，睡子午觉

既然明白了阳气的重要意义，那么在日常生活中我们就应该有意识地养护阳气。如何养护呢？中医给出了具体方法：吃“热食”，睡子午觉。

所谓的热食，并不是指极其烫嘴的食物，而是食物的性味属于温热一类，如北方人喜欢吃葱、姜、蒜来排寒，四川人喜欢吃麻辣排湿等。虽然食物各有不同，但作用都差不多，就是为了祛寒、祛湿、保暖，所以它们都属于“热食”。

在上述食材之中，最实用、最有效的当属生姜。生姜既是厨房不可缺少的调料，也是作用广泛的中药，可以温中散寒，发汗解表，凡是阳虚怕冷、脘腹冷痛、四肢发凉的人都适合食用生姜。宋代诗人苏东坡在《东坡杂记》中记述杭州钱塘净慈寺有一位老和尚，他已 80 多岁，却面色童相，这是什么缘故呢？是因为老和尚服用生姜 40 余年，所以容颜不老。由此可以看出，养生保健离不开生姜。那么，生姜怎么吃效果才好呢？我们可以在做菜的时候放一些姜，可以熬姜糖水，还可以口嚼生姜，甚至还可以把生姜切片后贴再肚脐处。总之，方法非常多，好处也不胜枚举。

除了吃热食外，每天睡“子午觉”对改善身体情况也有很大帮助。所谓睡子午觉，就是指在子时和午时按时入睡，子时是从 23：00 时到次日凌晨 1：00，夜半子时为阴阳大会，水火交泰之际，称为“合阴”，是一天中阴气最重的时候，也是睡眠的最佳时机，子时之前入睡有利于养阴；午时则是从中午 11：00 时到下午 13：00，这个时间段是阴阳交会的时候，阳气最为旺盛，称为“合阳”，此时午睡有利于养阳。

子午觉的主要原则是“子时大睡，午时小憩”，即晚上一定要在 22：00 左右就准备睡觉，子时之前（23：00 之前）最好入睡，对于不得不从事熬夜工作的人，与其一直熬到三四点钟，不如在子时这段时间睡上一会儿，因为这段时间的睡眠效率远远超过其他时间段；午觉则只需在午时（11：00 ~ 13：00）休息 30 分钟即可，因为此时阳气盛，工作效率最好。即使睡不着，也要闭目养神，以利于人体阴阳之气的正常交接。

◆服药 10 年，不如泡脚 10 天

早在几千年前，中医就发现了“足是人之根，泡脚治全身”的妙处。据著名的中医典籍《黄帝内经》记载：“经脉者，人之所生，病之所成”。在我们的足底，有 136 个穴位反射区，对应人体的五脏六腑各个器官。所以每天

若能坚持泡脚，就能疏通经络，提升阳气，排出体内堆积的废物和浊气。

泡脚最好在临睡前进行，准备一盆40℃左右的热水，缓缓将双足放入。待水温下降后，用双手食指、中指、无名指三指按摩双脚涌泉穴，各按摩1分钟左右，再按摩两脚脚趾间隙半分钟左右。为保持水温，可续入适量热水，重复3~5次。最好选择一个较深的木桶，要能把小腿整个放进去的那种。那么，怎样算是泡好脚了呢？一般来说，泡到你的后背感觉有点潮热，或额头微微出汗，就算是好了。温热水泡脚时，如果能在水里加一些疏通经络的物质，如生姜、白酒等，对阳气不足，体内有湿气、寒气和浊气的人来说，保健作用会更好。

◆穴位保健法，轻松化浊气

你还可以采取按摩穴位的方法来提升阳气，兼化浊气。那么，我们具体按摩哪里呢？

合谷穴：把双手五指并拢，虎口的位置会鼓起一个小肉丘，这便是合谷穴，保持这个手型，让双手合谷穴互搓1分钟。这是保健大穴，通头面之气。

内关穴：双手掌立起，用双手腕相互旋转摩擦1分钟。这里刺激的是内关穴，该穴有提升人体正气、通络安神之功效。每天出门之前摩擦该穴3分钟，能使内在状态提升，有效防御霾邪对于身体的影响。

中脘穴：防霾最常用到的穴位就是中脘穴，该穴位于胸骨下端和肚脐连接线中点。可以将掌根置于此穴位，稍用力按下，轻轻揉动5~10分钟，可促进脾胃化浊气。

足三里穴：找到腿部的外膝眼，用自己的手指沿着此处，向下量四横指。自己用拇指用点力按压，找到酸胀感最强的点，这里就是足三里穴。握拳，两侧同时敲百次以上，每次敲都要保证力度有酸胀感。每日2次，可以迅速提升人体阳气，有效抵挡雾霾对机体的侵害。

第五章

安全第一，美食第二：雾霾天里的饮食策略

维生素D和“补钙”那点事儿

导读

阴霾天还会阻挡阳光，致使近地层的紫外线减弱，人的体表无法将皮肤内7-脱氢胆固醇合成维生素D。缺乏维生素D，不仅影响人体对钙磷的吸收和利用，还会削弱机体免疫力，引发感冒、流感等疾病。因此，在雾霾来临时，我们不要忘记为身体补充维生素D。

说到补钙，很多人以为只是小孩子和老年人的事，好像跟成年人没有太多的关系，其实我们都犯了个严重的错误。其实，缺钙与年龄无关，但与你的饮食结构、生活习惯却密切相关。相信大多数年轻人都有动不动就腿抽筋的现象，但是并不清楚自己缺钙的原因是什么，这与我们上班开车、在写字楼一坐就一天、没时间或没条件晒太阳有很大关系，所以20多岁就出现骨质疏松的人也不再见怪了。以下就是几个导致年轻人缺钙的原因。

◆雾霾，正在悄悄偷走你的钙

最近的雾霾天气使全国不少城市告别了阳光的温暖，由于能见度普遍偏低，使我们生活在一个雾蒙蒙的环境中，加上空气粉尘的污染，使我们对外出活动也变得有些担忧了，不少人选择了关闭门窗“宅”在家中。

软件工程师小张就是个典型的“宅男”，他住在北京通州区，却在海淀上班，这也决定了他的早出晚归。用他的话讲，也就是在中午和同事一起出去吃饭时才能看见太阳。前一阵子，小张所在的城市PM2.5“爆表”了，这可吓坏了他，本来就很宅的他更加不敢出门，平时在办公室一坐就是一天。好不容易到了周末，小张也是足不出户，享受游戏带来的刺激。大多数时间，他连饭都不做，要么下泡面，要么叫外卖随便对付一口。日复一日，小张渐渐变得脾气暴躁，腰酸腿疼，睡眠质量也非常差。一天夜里，他好不容易才睡着，结果小腿突然抽筋，他一下就疼醒了。没过几天，抽筋的现象再次出现了。小张忍无可忍，终于肯抽出一天时间看医生。医生告诉小张，他的症状是因为严重缺钙引起的，如果现在不补钙的话，就会导致腰间盘突出等疾病。

雾霾是引发缺钙的一个重要诱因。雾霾高发时，我们常年躲在室内，这样一来，我们便少了阳光的关爱。要知道，阳光可以促进皮肤中的7－脱氢胆固醇变成维生素D，而维生素D可以促进钙的吸收。所以如果你终日吸收不到阳光，你体内的维生素D就可能面临着资源短缺的危险，那么你出现缺钙症状也就不足为奇了。

◆补钙，维生素D不可缺

面对这样的情况，我们该怎样合理地补充维生素D，保持健康呢？所谓“知己知彼，百战百胜”，在谈到具体方法之前，我们先来了解一下维生素D。

其实维生素D的主要作用之一便是促进人体肠道以及肾脏对钙、磷的吸收；另一个作用就是对骨骼钙的动员，使骨骼中破骨细胞和成骨细胞以最佳的活性状态参与到骨骼的新陈代谢中去。有了这些保障，我们的骨骼才能更加强健。如果婴幼儿缺乏维生素D，严重者可导致形成方颅、鸡胸、“O”型腿或“X”型腿；成人表现为骨软化症，在妊娠和哺乳期女性及老人较易发生，常见有骨痛、肌无力，严重时导致骨质疏松，甚至骨折。

维生素D的来源主要有2个：一为内源性，也就是自身合成。二为外源性，即通过饮食进行补充。我们先说内源性来源：我们的皮肤表皮和真皮内含有7－脱氢胆固醇，经阳光或紫外线照射后能形成前维生素D_3，然后在人体内再转变为维生素D_3，这也是我们人体维生素D的主要来源。通常每天户外活动2小时便可以维持血中维生素D在正常范围，但其量的多少与季节、温度、紫外线强度、年龄、暴露皮肤的面积和时间长短有关。例如，我们近几天的雾霾天气，大家就很少能见到阳光，再加上空气污染外出时间就更是少之又少了，那么，如何通过食物补充维生素D就成了关键。一般来说，以下几种食物中维生素D的含量最丰富，在雾霾天里最好适量摄取一些。

维生素D的食物来源

①鱼肝和鱼油中，维生素D的含量最为丰富。

②动物肝脏，如鸡肝、鸭肝、猪肝、牛肝、羊肝等。

③各种富含油脂的鱼类，如鲱鱼、三文鱼、金枪鱼、沙丁鱼、秋刀鱼、鳗鱼、鲑鱼、鲶鱼等。

④蛋黄（蛋清中没有）。

⑤全脂奶、奶酪和奶油。脱脂奶中含量甚微，而强化AD奶中含量最高。

⑥植物性食物，如蘑菇和蕈类含有维生素D_2。

对于成长发育关键期的孩子和孕产妇，建议在医生的指导下合理选择维生素D制剂进行补充。需要注意的是，千万不要大剂量服用维生素D制剂，因为长期过量服用容易导致中毒。有报道称每日口服维生素D 1万～2万IU，连服20日可发生累积性中毒；还有报道称每日口服维生素D 30万～60万IU，连续4～8周可发生超量中毒。

总之，建议大家在补钙前对身体进行一次详细检查，明确自身缺钙的原因。如原发性缺钙或继发性缺钙，是钙摄入量少，还是由于缺少某种营养素如维生素D，降低了钙的吸收利用，这样才能有的放矢地针对性治疗。

第二节 补充酵素，为身体来一次“大扫除”

导读

雾霾天气选择酵素排毒的效果最佳。酵素就是“酶”，可以促进新陈代谢，排除体内毒素。尤其是长期在外工作的上班族，每天与恶劣的天气接触，肺部及血液都会堆积大量毒素，定期服用酵素或食用富含酵素的食物，可以帮助清理血液毒素和垃圾，畅通血管促进血液循环，让你的身体无毒一身轻，健康每一天！

“雾霾”“PM2.5”已成为大家每天所关注的话题，随着空气污染越来越严重，我们还能像以前一样健康吗？大家都知道，空气中的有害物质浓度越高，污染就会越严重，在如此恶劣的大环境下，很多污染物都被我们吸入身体，我们如何把这些对我们有害的物质排出体外呢？虽然人体的防御系统能自行防御有害物质对身体的伤害，不过前提是不能超过它的防御能力，就好像一个能抗25千克东西的人，你硬让他抗50千克的东西，这样他就会承受不住而崩溃。同样的道理，人体的防御系统在污染环境中一天又一天地超负荷运作，总有一天会因负担过重而“罢工”。所以，我们要给防御系统补充动力，自行为身体排毒。

谈到“补充动力”和排毒，就不得不说起目前美容保健产品中的新星——酵素。酵素又称为酶，是一类由多种氨基酸、维生素及矿物质等组成的具有特殊生物活性的“小精灵”。虽说它的“个头”非常小，大约只有1毫米的一亿分之一，只有借助于X射线才能看清它的真面目，但你却能实实在在地感受到它。比如，你刚刚榨好了一杯鲜果汁，可上面却漂浮着一层小泡沫，看起来既不好看，口感也强差人意，殊不知，那层泡沫就是酵素；又如，很多人都喜欢吃烤红薯胜过煮红薯，因为前者味道甜、口感好，这其实是拜酵素所赐，因为烤红薯的过程可以促进红薯的淀粉酵素将淀粉分解成葡萄糖而产生甜味；再如，大家都吃过腌制的泡菜，甜酸可口，让人食欲大开，这也是酵素在暗中相助。可见，听起来陌生的酵素其实一直存在于我们的身边。

◆生活的源泉，健康的救星

有人把酵素比作“生命的源泉”“健康的救星”，此类比喻一点也不过分。人体几乎所有的生命活动过程，从腺体的分泌到免疫系统的正常运行，都有酵素的功劳。比如，酵素中的消化酵素（包括蛋白酵素、淀粉酵素、脂肪酵素等），可以促进食物在人体内的消化和吸收；分布于唾液、泪液与鼻液中的溶菌酵素，可以有效保护我们的口腔、眼睛、鼻腔等与外界相通的器官免受各种病菌的侵袭；分布于血液中转移酵素，能将有害物质转化为尿液排出体外，维持血液的纯净；而脂肪酵素则可以分解、燃烧脂肪，保持形体适中，防止过度肥胖。各种酵素广泛地活跃于人体中，忠实地践行着各自独特的生理使命。一个人的体内酵素越多，他的免疫力就越强，排毒能力就越好，身体也越健康。各种酵素各司其职，促进血液循环，排出体内的废物和有毒气体，进而将黏稠的血液净化为清新的血液，使机体保持活力。

正常情况下，人体的酵素完全能自给自足。不过，随着空气污染、水源污染、辐射、农药污染的日益恶化，以及人们饮食习惯错误、滥用药物和年龄老化，导致我们体内的酵素渐渐亏损，出现“供不应求”的局面。酵素缺乏直接导致人体的新陈代谢变慢，排毒消化力减弱，若不小心吸入了 PM2.5 等污染物，则久久不能排出来。当毒素堆积得越来越多且人体内的酵素减到无法满足新陈代谢的需要时，人就会生病，甚至死亡。因此，要想从根源上阻挡雾霾天气对人体健康的影响，为身体补充酵素才是关键所在，而获取外源性酵素的捷径之一就是多吃富含酵素的食物。

富含酵素的明星食材

①发酵食品：泡菜、酸菜、酱油、醋、馒头、醪糟、纳豆、面包、面酱、酵母等。

②蔬果类：木瓜、青梅、苹果、香蕉、菠萝、酪梨、西瓜、梅子、桃子、柠檬、无花果、橘子、柿子、黄瓜、卷心菜、胡萝卜、生菜、白萝卜、莲藕、南瓜、土豆、红薯、番茄、茄子、菠菜、白菜、大蒜、生姜。

③海鲜类：海带、海藻、裙带菜。

④五谷类：玉米、大米、小麦、薏米、豌豆、赤小豆、大豆。

雾霾天里，若能在均衡营养的基础上将这些明星食材安排在自己的一日三餐中，补充酵素、排出体内毒素的效果将“更上一层楼”。

◆ 你也可以成为酵素 DIY 达人

除了优选食物外，服用酵素补充剂也是一招，最好选择从天然动、植物中低温萃取的活性综合酵素，且不含人工色素、味素和防腐剂，但这需要一定的经济条件，不是人人都能做到的。此时怎么办呢？别急，我们可以自己动手制作酵素饮用，同样能达到排毒防霾的效果。

现在就详细地说一说酵素的制作过程。首先，我们需要准备一个可密封的大瓶子（大罐头瓶即可），然后把果蔬等食材切成薄片，铺在瓶底。在上盖一层冰片糖，再按一层原料、一层糖的顺序码放，最后在上面放一层柠檬片

(一个柠檬去皮去种子切片)，此时与瓶口应保持4厘米距离。将瓶口用保鲜膜盖住，然后加盖，隔绝外界空气。置放在15～25℃的阴凉处，2～3周后，把渣滤掉，剩下的汁液即是酵素，放入冰箱冷藏保存即可。

为什么要选择果蔬呢？因为新鲜的水果、蔬菜中含有微量的酶，与冰片糖一起放在密封瓶中，会发生剧烈的酵解反应和酶促反应，使食物中酶的活力大大提高，酶的数量激增，最终会形成对人体有益的酵素。而最上一层放入柠檬片，则可以起到杀菌的效果。

不同的果蔬中含有不同的酶，你可根据自身的体质情况，针对性地制作你所需要的酵素。一般来说，适合雾霾天服用的酵素有以下几款。

排毒酵素：取食用芦荟800克（去皮），冰片糖200克，柠檬1个，按上述方法制作，制作时间为18天。芦荟中含有芦荟酵素，具有良好的抗菌、排毒作用，还能使白细胞保持“战斗力”，加速病灶愈合。此款酵素适合上呼吸道反复感染者、慢性支气管炎患者、慢性腹泻者食用。每天早晨空腹喝30毫升，连续服用7天，可治疗慢性支气管炎和腹泻。饭后喝50毫升，能促进肠蠕动，防止便秘。

防癌酵素：带皮番茄500克（生一点的番茄更好），冰片糖250克，绿茶10克，柠檬2个，制作时间为13天。番茄中的番茄酵素有较强的防癌、抗癌作用，而绿茶中的绿茶酚是一种谷胱甘肽转移酶，可增加番茄酵素的产量。此款酵素适合有癌症家族史或长期吸烟者食用。每天早晨空腹喝30毫升（用凉开水对服），连续服用1个月以上。

整肠酵素：白萝卜500克（带皮），冰片糖250克，柠檬1个，制作时间为18天。白萝卜中的酵素富含分解肠道有害物质的淀粉酶，可消除体内废物，调整肠道菌群环境，保持肠内多种细菌的平衡，促进消化液分泌。适宜腹胀、厌油、消化不良者以及中老年人服用，每天午餐时喝20毫升。在食用肉类等油腻食物后服用效果尤佳。

防血管硬化酵素：生姜（带皮）500克，冰片糖250克，柠檬4个。按生姜一层，柠檬一层，糖一层的顺序码放，制作时间 14 天。生姜中的生姜酵素含有巯基醇蛋白酶，可降低血清总胆固醇，并通过抗氧化作用防止动脉血管硬化，尤为适宜高血脂、高血压患者服用。不过，生姜酵素的稳定性较差，必须将酵素放入冰箱保存。每天早晨空腹喝 200 毫升温开水后，再喝 30 毫升酵素。

需要大家注意的是，在制作酵素时要保持全过程无菌操作，食物原料、容器、刀具等必须清洗干净并晾干，放入容器中的食物材料不可以太满，以防酵素溢出。一旦在制作的过程中稍有不慎，使得发酵过程中杂菌“占山为王”，那么生产出的“水果酵素”非但不能起到保健作用，还对机体造成损伤，那样就得不偿失了。

空气不好多喝水，清血、润肺双管齐下

导读

雾霾天气中携带的细小颗粒物对人体伤害极大，其中 PM2.5 可直接进入血液。而如果我们此时多喝水，就能把血液中的污染物冲刷出去，还能提高肺的自净能力。喝水以白开水为宜，其次是矿泉水，每天清晨喝上一杯，人体就会远离脱水状态，体内的废物也会被水冲刷干净。

《圣经》里讲："水流过的地方都有生命。"确实，水是生命之源。水与生命，自始至终是紧密相连，须臾不可分离。

十月怀胎，人的孕育成长，100% 是靠母亲的羊水；出生后，从孩童一直到老年，水在人体内的含量是逐渐减少的。少年儿童体内含水量在 80% 左右；成年人在 70% 左右；到了老年，人体内的含水量则只有 50% 左右。由此看来，水对人的生命活动和身心健康的影响特别大。缺少了水，生命之能量就会因没有了"电力"而丧失、消亡。

水在人体中的作用

①身体的毒素在人体中之所以能排出来，是因为水可以把它带出去。

②水可以润滑关节，促进体内循环。

③人体必需的矿物质和微量元素有5%～20%必须从水中获得。这些元素在水中的比例同人体的构成比例基本相同，容易被人吸收，有利于人体健康。

④水可以让人漂亮英俊，“水灵灵”地充满生命活力，如果“干瘪瘪”的，则会未老先衰。

水分就像扫帚，能够很快将体内累积的废物扫出体外，保证人体组织的清洁。所以说健康饮水，是每个人都应该了解的事情。

◆打扫体内卫生，饮水是方便法门

众所周知，血液对人体的作用巨大，它能把从消化道吸收来的营养物质和从肺泡吸入的氧气，运送到全身各组织细胞，并将细胞代谢所产生的二氧化碳及其他废物，如尿酸、尿素、肌酸等，运送到肺、肾、皮肤等排泄器官，排出体外。另外，在血液之中存在大量的白细胞、巨噬细胞、单核细胞和各种抗体、补体，所以血液具有强大的免疫功能，常常充当着人体的卫士，抵抗体内和外界各种有毒物质的侵袭。这也可以解释为什么血液的优劣直接关系到人体的健康状况。

可是，眼下的雾霾状况很严重，持续不散的雾霾天气让我们的血液质量迅速下降。雾霾天气中携带的细小颗粒物，如PM2.5等可直接进入血液，对人体伤害极大。要想保持血液系统的稳定，每天多喝水是最简洁、方便的方法。喝水可以稀释血液，使有毒物质尽快排出体外，还能防止雾霾引发血脂过高、血液黏稠等症状。

喝水除了具有上述作用外，还有一个重要的用途，就是提高肺的自净能力。中医认为，“肺喜润而恶燥”，通俗一点说，就是我们的肺脏喜湿而不喜干。为什么呢？原因是，肺是一个开放的系统，从鼻腔到气管再到肺，构成了气的通路。肺通过呼吸，随时与大气接触并进行交换，把氧吸入血液，再把二氧化碳呼出体外。可是，随着气的排出，肺内的水分也会随着散失一部分，而干燥的空气更容易带走水分，所以肺是“喜润”的。如果人体处于脱水状态，小支气管内的痰液变得黏稠不易咳出，甚至堵塞，就会影响第一道防线的屏障功能，引起肺部和支气管的炎症，进而导致呼吸系统受损。那怎么办？从内部调养，给它足够的水分。

◆ 如何饮水才健康

主动补水，最好是白开水。研究证明，白开水对人体的新陈代谢有着十分理想的生理活性作用。白开水很容易透过细胞膜而被身体吸收，使人体组织中乳酸脱氢酶的活力增强。晨起补水，尤为重要。最好每天早晨起床来一杯白开水，因为经过一夜的睡眠、排尿、皮肤蒸发及口鼻呼吸等，使不少水分流失，人体已经处于脱水状态，小支气管内的痰液已变得黏稠不易咳出了，所以清晨饮水，可缓解呼吸道缺水情况。到了秋、冬季，天气干燥，空气污染严重，这时更需要多喝白开水。饮水量因人、因时而异，一般以每天 2000 毫升为宜。

生活中还有一些“有滋有味”的补水方法，比如，喝矿泉水便是利用水进行保健至关重要的一环。矿泉水中含有人体必需的、丰富的常量元素和微量元素，并且其本身不含任何热量，所以饮用矿泉水是一个理想的矿物质补充源。但是注意，现在市面上很多矿泉水中的矿物质含量都超标，我们在购买时要选择正规厂家出品的品牌矿泉水。

此外，吃菜也是一种补充水份的重要途径。但蔬菜中的各种维生素，一经受热，或多或少都会损失，所以，最好能适当地生吃一些蔬菜，而蔬菜要生吃出滋味，最好能通过制作菜汁的方法来进行。不同的蔬菜有不同的取汁办法，比如西红柿等果肉比较浓的食物，可采用“糖渍法”，即将糖洒在西红

柿上。糖具有很强的渗透力，能渗透到蔬菜的细胞内，菜汁就会自动流出；对于芹菜、萝卜、胡萝卜等纤维较多的蔬菜，要先将其切碎，再用纱布包起来拧搅。

很多人却认为自己已经喝得够多了，原来是他们把咖啡、果汁和碳酸饮料等也算进去了。虽然咖啡、果汁、碳酸饮料和茶、牛乳、豆浆、汤都属于流质食物，均含有相当多的水分；但为了健康着想，最好还是降低它们的比重，多增加饮水比例，尽量培养以水取代咖啡、红茶、果汁、碳酸饮料的习惯。尤其咖啡和茶都有利尿作用，容易造成大量水分流失，所以喜欢喝咖啡和茶的人，每日的饮水量要比一般人多才行。

清淡饮食，减少膏粱厚味的摄入

导读

现在雾霾天气比较多，空气中有大量污染物，假如我们不注意饮食，每天都大鱼大肉，过食酸甜苦辣，那么就会刺激并破坏呼吸道黏膜。我们呼吸道黏膜的防御能力一旦降低，那些细菌、污染物就会趁虚而入，引发上呼吸道感染。因此，我们要想防治生活方式病，远离雾霾病，就应该调整饮食结构，以清淡为宜。

在《三国演义》中曾讲过这样一个故事：曹操在洛阳遇到一个名叫董昭的人。这个人虽然已经上了年纪，却依然红光满面、健步如飞。曹操看了非常好奇，于是便问董昭是否有什么强身健体的秘诀。董昭的回答很简单，他说自己根本没有什么秘诀，只是30多年来一直喜好淡食。

我国古代的药王孙思邈也是一个淡食主义者，曾提出“每学淡食”“每食不用重肉”“厨膳勿使脯肉丰盈，常令俭约为佳”等观点，孙思邈经常向人们宣传淡食的好处，主张人们多食蔬菜，少食荤菜，淡薄口味。

淡食，看起来很清贫、寡味，却是养生追求的高境界。现代人生活水平越来越高，很多人都迷恋咸味、浓味对感官的刺激，常常情不自禁就吃下太多油腻的菜，中医把这种菜肴称之为“膏粱厚味”。口太重有什么弊端呢？会引发一些“生活方式病”，比如年轻人不懂节制，比较喜欢煎炸、辛辣的食物，久而久之，脸上长出了痘痘，腰围也变粗了，甚至还有些人患上了肥胖、糖尿病、高血压、高血脂，等等，这些都是因为动物性脂肪摄入过多造成的。

另外，过于油腻的食物会加重呼吸道的负担。现在雾霾天气比较多，空气中有大量的污染物，假如我们不注意饮食，每天都大鱼大肉，过食酸甜苦辣，那么就会刺激并破坏呼吸道黏膜。我们呼吸道黏膜的防御能力一旦降低，那些细菌、污染物就会趁虚而入，引发上呼吸道感染。因此，我们要想防治生活方式病，远离雾霾病，就应该以清淡饮食为宜。从饮食环节上有效地改善身体状况，做到防微杜渐。

◆清淡饮食≠完全吃素

有的朋友所理解的“清淡”就是完全吃素，于是每日以蔬菜为主，一点不沾荤腥，这种做法完全曲解了“清淡”二字的含义。其实，清淡饮食不等于完全吃素，而是指“少吃油腻”。每天我们都需要大量的蛋白质和一些脂肪酸来维护细胞的生存。体内很多酶的合成都离不开蛋白质和脂肪酸，没有它们，会使内分泌系统紊乱，造成免疫力下降。

在素食中，除了豆类含有丰富的蛋白质外，其他食物中的蛋白质含量均很少，而且营养价值较低，不易被人体消化吸收和利用。而诸如鸡、鸭、鱼、肉之类的荤食，却能够成为营养的重要来源，为人体的生长发育和代谢过程提供大量的优质蛋白和必需的脂肪酸。尤其是鱼类中含有非常丰富的优质蛋白和能够降低血脂的多种不饱和脂肪酸，以及人体容易缺乏的维生素和微量元素。由此可见，身体健康的主要因素不在于吃荤吃素，而在于吃什么和吃多少。营养均衡、全面才是健康饮食的唯一标准。

◆低脂绿叶菜，怎么做才好吃

生活中，很多年轻人都明白清淡饮食的重要性，不过在动筷子时总觉得清汤清水难以下咽。所以他们往往“清淡”了几天，便又将饮食结构打回原形。那么，有没有什么好方法做到美味与健康兼顾呢？其实，只要将做菜的方法稍做调整就可以达到这个目的。以下，就为大家介绍几种低脂又美味的绿叶菜吃法。

白灼：先烧水，烧开后放入 1 匙油，把蔬菜洗净，分批放进滚沸的水里，盖上盖子焖约半分钟。再次滚沸后立刻捞出，摊在大盘中晾凉。在锅中加 1 匙油，按喜好炒香葱、姜蒜等调料，倒入适量清水，再加鲜味酱油或豉油 2 匙，淋在菜上即可。还可以按照个人喜好加入胡椒粉、辣椒油、鸡精、熟芝麻等来增加风味。这种方法简便快速，菜色鲜亮，脆嫩爽口，菜没有难嚼感。

炒食：锅中放 2 匙油，加入一些香辛料，如葱、姜、蒜或者花椒、茴香等，可让绿叶蔬菜一下子变得格外美味。香辛料下锅用中小火稍微煸 1 分钟，让香气溶入油中。然后转大火，立刻加入蔬菜翻炒，通常也就炒两三分钟，快熟时加入精盐。也可以在起锅时关火，按自己的喜好加入鸡精、味精、生抽、酱油等提香。其实只要火候掌握得好，不加味精也好吃。

煮食：先烧半锅水，加入 2 匙香油。可以按喜好加入香辛料，水开后加入特别容易煮的青菜，比如蒿子杆、鸡毛菜、嫩苋菜之类。煮两三分钟，关火调味，按口味加入精盐和鸡精等。

怎么样？不油腻的菜是不是容易操作，而且美味健康呢？用上述烹饪方法还会减少厨房雾霾对人体的损害，可谓好处多多。所以，改变一下自己的口味，化厚味膏粱为清淡吧！也许减两分，午饭后坐在办公室里就不会昏昏欲睡，头脑较往日清醒了许多。也只有这样，才能真正达到养生保健的目的。

远三白，近三黑，没事还要吃点红

导读

雾霾天，空气质量太差，许多人都出现不适。而饮食与健康的关系极为密切。饮食得当，就能顺利地度过雾霾天。如稍不注意，就有可能感染疾病，有损于健康。对此，专家给出了3点建议。我们只要照着要求合理搭配，便能调理出一个好身体。

全国多地遭遇持续雾霾天、空气重度污染，各地医院中感冒患者、呼吸道疾病患者也不断增多，雾霾天如何防病保健成为人们关注的焦点。然而防病是积极防御的手段，增强体质、提高抵抗力才是最根本的措施。那么，我们吃什么才能提高自身的抵抗力，对抗“巨毒”的雾霾天呢？专家给出了这样的建议：“远三白，近三黑，没事还要吃点红”。

◆什么是“远三白”

所谓的“三白”，指的是盐、白糖、猪油，“远三白”就是这三样东西要少吃。生活中很多人都过于迷恋咸味、浓味对感官的刺激，常常情不自禁就吃下太浓味道的菜。口太重有什么弊端呢？会诱多种慢性疾病，有损自身的对疾病的抵抗力。

先来看看这盐，不要以为吃盐过多没什么大不了的。世界各国研究都表明，吃盐过多对健康是非常不利的。吃盐过多，主要有 5 大健康罪名：第一，吃盐过多容易诱发高血压、心血管疾病和卒中；第二，高盐膳食可能会加大患肾脏疾病的风险；第三，吃盐过多可能导致骨质疏松症和肾结石；第四，长期吃过多食盐的确可能增加患胃癌的风险；第五，盐吃得多，还会诱发肥胖。可见，多吃盐对健康无益，还是少吃为好。

尽管我们知道少盐的好处，但“咸”仍旧是饭局上最难以抵挡的感官诱惑。有没有方法能改善这个食盐过多的毛病呢？有，餐时加盐法便是一种很健康的食盐法。餐时加盐法非常简单，即在你烹调时少加盐或不加盐，而在餐桌上放一小瓶盐，等炒菜、汤饮烹调好端到餐桌上后再放盐。这是控制吃盐的有效措施，因为就餐时放的盐主要附着在菜肴的表面，来不及渗入其内部，所以吃起来味道很浓。这样，既照顾到口味，又在不知不觉中控制了食盐量。这种方法对那些口味重或已患高血压、肝硬化、肾炎、心脏病的人群尤为适宜。您不妨改变一下吃盐的习惯，试试看，把盐瓶放在餐桌上。时间一长，我们自然会适应清淡的口味。

再来说说白糖，虽然它在饮食界必不可少，但是它的名声在很多营养学家看来却并不太好，原因是它也能诱发多种疾病。许多人以为糖的害处是多吃了会蛀牙或令人肥胖，其实糖这样东西远远比上述危险得多：白糖会抢走你身体里的 B 族维生素，扰乱人体的神经系统，破坏体内钙质的新陈代谢，进而诱发龋齿、口腔黏膜炎、糖尿病、骨质疏松、动脉硬化等。

另外，由于我国的白糖主要采用硫化法制作，白糖中难免残留二氧化硫，会导致呼吸道炎、支气管炎、肺气肿、眼结膜炎症等。同时还会使青少年的免疫力降低，抗病能力变弱。二氧化硫在氧化剂、光的作用下，能生成硫酸盐气溶胶，硫酸盐气溶胶能使人致病，增加病死率。可见，白糖的危害有多大，所以我们要想方设法远离它。

很多家庭喜欢用猪油炒菜，因为猪油中有肉的味道，所以菜肴在它的作用下变得可口。可是这美味背后暗藏者诸多危险，您不可不防！由于猪油是一种高能量、高胆固醇食品，非常容易引发肥胖。猪油中的饱和脂肪酸还会增加心血管疾病的发病率。其实，我们在平常饮食中一般不缺乏动物性脂肪，因此建议不要过多地摄入猪油，比如菜籽油就是很好的替代品。尤其是中老年人，本身心脑血管已经很脆弱，再用猪油烹饪，根本不益于健康长寿。

◆什么是“近三黑”

所谓的近“三黑”，就是经常食用这 3 种食物——黑木耳、紫菜和黑米。这 3 种都属于黑色食品，属于含有天然黑色素的食品。由于含有天然黑色素，其色泽呈乌黑或深紫、深褐色。现代医学研究发现，黑色食物中所含营养素比值均衡、结构合理，能够调养各种生理机能，属于天然多功能药食。特别富含我国膳食结构中容易缺乏的核黄素，常吃这些食物对纠正膳食中钙、磷比例失调大有益处。

“三黑”中的黑木耳营养极为丰富。据史料记载，它是上古时代帝王独享之佳品，含有大量的糖类、蛋白质、铁、钙、磷、胡萝卜素、维生素等营养物质。常吃黑木耳能起到清理消化道、清胃涤肠的作用。特别是对从事矿石开采、冶金、水泥制造、理发、面粉加工、棉纺毛纺等空气污染严重工种的工人，经常食用黑木耳能起到良好的保健作用；另外，黑木耳中还含有丰富的纤维素和一种特殊的植物胶原，这 2 种物质有利于体内大便中有毒物质的及时清除和排出，从而起到预防直肠癌及其他消化系统癌症的作用。所以常食木耳粥，对抗癌防癌，延缓衰老有良好的效果。

紫菜也是一种黑色长寿菜。我国食用紫菜已有上千年的历史。早在 1400 多年前，北魏《齐民要术》中就记录了“吴都海边诸山，悉生紫菜”；唐代孟诜《食疗本草》则有紫菜“生南海中，正青色，附石，取而干之则紫色”的记载；至北宋年间，紫菜已成为进贡的珍贵食品。现代医学认为，多食紫菜具有减少胆固醇及软化血管的作用，可促进大脑发育，有抗恶性贫血的效能，对治疗夜盲症、食欲缺乏、发育障碍等有良效。

“三黑”中的最后 1 种食物黑米，又被称为“黑珍珠”“紫糯米”。它是我国特有的古老名贵稻种，在我国已有 1500 多年的种植历史。黑米中蛋白质、氨基酸，人体必需的微量元素铁、锌、钙和维生素 B_1、维生素 B_2 的含量均比普通米高出好几倍，常吃可以增强机体的抗病能力。黑米最大的优点得益于它的“黑”，即它外部皮层中含有花青素、叶绿素和黄酮类的植物化学物质，这些物质与硒、胡萝卜素等一样都具有很强的抗氧化性，最宜在雾霾天食用。

◆什么是“吃点红”

红色食品是指食品为红色、橙红色或棕红色的食品。专家认为，多吃些红色食品可预防感冒。红色食物中富含番茄红素、胡萝卜素、铁和部分氨基酸，是优质蛋白质、碳水化合物、膳食纤维、B 族维生素和多种无机盐的重要来源，可以弥补粳米、白面中的营养缺失，进一步提高对主食中营养的利用率。红色食物大都是富含天然铁质的食物，例如我们常吃的樱桃、大枣等都是贫血患者的天然良药，也适合女性经期失血后的滋补。另外，常吃红色食物有益于保护心血管。

红色食物有红柿椒、西红柿、胡萝卜、红心白薯、红果（山楂）、苹果、草莓、大枣、老南瓜、红米、柿子等。在所有的果蔬当中，人们呼声最高的莫过于苹果。我国民间有这样一种说法，“一日一苹果，疾病远离我”。因为苹果性情温和，含有各种维生素和微量元素，是所有的水果中几近完美的 1 种。

除了苹果外，我们还应多食用西红柿。西红柿中的番茄红素具有抗氧化作用，其抗氧化能力强于维生素 C、维生素 E、β－胡萝卜素，被誉为抗衰老能手。研究发现，番茄红素含有强力抗氧化、抗辐射的生物活性物质，可以有效防止自由基、紫外线及各种辐射对皮肤细胞的损害，还能有效防治色斑、皱纹，预防衰老；另外，番茄红素在增强抵抗力、防癌抗癌方面效果也很显著，素有“植物黄金”之美称。

以上是调节人体免疫功能，有助于强身健体、保护心脑血管的饮食原则，牢牢记住这 3 条，能收到事半功倍的效果，轻轻松松对抗雾霾。

豆制品是营养药，强身健体就靠它

导读

大豆加工成豆腐、豆浆后明显提高蛋白质的消化吸收率，豆腐中蛋白质的消化吸收率可达到 90% 以上，豆浆的蛋白质消化率可达 84.9%。将豆腐和肉、蛋类食物一起搭配，能够补充人体所缺的蛋氨酸，提高豆腐蛋白质的营养利用率。

豆浆、豆腐、豆豉、豆瓣酱、酱油、豆腐干、臭豆腐、腐乳、腐竹……它们都有一个共同的名字——豆制品。在五谷中，谁也没有大豆这么多姿多彩的百变“豆”生。

大豆的营养十分丰富，是对人体非常有益的健康食品。这一点已经被很多人所了解。大豆中所含的蛋白质被公认为人体所需的优质蛋白，大豆还含有大量不饱和脂肪酸、钙、多种维生素以及多种生物活性物质，而这些成分具有抗氧化、延缓衰老、改善胃肠功能、降血压、调节血脂等作用。因此，《中国居民膳食指南》大力提倡进食豆类，建议每人每天摄入 30 ~ 50 克大豆或相当量的豆制品。

大豆加工成豆腐、豆浆后明显提高蛋白质的消化吸收率，豆腐中蛋白质的消化吸收率可达到 90% 以上；豆浆的蛋白质消化率可达 84.9%。将豆腐和肉、蛋类食物一起搭配，可以补充蛋氨酸，提高豆腐蛋白质的营养利用率。

◆豆腐，豆制品中的“超级明星”

豆腐是豆制品中的“超级明星”，它软嫩可口，易于人体消化和吸收。现代医学证实，它对牙齿、骨骼的生长发育也颇为有益，在造血功能中可增加血液中铁的含量；豆腐不含胆固醇，为高血压、高血脂、高胆固醇症及动脉硬化、冠心病患者的药膳佳肴；豆腐含有丰富的植物雌激素，对防治骨质疏松症有良好的作用；豆腐中含有的谷固醇和豆固醇均是抑癌的有效成分；由于雾霾天日照减少，紫外线照射不足，体内维生素 D 生成不足，对钙的吸收大大减少，此时多吃豆腐，就可以补充流失的钙质；另外，豆腐中含有优质蛋白质，经常食用，可以提高机体的免疫力。

那么，豆腐怎么做才最有营养呢？它用来做菜，口味可浓可淡，和所有食材几乎都能搭配。不过在众多食材当中，豆腐还是有几个“黄金搭档”，下面我们就一起了解一下吧！

配肉、蛋，蛋白质好吸收：豆腐富含植物蛋白质，但蛋白质氨基酸的含量和比例不是非常合理，也不是特别适合人体消化吸收。如果在吃豆腐的同时加入一些蛋白质质量非常高的食物，就能和豆腐起到互补作用，使得豆腐的蛋白质更好地被人体消化吸收利用。而这些高质量蛋白质的食物，就非肉类和鸡蛋莫属了。

配青菜、木耳，防病治病：豆腐中膳食纤维缺乏，而青菜和木耳中都含有丰富膳食纤维，正好能弥补豆腐的这一缺点。另外，木耳和青菜还含有许多能提高免疫力、预防疾病的抗氧化成分，搭配豆腐食用，抗病作用更好。需要注意的是，菠菜、苋菜等绿叶蔬菜中的草酸含量较高。应先焯一下，再和豆腐一起烹调，以免影响豆腐中钙的吸收。

配蛋黄、肝血，钙补得更多：豆腐含钙非常丰富，但要搭配维生素 D 含量丰富的食物才能更有效地发挥作用。因此，含有丰富维生素 D 的蛋黄，动物内脏如肝脏、血液等，对增加豆腐中钙的吸收有很好的作用。

配海带、紫菜，有助于补碘：豆腐对预防动脉硬化有一定的食疗作用。这是因为豆腐中含有一种叫皂苷的物质，能防止引起动脉硬化的氧化脂质产生。但是皂苷却会带来一个麻烦，引起体内碘排泄异常，如果长期食用可能导致碘缺乏。所以，吃豆腐时加点海带、紫菜等含碘丰富的海产品一起做菜，就两全其美了。

◆对抗自由基，天天喝一杯豆浆

我们都知道，人体每天都需要能量的补充，吃的食物在体内经消化代谢，氧化产生能量。在这一过程中会产生自由基，除此之外，前面也说过，雾霾天气对我们的身体直接或间接的作用也会产生自由基。自由基对酶蛋白活性有破坏作用，能加速细胞的衰老，使人更容易患病，所以清除自由基是每个人都应该重视的问题。

清除自由基目前最好的方法就是提高人体抗氧化能力，通过提高人体抗氧化能力来降低体内自由基的积蓄。而豆浆就是一种天然抗氧化剂，它含有异黄酮，这种物质的抗氧化功效很好，且具有弱雌性激素的作用。想要防止体内“生锈”，我们不妨每天喝 1 杯豆浆。

豆浆最好自己做，这样才能保证新鲜和营养，方法也很简单，晚上睡觉前，抓一把干黄豆，洗净泡在豆浆机里，第 2 天早上，只要一按电钮就可以了。每天早上为全家人做 1 杯新鲜的豆浆是多么幸福的事啊！我们的身心也会因此受益良多。

喝豆浆时还有几个小细节需要我们注意：不要加糖，喝豆浆最好喝原味的；不要空腹，空腹喝豆浆很容易引起胀气和消化不良，喝豆浆的同时吃些面包、饼干、糕点、馒头等淀粉类食品，可使豆浆中蛋白质等在淀粉的作用下，营养物质被充分吸收；不要喝没煮熟的豆浆，这样的豆浆会引起呕吐和腹泻；喝豆浆不要过量，有人认为好东西天天喝、顿顿喝，结果反而没有达到预期的效果。

第六章

轻松好做，吃出营养：防霾一周食谱推荐

第一节

星期一：多吃可清除肺内灰尘的食物

导读

城市人口太密集，汽车尾气大量排放，还有众多的化工厂、建筑工地，只要这些现状不改变，我们城市的空气污染只会越来越严重。如果你感觉自己的肺也比较脏了，不妨多选些清肺的食材，用它们搭配成美味的菜谱，为每日辛勤工作的肺脏“进贡”。

最近的雾霾天气搞得人心惶惶。俗话说，人活着就是为一口气，可现在这口气却充满了大量的有毒、有害物质。仅仅在 2013 年，全国就有 33 个监测城市的空气质量指数超过 300，属于严重污染。就北京来说，PM2. 5 浓度出现罕见峰值，多个监测站点 PM2. 5 浓度“爆表”。

为什么要清肺呢？有些数据真是不看不知道，一看吓一跳。就目前来看，我国的疾病谱已经改变，肝癌退居二线，肺癌成为“癌王”。据北京市卫生局公布，2010 年，肺癌位居北京市户籍人口男性恶性肿瘤发病的第 1 位，居女性第 2 位（仅次于乳腺癌）。2001—2010 年，北京市肺癌发病率增长了 56%，全市新发癌症患者中有 20% 为肺癌。

生活条件好了，肺癌发病率却高了，这不得不让人联想到环境问题。古人说“肺为娇脏”，肺是很娇嫩的，直接与外界相通，容易受侵害。所以某种程度上说肺在决定着我们能活多久，有多健康。自然而然，中医专家就提出了：养生，需要先清肺。

哪些人需要清肺呢？首先，抽烟的人一定要关注自己的肺。有些烟龄较长的人，平时呼吸就不顺畅，经常咳嗽并且有痰。再严重点，爬楼梯时气喘也会加重，连穿衣服都会气喘，这可能就已经得了慢性阻塞性肺炎了，就更应该好好养养自己的肺了；其次，久居空气污染高发城市的居民也需清养肺部。数据显示，现在抽烟的人数其实在减少，而肺癌发病率却在增加，说明清肺已经不只是抽烟者需要做的功课了，而是每个都市人都需要关爱自己的方式。

那么，在如此生存环境中，我们如何提高肺部的自净功能？下面就为大家提供几道清肺食谱。星期一是每周的伊始，从这天起，就开一个好头，关爱一下自己和家人的肺部健康吧！

◆银耳百合汤——清除肺内灰尘

【原料】银耳75克，百合100克，排骨500克。

【做法】将上述材料清洗之后加水一起放入煲内煮沸，煲3个小时即可。

【功效】银耳有益气清肠、滋阴润肺的作用，既能增强人体免疫力，又能增强肺癌患者对放、化疗的耐受力；百合则有养心安神、润肺止咳的功效，对病后虚弱的人非常有益。二者合用，可有效清除肺内灰尘。

◆薄荷鸡蛋饼——治疗肺热型咳嗽

【原料】新鲜薄荷叶10片，面粉50克，鸡蛋1个，胡萝卜30克，精盐、胡椒粉、油各适量。

【做法】鲜薄荷叶用淡盐水浸泡，洗净，切碎；胡萝卜切碎；面粉打入鸡蛋，加入精盐、胡椒粉，以及适量的清水搅拌成面糊。锅中加少许油倒入面糊摊成蛋饼，中小火煎至两面金黄饼熟即成。

【功效】薄荷味辛，性凉，擅于疏散外感风热，用薄荷能清肺化痰、利咽膈、治风热。所以雾霾天里感冒的人或患有肺热型咳嗽的人都适宜食用这道菜品。

◆罗汉果雪梨银耳羹——清肺排毒，对抗雾霾

【原料】银耳 10 克，雪梨 1 个，罗汉果 1/3 个。

【做法】雪梨洗净，去皮，切成滚刀块；银耳提前泡发洗净，撕成小朵，放进高压锅，加入适量清水，大火上汽后转小火，压 30 分钟，关火自然排气；罗汉果连皮带肉分成 2～3 份，放进茶包袋，视水量多少用 1/2 个或 1/3 个。打开高压锅，开大火煮沸，加入罗汉果，不用加盖，煮 5 分钟。将雪梨块加入锅中，再次煮沸即可。

【功效】罗汉果是清咽利肺、止咳化痰的首选。雾霾天多喝罗汉果茶可以防治吸入污浊空气引起的咽部瘙痒，有润肺的良好功效；银耳和雪梨也都有润肺清肺、润肠排毒的作用。上物合用，可清肺排毒，有效对抗雾霾。

◆润肺豆浆粥——清肺化痰，美容养颜

【原料】豆浆 1000 毫升，糯米 100 克，白糖适量。

【做法】将糯米洗净放入锅中，加水适量，武火烧沸后改用文火慢慢熬煮，煮至米粒开花时倒入豆浆，继续熬 10 分钟，加白糖适量即可。

【功效】祖国医学认为，豆浆性质平和，有补虚润燥、清肺化痰的功效。对于女人来说，喝豆浆的好处更多，还可以调节内分泌、延缓衰老。

◆玉米面柿子饼——清肺，化痰，止咳

【原料】柿子 2 个，玉米面 150 克。

【做法】柿子洗好，去皮和蒂，取出柿子泥放入盆中，加玉米面揉成面团。将面团拍成厚约 1 厘米的片，用饺子皮模具刻出圆饼。电压力锅放不黏内胆，选烙饼键预热几分钟，放入圆饼。重选烙饼键，30 分钟后排气取出享用。

【功效】柿子性寒，能清热、祛痰、止咳，故热咳者宜食之。据近代药理实验观察，柿子有祛痰和镇咳的作用，而且祛痰作用强于镇咳，非常适合作雾霾天气中的清肺食品。

上面 5 道清肺食谱个个“身手不凡”，如果你感觉自己的肺比较脏了，不妨试用一下，一定会收到意想不到的效果。

星期二：选对菜谱，增强身体免疫力

导读

雾霾天气的形成，与季节、水汽饱和度、空气悬浮颗粒和空气质量的恶化都有关系。要想从根本上抵御雾霾的侵害，最好的方法就是提高自身的免疫力。只要身体免疫力提高了，便可有效增强抗病能力，保卫身体健康。

身边有一个朋友，有一次吃桃子，不小心把桃毛沾到脸上，结果却引起了红肿、发炎，反反复复折腾了半个月，脸部才算恢复正常。还有个朋友，绝对不能容忍任何刺激的味道，香水、清新剂、84 消毒剂，只要他一闻到，就会不停地打喷嚏……

生活中像他们一样的人不占少数，大家有没有想过过敏的原因是什么？商店里都是人，为什么只有你闻到香水味道就喷嚏不止？一桌人吃相同的饭菜，为什么你吃了这样那样的食物后会腹泻？同样是皮肤，为什么唯独你的一抓就红，一晒就痒？好多人打完青霉素没什么事儿，为什么单单你会头晕？说来说去，依旧逃不开 3 个字——免疫力。这一切困扰都是由于你身体的免疫力差造成的。

什么是免疫力呢？免疫力是人体自身的防御机制，是人体识别和消灭外来入侵异物（如病毒、细菌、污染物等），处理衰老、损伤、死亡、变性的自身细胞以及识别和处理体内突变细胞和病毒感染细胞的能力。简言之，免疫力就是身体抵抗疾病的能力。现在您明白了吧，这免疫力对我们来说是多么重要啊！尤其是现在，雾霾天气完全是考验个人身体素质的时候，身体没免疫力怎么抗霾呢？这就好像两个冲锋陷阵的战士，他们右手都举着长矛，可是一个人左手握着盾，另一个人左手什么都没有，您觉得哪个更危险，PM2.5又最先盯上谁呢？正因如此，很多专家都反复强调，雾霾袭城时，一定要提高身体的免疫力。

提高免疫力有很多种方法，最实在的无非2点：第一，就是保障充足的睡眠。时下，很多年轻人经常熬夜加班，因为睡眠不足和劳累过度，再加上雾霾天气，身体素质大不如从前。要改变这种现状，就应该马上调整睡眠，无论再忙，也不要让自己欠下“睡眠债”。因为人进入睡眠状态后，机体各种有益于增强免疫功能的程序也随即开启。如果每日睡眠少于8小时，患病的概率就大大增加。第二，就是合理饮食。医学研究证明，适当的摄取对免疫力有特殊影响的营养物质，可以有效增强人体的免疫力。比如，摄入富含番茄红素的食物，人患胰腺癌、肠癌、前列腺癌和乳腺癌的风险就越小，而摄入富含胡萝卜素的食物，则能保护人体少受有害紫外线的辐射，等等。可见，食物与免疫能力有着密切的关系。

如果你的身体素质不是太好，平时特别容易生病，那么，今天起就要科学饮食了。以下是5道简单易学的食谱，赶快动手做起来吧！

◆凉拌海带丝——增强单核巨噬细胞活性

【原料】海带300克，蒜蓉、香油、食醋、味精各适量。

【做法】将海带洗净，切成细丝，放入沸水中煮半个小时，捞出放凉，加入蒜蓉、香油、食醋、味精，拌匀即可食用。

【功效】海带是1种海洋蔬菜，含碘、藻胶酸和甘露醇等，可防治甲状腺肿大、克汀病、软骨病、佝偻病。现代药理学研究表明，吃海带可增强单核巨噬细胞活性，增强机体免疫力；此外，还能有效抵抗电器辐射。

◆素炒萝卜丝——提高免疫力，促进体内垃圾排出

【原料】白萝卜450克，花生油30克，香葱15克，姜10克，精盐、白糖、鸡精各适量。

【做法】将白萝卜洗净，去皮，切成（或者刨成）细丝；葱、姜各切成末。炒锅烧热，倒入花生油烧至六成热，放入葱末、姜末炒出香味，投入萝卜丝翻炒，使萝卜丝变软变透明。加入100毫升水，转中火将萝卜丝炖软，待锅中汤汁略收干，加入精盐、白糖和鸡精调味，翻炒均匀即可食用。

【功效】民间有“冬吃萝卜夏吃姜，不劳医生开药方”的说法。萝卜含有能诱导人体自身产生干扰素的多种微量元素，可增强机体免疫力，并能抑制癌细胞的生长，对防癌、抗癌有重要意义。萝卜中的芥子油和膳食纤维还可以促进胃肠蠕动，有助于体内废物的排出，常吃可以降脂减肥。本品尤为适宜久病体弱、免疫力低下之人食用。

◆黄芪枸杞茶——使机体保持活力

【原料】黄芪、枸杞菜各15克，大枣5枚。

【做法】锅内加水烧开，调成中火，将枸杞菜、黄芪、大枣都放进锅里，熬煮1个小时。以滤网滤出茶汁，即可饮用。此道茶品可加水回冲数次，至味道变淡为止。剩余残渣里的大枣和枸杞菜可捞起食用。

【功效】枸杞菜含甜菜碱、芳香苷、维生素C、氨基酸、胡萝卜素、核黄素、尼克酸等，可以有效增强机体免疫力。本品是家喻户晓的热门防癌茶方，代茶经常饮用可以保持活力，增强免疫力，很适合中老年人饮用。

◆凉拌芦笋丝——清除自由基，调节免疫功能

【原料】鲜芦笋300克，精盐、芝麻酱各适量。

【做法】将鲜芦笋洗净，削去老皮，然后切成细丝，加入适量的精盐、芝麻酱等调料拌匀，即可食用。

【功效】芦笋的抗病能力很强，在生长过程无须打农药，是真正的绿色无公害蔬菜。芦笋含有维生素A、维生素B_1、维生素B_2、维生素B_3以及多种微量元素。现代药理研究证实，芦笋有调节免疫功能、抗肿瘤、抗疲劳、抗寒冷、耐低氧、清除自由基等保健作用。

◆炒双菇——增强机体免疫力

【原料】水发香菇、鲜蘑菇等量，植物油、酱油、白糖、水淀粉、味精、精盐、黄酒、姜末、鲜汤、麻油适量。

【做法】香菇、鲜蘑洗净，切片。炒锅烧热入油，下双菇煸炒后，放姜末、酱油、白糖、黄酒继续煸炒，使之入味，加入鲜汤烧滚后，放味精、精盐，用水淀粉勾芡，淋上麻油，装盘即可。

【功效】香菇里有1种一般蔬菜缺乏的麦固醇，它可转化为维生素D，促进体内钙的吸收，并可增强人体抵抗疾病的能力。可增强机体免疫功能，常吃本品对于反复感冒者有一定帮助。

上面介绍的几种可以提高免疫力的食谱你都学会了吗？如果你想提高免疫力的话就一定要试试这些食谱哦！对于那些免疫力很差的人来说，除了做到一日三餐全面均衡适量外，还应该额外补充维生素膳食补充剂。因为锌、硒、维生素B_1、维生素B_2等多种元素都与人体非特异性免疫功能息息相关。

星期三：抗衰老、抗氧化的食谱

导读

随着社会发展，自由基对人体的危害越来越大，不仅成为加速人体衰老的“元凶”，还成了现代人的“百病之源”。幸好在日常生活中，有一些具有抗氧化功效的食物，可以抑制并消除体内的自由基。如何正确饮食，做好“自由基健康管理”？本节将为你提供帮助。

曾看过这样一则新闻，报道上说美国曼哈顿街区某时尚公寓的女子被邻居发现晕倒在居室门口，初步诊断是由于长期蜗居在家，不规律的生活方式使得她全身性脏器缺氧，体内自由基倍增，进而导致暂时性休克，尤其是皮肤表征相当明显。一个22岁的女孩面色蜡黄、肤质暗淡、眼圈紫黑色、眼袋很大、形容枯槁，同那些活跃在纽约街头打扮入时、顾盼神飞的精致的同龄纽约女子有着天壤之别。

目前，“自由基”与“抗氧化”已经不再是新鲜的话题。因为在每天的生活中，我们都会遇到加速身体氧化的可怕杀手，比如雾霾、紫外线、电磁波、压力、不规律的生活等，这些都会令我们体内的自由基增加。其中，雾霾是最可怕的一个，因为它与呼吸息息相关，每个人都可以避开紫外线，可以远离电磁波，可以调节情绪消除压力，可以改善生活方式，但唯独空气中的雾霾，我们是躲也躲不掉的。

我们在前面介绍过，吸烟有害身体，那是因为吸烟会导致增加身体内自由基的数量急剧上升。而雾霾进入人体后，也会产生的自由基，其数量要比吸烟时多得多。适量的自由基有好处，可保护身体免受化学物质等外来物的侵害作用。但是身体内的自由基一旦过量，就会产生很强的氧化作用而侵害体内细胞，衰老便随之而来。曼哈顿街区的那个无名女孩，正是用事实提醒我们：自由基能逐渐毁掉一个人的美丽。

不仅如此，自由基也因为能够引发许多疾病而臭名远扬。眼病、肺气肿、心脑血管疾病、各种炎症、大骨节病、癌症等，好像只有我们想不到，没有它们做不到的。因此说，自由基是“万病之源”。

有人说，在人体内部有清除自由基的物质，有这种物质在还怕机体被氧化吗？的确，在正常代谢过程中身体会产生自由基，同时也有自由基清除剂。它会随时清除氧自由基，不使其聚集危害人体健康。在25岁时，人体内的“消除氧自由基物质”最丰富，以后逐渐减少，过了40岁，减少速度加快。特别是急剧变化的生存环境，使得大多数人的机体内产生自由基清除剂的能力逐渐下降，导致体内清除剂的含量减少活性也逐渐降低，从而削弱了对自由基损害的防御能力，如不能及时补充抗氧化物质，人体就容易疾病丛生、衰老，甚至死亡。

那么，该怎么为锈迹斑斑的身体补充抗氧化物质呢？其实，日常生活中一些食物就能满足我们的需求。下面，为大家精心挑选了几个食材易得、操作方便的食谱，这些食谱对于清除自由基、抗氧化有着不错的效果。

◆生姜蜂蜜水——消除自由基的作用

【原料】生姜2片，蜂蜜适量。

【做法】将生姜片放入水杯中，用200～300毫升的热水冲泡，5～10分钟后，加入少量蜂蜜搅拌即可。

【功效】生姜中含有多种活性成分，其中的姜辣素可快速有效的消除自由基的作用；蜂蜜中含有丰富的营养素，长期食用蜂蜜的人体内抗氧化物的水平会有很大的提高，可以增加皮肤的光滑度，使面容红润，还能防裂补血。

◆大蒜粥——营养丰富，有助于抗氧化

【原料】大蒜 30 克，粳米 100 克。

【做法】大蒜去皮，放沸水中煮 1 分钟后捞出，然后取粳米，放入煮蒜水中煮成稀粥，再将蒜放入粥内，同煮为粥。每日 2 次，温热服食。

【功效】大蒜中有 15 种抗氧化剂和微量元素硒，常吃大蒜有利体内的自由基清除。

◆番茄汁——美肤养颜，防止衰老

【原料】番茄 3 个。

【做法】将番茄洗净，沥干表面水分，去蒂，切成块。将干净纱布铺在一个大碗上，把切好的番茄块倒进去，将纱布四周提起来，用力将汁水挤到碗里即可。留在纱布中的果肉可以做菜用。

【功效】番茄内含有的丰富茄红素以及番茄红素，二者都具备抗氧化功效，能使皮肤细腻光滑，美容防衰老的效果极佳。

◆黑芝麻糊——阻止体内产生过氧化脂质

【原料】黑芝麻 300 克，糯米粉 200 克，白糖 4 匙。

【做法】把黑芝麻和糯米粉分别放入锅中翻炒，炒至糯米粉发黄变色成熟即可关火。放一边晾凉备用。把黑芝麻放入料理机，搅拌 2 分钟，停一会儿，

让料理机休息下，继续搅打。打至黑芝麻粉碎出油成块状，加入白糖、炒好的糯米粉，再次开动料理机把3种食材混合搅拌。把做好的黑芝麻糊放入保鲜盒或是密封好的瓶子里，放在冰箱保鲜层存放。喝的时候取2匙冲入开水即可。

【功效】黑芝麻含有多种抗衰老物质，还含有天然维生素E，可以阻止体内产生过氧化脂质，从而保持含不饱和脂肪酸比较集中的细胞膜的完整和功能正常，也可以防止体内其他成分受到脂质过氧化的伤害。

◆枸杞菊花茶——调节免疫力，抗氧化

【原料】枸杞子10克，菊花8朵。

【做法】将枸杞子洗净，与菊花一起放入沸水中冲泡。10~15分钟后即可饮用。

【功效】枸杞子含有大量B族维生素和抗氧化剂，还可以调节免疫力，防治肿瘤，清除自由基。

除了上述食谱，抗氧化还可以从改善生活习惯做起。平时少吃或不吃松花蛋、罐头、香肠等加工食物，因为这些食物在腌制和加工过程中加入的色素、防腐剂和香料，会在体内产生自由基；注意不要使用含铅量过高的化妆品，含铅量过高的化妆品会产生自由基，加速肌肤老化的速度；减少用药，如抗生素、消炎药等药物会产生大量的自由基，因此切勿滥用。

星期四：把防菌抗病毒的食物搬上餐桌

导读

雾霾天气时，大气污染程度较平时重，空气中往往会带有细菌和病毒，易导致传染病扩散和多种疾病发生。这时，可以选择一些能够对抗细菌和病毒的食物，如海带、红薯、香菇、大蒜、酸奶等。如果能把它们做成既能满足口腹，又具有保健意义的菜肴则是再好不过了。

“病从口入”相信大家都耳熟能详，但是在雾霾天里，不仅要谨防病从口入，还要防止“病从鼻入”。因为随着我们的一呼一吸，PM2.5会携带着许许多多有害物质进入人体，比如细菌、病毒，就会搭着PM2.5这个“顺风车”来到呼吸系统的深处，造成感染。

热衷于养生保健的朋友，对于细菌、病毒这两个名词应该会格外关注，因为它们是危险的致病体。而有些朋友对细菌和病毒的概念还很模糊，只是隐约知道，它们是能入侵人体的微生物。究竟什么是细菌，什么是病毒？二者有什么区别，又对人体会产生哪些影响呢？现在我们就大致来说一说。

先来看看细菌，它们是一种单细胞微生物，由于菌体形态呈杆状、球状和弧状，所以人们就分别称它们为杆菌、球菌和弧菌。细菌是细胞，有细胞的构造，如细胞膜、细胞壁、细胞质，它们会分泌毒素，杀死寄主的细胞，令我们生病。

与细菌相比，病毒还要小许多倍，普通的光学显微镜是不可以看到它们的，用电子显微镜才能看得见。它们如果在细胞体外存在，形式就如同死物，只是一堆化学物，但一经进入细胞，它们就会发生变化，可以快速繁殖，还会破坏该细胞，引发各种疾病。曾令许多人恐慌并影响大半个中国及30多个国家的非典型肺炎（SARS），其元凶就是一种冠状病毒。

人们生病时，若是因为细菌的原因，就可以使用抗生素进行治疗，抗生素能杀死细菌，疾病就会痊愈。然而，如果是因为病毒引起的疾病，抗生素就派不上用场了，理论上，没有任何药物能杀死它们，能够与之对抗的只有人体内的抗体。

言归正传，现在我们知道了，无论是细菌还是病毒，都容易导致传染病扩散和多种疾病发生，所以，它们的存在对人体是一种潜在威胁。但是生活在雾霾之中，空气无孔不入，谁都不知道下一秒是否会吸入细菌和病毒。这时该怎么办？答案就是多为身体补充一些有着防菌、抗病毒作用的食物。这些食物就像为身体注入了抵抗细菌和病毒的“疫苗”一样，激发人体免疫系统产生抗体，从而提高我们的抗病能力。下面所列的5道美味食谱，就是对抗细菌和病毒最好的“疫苗”，大家不妨一试。

◆平菇鹌鹑蛋汤——激活抑制病毒的抗体

【原料】平菇30克，鹌鹑蛋100克，冰糖20克。

【做法】平菇去根蒂，洗净，撕成小片。锅中加水，放入平菇片、冰糖和鹌鹑蛋，隔水炖40分钟。早上空腹食用效果最佳。

【功效】平菇中含有能激活机体产生干扰素的诱导物质，这种物质就是能抑制病毒的抗体。因此多吃平菇，可以增强抗病毒的能力。此外，还能舒筋活络、调理胃肠。

◆ 香菇鸡粥——增强对疾病的抵抗能力

【原料】 大米 50 克，香菇 2 朵，鸡胸肉半块，胡萝卜 1/3 个，精盐 1 匙，玉米粒适量。

【做法】 胡萝卜洗净，去皮，切成小丁；香菇洗净，去蒂，切片；鸡胸肉洗净，切片；大米淘洗干净，放入汤锅，注入适量清水，大火煮开后转小火，煮至米粒开花时，加入玉米粒、胡萝卜丁、香菇片和鸡胸肉片，搅拌均匀，继续煮 10 ~ 15 分钟，加入精盐调味即可。

【功效】 香菇中含有一般蔬菜缺乏的物质，它经太阳紫外线照射后，会转化为维生素 D，被人体利用后，对于增强人体抵抗疾病的能力起着重要的作用。另外，香菇还含有一种多糖类，这种多糖类虽不直接杀伤病毒，但能通过增强免疫力来提高机体对病毒的抗击力，具有明显的抗肿瘤活性和调节机体免疫功能等生物作用。因此，经常食用本品可以强身健体，增强人体对疾病的抵抗能力。

◆ 大蒜烧白鳝——杀菌解毒，治疗百病

【原料】 鳝鱼 1000 克，大蒜 200 克，姜、葱各 8 克，精盐 10 克，酱油 8 毫升，胡椒粉、花椒面各 5 克，豆瓣 25 克，淀粉（玉米）20 克，菜籽油 125 克。

【做法】 去除鳝鱼的内脏、骨及头尾，洗净，切成长约 4 厘米的段；大蒜剥皮，洗净；姜切片；葱切花；豆瓣剁碎。炒锅内下油，烧至七成热时，放入鳝鱼段，加少许精盐煸炒，煸至鳝鱼段不黏锅，吐油时铲起。锅内另下菜籽油，烧至五成热时，下豆瓣碎煸至油呈红色时掺汤，同时把鳝鱼段、大蒜瓣、姜片、胡椒粉下锅，用中火慢烧约 10 分钟（以大蒜烧熟为度），倒入酱

油，下水淀粉收浓，起锅下葱花，拌匀入盘，最后撒上花椒面即可。

【功效】大蒜有“地里长出的青霉素”之称，是杀菌解毒、治疗百病的天然药物。

◆海带绿豆汤——抗菌，抗病毒

【原料】海带、绿豆各15克，甜杏仁9克，玫瑰花6克，红糖适量。

【做法】先将玫瑰花用布包好，与洗净的海带、绿豆、甜杏仁一同入锅，加水适量，煮汤至熟去玫瑰花，加入红糖调味即成。

【功效】海带中的胶质成分能促进体内有毒物质的排出；绿豆性寒凉，可杀菌、消毒、清热。常饮此汤，对葡萄球菌以及某些病毒有抑制作用。

◆圆白菜汁——抗菌消炎，提高机体免疫力

【原料】鲜圆白菜1000克，白糖20克。

【做法】将白糖加入圆白菜汁调匀。早、晚饮用。

【功效】圆白菜能提高人体免疫力，预防感冒，提高癌症患者的生活质量，在抗癌蔬菜中，圆白菜排在第5位，功效非凡。另外，新鲜的圆白菜中有抗菌消炎的作用，咽喉疼痛、外伤肿痛、胃痛、牙痛之类都可请圆白菜来帮忙。

需要提醒大家的是，在使用上述蔬菜或菌类时，应以生食或短时间内急炒为主，这样更能发挥它们的防菌、抗病毒的作用。不过，上述食物本身也可能含有细菌，在食用前一定要充分洗净，不能因为它们拥有强大的功效就掉以轻心。

星期五：排出体内霾毒的一日三餐

导读

眼下，人们谈话中出现频率最高的词汇之一就是如何减肥“排毒”。那么，我们身体的毒素究竟躲藏在哪里呢？专家发现：80%的毒素在肠道中，还有20%左右存在于毛孔、血液以及淋巴等部位。可见，保障了肠道的清肠排毒，毒素导致的身体危机也就解决了一大半。

空气污染日益严重。打开网页，你会看见许多网友的神吐槽：“厚德载雾，自强不吸”，“世界上最远的距离，不是生与死的距离，而是我牵着你的手，却看不见你”……PM2.5 导致空气中的有毒物质大大增加，包括我们每天吃的、喝的、用的都充斥着大量毒素，毒素堆积，身体变成了垃圾场。若想改观现状，必须做好排毒工作，定期给身体来一次大扫除。

专家指出，只有及时排除体内的有害物质，保持五脏和体内的清洁，才能保持身体的健美和肌肤的美丽。排毒不畅不仅会直接造成面部色斑、痤疮等问题，还容易造成腹部脂肪的堆积，腹部脂肪一旦形成，想减就非常困难，因此，要想保持肌肤白净与苗条好身材，排毒工作需排在首位。

我们这里说的排毒，重点针对的是肠胃。或许你会产生疑问，PM2.5 等污染物对肺部的损伤最大，理应为肺部排毒，为什么要调整肠胃？祖国医学认为，当我们出现便秘、肠胃毒素过多就会影响肺气的肃降，而肠胃排毒不顺畅，毒素就会积攒到肺部，也就是所谓的“肺气雍闭，气逆不降”。所以如果想在雾霾天气排出肺部毒素，一定不要忽略了肠胃的健康。

说到肠胃，就不能回避宿便的问题。研究发现，长期便秘者体内积存的宿便高达 13 ~ 24 千克。这么多宿便占领着肠道，对健康的危害可想而知。但是随着清肠概念粗糙而又广泛的宣传着，越来越多的人轻信于随手拈来的清肠谣传和误区，他们盲目采用大肠水疗、喝清肠茶等方法，结果不仅不能帮身体排出毒素，反而破坏了机体的平衡。

在众多方法中，饮食疗法无疑是最靠谱的，把清肠落实在一日三餐中，既不损健康又能达到目的。今天，我们就一起看一下，有哪些能帮助我们快速排毒的天然食谱吧!

◆黑芝麻排毒食谱——散结清热，润肠通便

【原料】黑芝麻、粳米各 150 克，杏仁 100 克，白糖适量。

【做法】将黑芝麻、粳米和杏仁用水浸泡，再捣烂成糊，煮熟后加入白糖。每日分 2 次食用。

【功效】此糊有散结清热、润肠通便的功效。适用于大便干结难下、湿热便秘者。

◆猪血豆腐汤——清除体内污染

【原料】豆腐、猪血各 250 克，姜末、葱花、精盐、味精各适量。

【做法】将豆腐、猪血切块，锅中放清水烧开后，加入猪血块、豆腐块、姜末和精盐，煮熟后加入味精、葱花即可。

【功效】此汤的功效是清肺、润肠。动物血中，以猪血为佳。据有关研究证实，猪血中的血浆蛋白经胃酸和消化酶分解后，能产生具有解毒和润肠功

能的物质，可与入侵肠道的粉尘、有害金属相结合，使其不易被吸收而被排出，故可清除肠腔的沉渣浊垢，对尘埃及金属微粒等有害物质具有净化作用，是人体污物的“清道夫”。

◆豆腐海带汤——排毒养颜，促进人体新陈代谢

【原料】 豆腐 250 克，海带 100 克，嫩姜丝、精盐、味精各适量。

【做法】 将豆腐切块，海带切成约 3 厘米的宽条。锅中加适量水，放入海带条，用中火煮至海带变软，然后下豆腐，以精盐和味精调味，煮开约 3 分钟，加入姜丝，稍煮片刻即可。

【功效】 此汤营养，可以排毒、养颜、补碘。经常服用，人体的新陈代谢便可趋于稳定，有利于排毒。

◆木耳芝麻茶——凉血止血，润肠通便

【原料】 黑木耳 60 克，黑芝麻 15 克，油适量。

【做法】 先取黑木耳 30 克，放入锅中翻炒，等黑木耳略带焦味时，起锅入碗备用。再将黑芝麻下锅，略炒出香味，然后加入清水 1500 毫升，同时加入黑木耳，用中火烧沸 30 分钟，即可起锅，用洁净双层的纱布过滤，滤液装在洁净的容器内即成。

【功效】 凉血止血、润肠通便。老年人常饮此茶，能够强身益寿。

◆果菜汁——清除聚积在细胞内的毒素

【原料】 油菜 40 克，香菜 20 克，芹菜 30 克，番茄 50 克，苹果 120 克，柠檬 25 克，干酵母粉 2 克。

【做法】将苹果去皮、核；柠檬挤汁，滤出汁液备用；番茄去皮，与洗净的油菜、香菜、芹菜一起，放入电动榨汁器内榨汁。然后，往榨好的汁液内加入挤出的柠檬汁，洒入干酵母，充分搅拌均匀后即可饮用。

【功效】此汁的功效是调节血液的酸碱平衡、排毒养颜。鲜果汁和鲜菜汁是人体血液的清洁剂，能清除人体内堆积的毒素和废物。因为，鲜果汁和鲜菜汁中的营养被人体吸收入血后能使血液呈碱性，能中和人体内的酸碱代谢产物，清除积累在细胞内的毒素。

每日的饮食与我们的健康息息相关，雾霾天人最容易“中毒”，如果我们能做好肠道的排毒工作，那么因毒素导致的身体危机也就解决了大半。您还等什么呢？一起来动手制作排毒食谱吧！

星期六：给呼吸道设立“防火墙”

导读

呼吸道是人体抵御病毒侵袭的一扇大门。在雾霾天里，人们最容易被呼吸道感染所纠缠，这是因为吸入空气中的有害物质导致咽部和气管黏膜的损伤，进而很容易引发细菌感染。常见的有急性扁桃体炎、慢性气管炎、慢性支气管炎、肺炎、慢性咽炎等。因此，远离呼吸道疾病的侵扰，是雾霾天气保健的重中之重。

我有一个同事叫张锋，他是运动型男子，平时一有时间就去健身房跑步健身。而且，为了锻炼身体，他还一直坚持骑自行车上下班。可最近一段时间，他总是感觉喉咙非常痒，就像有羽毛扫过一样难受。他以为这是感冒的先兆，于是就去药店买回感冒药和喉宝来服用。虽然没有出现其他不适，可是喉咙痒的症状居然一点都没有好转，反而愈演愈烈，无奈之下，他只能来到医院就诊。

医生给张锋检查完，告诉他喉咙痒是咽炎所致。虽然张锋从不碰烟，可是由于他每天都骑自行车上下班，而上班和下班这 2 个时间段，道路上都是汽车尾气，空气质量较其他时间段要差，加之他骑自行的时候，呼吸比静息状态下快，所以无形之中，他就吸入了大量的脏空气。而空气中的有害物质一旦进入呼吸道，就会引起呼吸道感染，导致整个呼吸系统出现“崩盘”。听完医生的解释，张锋忍不住感慨："原来骑自行车上下班也能被霾啊！"

医生为他进一步讲述：污染的空气中含有大量细颗粒物 PM2.5、二氧化硫等有害物质，这些物质随着呼吸进入我们的呼吸道，而我们呼吸道的防御功能无法将数量过多的有毒物质过滤掉，因此 PM2.5 往往滞留、附着在鼻咽部和气管壁上，并与进入人体的二氧化硫等有害气体产生刺激和腐蚀黏膜的联合作用，损伤黏膜、纤毛，引起炎症，并增加气道阻力，长期持续不断的作用就会导致上呼吸道感染、急性扁桃体炎、肺炎、慢性咽炎、慢性气管炎等疾病的发生。

不过，如果你能建立良好的饮食习惯，其实是可以避免这些呼吸道疾病的。多吃点美味总要比吃医生药方里的药物来得舒服和轻松吧。所以，为了防止疾病找上门，我们先从饮食开始，给呼吸道设立一道"防火墙"。

◆南瓜大枣汤——保护呼吸道黏膜

【原料】南瓜 60 克，银耳 1 朵，冰糖 30 克，大枣 25 克，枸杞子适量。

【做法】银耳洗净，泡发，去掉根部，撕成小块；大枣洗净；南瓜去皮、瓜秧，切成小块。电高压锅内加适量水和银耳煮出胶，再将煮好的银耳倒入汤锅，加入南瓜块、冰糖、大枣，熬煮至南瓜熟透变软，加入枸杞子即可。

【功效】南瓜含有非常丰富的胡萝卜素，胡萝卜素在人体中会进一步转化成维生素 A，保护呼吸道黏膜。

◆绿茶蜂蜜饮——慢性咽炎的"克星"

【原料】绿茶 5 克，蜂蜜适量。

【做法】将绿茶置杯中，冲入沸水，加入蜂蜜饮服，每日 1 剂。

【功效】清热利咽，润肺生津。适用于慢性咽炎。

◆柿饼花生汤——治疗慢性支气管炎

【原料】柿饼3个，花生仁50克，白芝麻25克，冰糖适量。

【做法】将柿饼、花生仁、白芝麻洗净，一同放入锅中，加清水同煮，小火煮至花生酥烂后加入冰糖，溶化即成。

【功效】润肺止咳。适用于慢性支气管炎等。

◆胡萝卜山药粥——减轻呼吸道不适

【原料】胡萝卜、山药各200克，粳米60克。

【做法】将胡萝卜及山药切成小块状，粳米加水煮粥，半熟时加入胡萝卜块、山药块，煮熟即成。

【功效】胡萝卜可提高呼吸道抵抗力；山药健脾助消化。本品可有效减轻呼吸道不适症状。

◆杏仁川贝百合粥——预防呼吸道疾病

【原料】杏仁、百合各30克，川贝15克，糯米50克。

【做法】把杏仁、川贝、百合洗净，加适量水煮约1个小时，捞去药渣，再放入糯米，煮约30分钟即成。

【功效】降气、润肺、止咳，能预防呼吸道疾病，改善咳嗽痰多、胸闷、口干舌燥等症状。

以上是保护呼吸道健康的特效食疗。在最后，还是要再次提醒朋友们，一定时刻关爱和呵护自己的呼吸道。尤其是在雾霾天气里，积极做好养生保健的工作，争取让自己的呼吸道更健康、更舒畅！

星期日：清火解毒，消炎症于未萌

导读

随着生活环境的改变，我们每天都会吸入很多被污染的空气，接受太多的辐射，食用过多加工过的防腐产品，承受太多的精神压力，这些就是中医所说的“邪气”来源。吸入的“废气”会刺激人体产生火毒，体内毒素积聚太多会引起内环境的失衡，达到一定程度就会影响气血的运行以及各部器官的功能。一些人表现为咽喉干燥疼痛、眼睛红赤干涩、鼻腔热烘火辣、嘴唇干裂、大便干燥、小便发黄等。

随着生活环境的改变，我们每天都会吸入很多被污染的空气，而这种空气在中医学中被称之为“邪气”。当邪气侵入人体，极易阻碍气机，人体便会产生“火毒”。当火毒积聚得越来越多时，人的内环境便处于失衡状态，我们也会出现咽喉干燥疼痛、眼睛红赤干涩、鼻腔火辣、嘴唇干裂、大便干燥、小便发黄等老百姓常说的上火症状。

许多人认为，上火算不上什么大毛病，喝点凉茶吃点消炎药就好了。殊不知，凡是带有“炎”性反应的疾病，都与上火有关。打个比方，在寒冷的冬天，很少有蚊子、苍蝇、臭虫、蚂蚱、蟑螂、蛆虫、蚂蚁、蝴蝶等小生命，但到天热时（特别是夏天），什么爬的、跑的、跳的、飞的虫子都跑出来活动了。之所以会这样，就是温度为它们提供了生存、繁殖、活动的条件。同样道理，人体内的火毒越来越多，达到了一定的热度时，就为炎症提供了发病的温床。不信你留意那些经常感冒、发热的人，他们大多都并发感染，就是因为他们的机体内积存了太多火毒，所以细菌、病毒等都在里面生长和繁殖了。由此类推，也就不难理解火毒性疾病为什么会有那么多症状了。

如何排除体内的火毒呢？有 2 个方法：首要的、当然也是最难做到的方法就是平衡心态。那些经常上火的朋友不妨审视一下自己，你平时是不是一个急性子的人？是不是一点小事就容易放在心上？这样都会加重你的上火状况。所以当我们不能改变周围的现实社会环境时，就要想办法保持心态平衡。多想想自己已经得到的幸福享受，多品味自己先前攀比的人可能的艰辛之处，满足感就会抵消不满和抱怨，心态自然平衡了，火也就降下去了。

还有 1 个方法，就是食疗，相比第 1 个方法就简单多了——您可以去市场买回一些食物，如百合、荸荠、雪梨、莲藕、山药等，它们都具有解毒清火的功效，可以及时补足人体内的维生素和矿物质，中和体内多余的代谢产物，我们体内的火毒也就能慢慢消失了。

呼吸污染的空气如同亡羊，吃清除火毒的食物就如同补牢。从现在开始行动，消炎症于未萌吧，一切都不算晚。

◆干花茶——有效清除体内热毒

【原料】菊花 8 ~ 10 朵，百合、金银花各 1 撮，千日红 4 ~ 6 朵。

【做法】上物洗净，同放入开水冲泡 5 ~ 10 分钟即可。不建议加糖，会降低药效。

【功效】菊花散风清热、平肝明目；百合养阴润肺、清心安神；金银花清热解毒，抗菌消炎；千日红清肝明目、降压排毒。四物合用，能有效清除体内热毒。

◆绿豆炖藕——适宜肺热、肺燥者食用

【原料】鲜藕1000克，绿豆150克，高汤1500毫升，姜、精盐、胡椒粉、味精各适量。

【做法】绿豆洗净，用清水泡2个小时；鲜藕去皮、节，洗净，切成梳子背形的块；姜洗净，切片。将锅置火上，倒入适量清水烧沸，放入藕块煮5分钟捞出，用凉水漂洗2次。净砂锅置火上，注入高汤，烧沸后下藕块、绿豆、姜片同煮，绿豆酥烂时加入胡椒粉、精盐、味精调味即可。

【功效】绿豆是祛火解毒的佳品；莲藕可以清热止渴、凉血止血。本品颜色碧绿，是清热降火的美食佳品，适宜肺热、肺燥者食用。

◆芝麻拌苦菊——营养丰富的清火消炎菜

【原料】苦菊2个，熟芝麻50克，大蒜瓣3个，精盐、白糖、生抽、香醋、香油、辣椒油各适量。

【做法】蒜瓣切成碎末，放入碗中，加入精盐、白糖、生抽、香醋、香油拌均匀；苦菊洗净，手撕开。将黑芝麻、苦菊放入调好的味汁中，再加入少许辣椒油，拌匀即可。

【功效】大蒜是食物中的“杀菌明星”；苦菊具有祛火、抗菌、解热、消炎、明目等作用。

◆菇丝瓜汤——清火解毒，美容养颜

【原料】草菇20克，北豆腐100克，丝瓜480克，姜5克，精盐、白砂糖各3克，香油4克，胡椒粉8克，鸡粉2克。

【做法】干草菇洗净，浸软，切去硬的部分，然后挤干水；将北豆腐切成薄片待用。把水烧开，放香油，下丝瓜焯至仅熟捞起，浸冷滴干水；豆腐放入焯过丝瓜的开水中焯 3 分钟，捞起滴干水；加入草菇煮 4 分钟，捞起冲洗净，挤干水。锅中下油爆姜，加水煮开，放入所有材料再次煮开，略煮片刻至丝瓜熟透，下精盐、味精、香油、胡椒粉、鸡粉等调味即可。

【功效】草菇的维生素 C 含量高，能促进人体新陈代谢，提高机体免疫力，增强抗病能力，它还具有解毒作用；丝瓜中含有丰富的多种营养元素，其中特别是能防止皮肤老化的 B 族维生素、增白皮肤的维生素 C 最多。常食本品，不仅可以清火解毒，还能美容养颜。

◆金银花甘草茶——祛火毒，保健康

【原料】金银花 15 克，甘草 3 克。

【做法】用沸水冲泡 10 ~ 15 分钟，代茶饮用。

【功效】金银花有清热解毒、疏散风热的功效；甘草是一种调和百药的著名中药，可解百药之毒。服用本品可祛火毒，保健康。用此茶煎水含漱，还能治疗咽喉炎和口腔溃疡。

毕竟食物不是药物，所以治病效果要来得慢一些。不过，假如我们能坚持食用的话，体内的火毒一定会慢慢被消灭掉。当然，如果你症状比较严重，还是应该去看医生，以上这些食谱仅仅作为日常保健使用。

第七章

家有药香，幸福安康：10味能在药店买到的抗霾良药

罗汉果，清咽利肺、止咳化痰的首选

导读

雾霾天，最抢手的除了空气净化器和口罩外，还有一种保健饮料成了大家对抗雾霾、保护自我和家人的热门武器。是什么呢？没错，你猜对了，正是罗汉果茶！罗汉果是卫生部首批公布的药食两用名贵中药材。中医认为，它可以清咽利肺、止咳化痰，是抗雾霾的首选，有“神仙果”的美誉。午后喝罗汉果茶可防治雾天吸入污浊空气引起的咽部瘙痒，有良好的润肺功效。

近日，我出差坐火车与几个车友很有缘，我们天南海北侃一通，言语间聊到了健康话题。我坐的是软席，一共 4 个人。除了我外，一个是高中英文老师，一个是企业经理，还有一个是电台的主持人。

谈到健康的原因主要是我上铺的那个老师咳嗽声不断，那个企业经理见状，就建议道：“我推荐你喝罗汉果茶，这种中药对你的咳嗽非常有好处。这几天天气都不好，空气污染很严重，我嗓子老不舒服，我妻子就给我买回几个新鲜的罗汉果，让我泡茶喝。我想反正这东西味道不错，全当喝饮料了，就按照妻子大人的吩咐，每天泡 1 个冲茶，你们别说，这小小的罗汉果真的很管用，我的呼吸道现在清爽多了！”

电台主持人听到后也接过了话茬：“这位先生说得没错，我现在也喝罗汉果茶，效果显著，不仅能治咳嗽，还能减肥瘦身呢！以我为例，我是做主持的，我们这种职业的人经常说话，而且长时间在封闭的环境内工作，工作得久了，嗓子自然就不舒服了。我的喉咙总是痒痒的，一痒我就想咳嗽。尤其到了晚上，喉咙实在痒得厉害，一个劲地咳，觉也睡不好，痛苦死了。记得有一次，我在录音时咳个不停，无奈之下节目只能中断。事后我就琢磨怎么才能治好这个毛病，打消炎针、吃西药的不良反应实在太大了，这时我突然想起我们家乡的罗汉果，这种小水果对呼吸道可是非常有益的，所以老一辈的人治咳嗽时都是用它来泡茶。于是，我就托亲戚给我捎来一些，现在我的喉咙终于不干、不痒了，咳嗽的毛病也没了。不仅如此，因为经常喝这种茶，我的皮肤变得比从前好了，身材也更苗条了！”

我在一旁认真地听着他们的对话，同时不住地点头表示自己的赞同。这 2 位朋友用亲身实践讲出了罗汉果的好处。那么现在，我们不妨详细地了解一下这种水果。

罗汉果原产自广西，又名拉汗果、假苦瓜、白毛果等，它既是人们喜食的水果，可作为调味品用于炖汤及制作糕点、糖果、饼干等，又有很高的药用价值，被誉为“东方神果”“长寿之神果”和“神仙果”。

很多人听完罗汉果的名字都会认为它与佛家的十八罗汉有关系，其实不是这样的。由于发现它药效的医师叫罗汉，因此它才得名罗汉果。相传，古时有一位瑶族樵夫，他在砍柴时不慎被野蜂蜇伤，疼痛难忍的他从身边藤上摘了一只野果，咬破在伤口处搽了几下，谁知伤口疼痛立刻得以缓解。他感觉这种果子的功效非常神奇，便采摘了一些回家孝敬老母，而老人食用后，久治不愈的咳喘病竟然好了。此事被一位名叫罗汉的药师知道了，通过反复研究，他发现这种果子有清热解毒、消肿止痛、止咳利咽的功效，从此开始了药用及人工培植，并把这种果子称为罗汉果。

◆神仙果——抗雾霾的福音

在我国，罗汉果常被用来治疗百日咳、痰多咳嗽、肠燥便秘、急性气管炎、急性扁桃体炎、咽喉炎、急性胃炎、咽痛失音等病症。中医认为，罗汉果性凉味甘，有清热润肺、止咳化痰、润肠通便之功效。用罗汉果少许，冲入开水浸泡，是一种极好的清凉饮料，可以有效预防呼吸道感染。身处空气污染环境的人常年服用，不仅能减轻雾霾引发的不适，还能驻颜美容、延年益寿，且无任何毒副作用。正因为罗汉果有如此神奇之功效，所以中华人民共和国卫生部将其列为“既是食品又是药品”的植物。

现代医学研究也证实，罗汉果中含有丰富的果糖、罗汉果甜苷及多种人体必需的微量元素，具有一定的营养价值。其中，罗汉果甜苷是罗汉果之精华，具有很好的保健作用，它最突出的优点是食用安全，甜度高（相当于蔗糖的300倍），且具有降血糖的作用，是肥胖症、高血压、糖尿病、心脏病等患者最好的甜味剂；罗汉果中丰富的维生素C，有抗衰老、抗癌及益肤美容作用；常吃罗汉果，还能降低血脂，减少脂肪堆积，对于治疗肥胖症、高血脂等很有益处。这也是为什么那位电台主持人喝了罗汉果茶，皮肤会变好、身材会变苗条的原因。

现在环境污染很严重，人为制造的废气、汽车尾气、工厂污染，还有施工的粉尘污染等，很容易引发咽喉疼痛、嗓子发干、咳嗽等症状。尤其每当换季时，因冷热交替，花粉、细菌等刺激，这些症状往往愈发严重。其实，如果你只是单纯感觉咽喉不适，每天泡一些罗汉果茶饮用，能起到清热润肺、止咳、利咽的作用。

◆罗汉果怎么吃最有效

那么，罗汉果该如何冲泡呢？冲泡过程中又需要注意什么？1 个罗汉果能冲泡几天？罗汉果的泡法很简单，首先选择1个新鲜的罗汉果，在果的两头各钻1个小洞，放入茶杯中，冲入80℃左右的开水，不久后，果内各种营养成分溶解，便是一杯色泽诱人、味道甘甜、气味醇香的理想保健养生饮料。当然，这种方法是“土豪”级别的，在我们嗓子极度不适时可以使用，但一般来说，不必那么浪费，只要将罗汉果敲碎，每次拿出一小块冲泡就能满足你的营养需求了。就每次冲泡罗汉果的时间而言，15分钟是最合适的。这是因为，罗汉果在水中充分释放营养物质的时间为15分钟左右。因此在冲泡15分钟之后饮用更有利于人体对罗汉果中营养物质的吸收。

罗汉果是可以重复冲泡的，每个罗汉果可以冲泡2~3次，之后换新果冲泡。有些朋友冲泡罗汉果的次数过多，其实泡3次以后罗汉果基本就没有什么药性了。还有些朋友今天泡好了茶，第二天接着喝，那样也是不正确的。在泡水的时间跨度上，不可将罗汉果持续泡水超过一天，否则容易使茶中滋生细菌，影响饮用者的健康。大家清楚了罗汉果的冲泡时间后，以后要尽量注意，应避免因冲泡时间不当而影响罗汉果的食用价值。

罗汉果茶可防治雾天吸入污浊空气引起的咽部瘙痒，有良好的润肺功效。一般来说，午后喝罗汉果茶清肺止咳的效果最好。因为清晨的雾气最浓，人在上午吸入的灰尘杂质比较多，到了中午，雾差不多就散去了，喝点罗汉果茶能及时清肺。特别是一些烟民，或者是女人和小孩等二手烟民，更加要经常喝些罗汉果茶，对他、对你、对孩子都好。

罗汉果

很多人不会挑选罗汉果，在这里教给大家几个小窍门：首先，是观察它的形状，优质的罗汉果呈饱满的椭圆形；其次，观察其外皮的颜色，如果是很均匀的浅黄色到黑褐色，且表面没有黑斑，那么则是优质的罗汉果；

再次，要把罗汉果拿在手中摇一摇，像挑选鸡蛋一样，感觉里面是松动的，就是差果，感觉里面是固定的、摇不动的，就是好果；最后，将罗汉果掰开，如果里面的种核是新鲜的淡红色，根脉与外壳关联非常密实，这种罗汉果便可以放心食用。反之，出现粉状或种子变成黑色，那么建议大家不要选购。

第二节 雾霾频发季，青果泡茶益处多多

导读

在冬、春雾霾较为严重时，正是青果在市场上“露面”的时节，这个时候你不妨买些回家，闲来无事冲泡饮用，便可起到清肺利咽、生津解毒的效果，以预防雾霾所致的急、慢性咽喉炎。此外，饮用青果茶还能除烦解酒，排除油腻食积，具有独特的减肥、降压、降血脂、降血搪、抗衰老的功效，是中老年人理想的保健品。

去年冬天，一位远房亲戚给我打电话。一开口，我就听到他嗓音沙哑。说着说着，他还咳嗽起来。我问了情况，原来这位亲戚因为单位需要出差，一直在南京跑业务。既然跑业务，就难免会和客户推杯换盏，每次都喝下不少酒。外加那边空气不太好，所以他出差回家后，嗓子就成了这个样子。他说嗓子又痛又痒，连正常的吃饭都是一种折磨。我告诉他，这种情况很可能是咽炎发作，应该马上去医院检查。同时，我还给他推荐了 1 个日常保健小药方，就是每天用青果泡水喝。

什么是青果呢？就是我们平时所说的橄榄。北方称其子为“青果”，南国名之“橄榄”。青果成熟于冬季，为冬、春季节稀有应市果品。其果实为硬壳肉果，呈纺锤形，不论它们成熟与否，外表都呈现一种青色。初次食用时，会有一种酸、涩、苦的感觉，嚼得久了，味道才渐渐转为清甜，令人满口生津、余味无穷。这先苦涩后甜美，就好像忠言逆耳利于行，所以在古时，人们称其为“忠果”和“谏果”。青果经蜜渍后香甜无比，风味宜人，是人们茶余饭后的食用佳品。它还可加工成五香橄榄、丁香橄榄、甘草橄榄等零食。

青果除了具有食用价值，也是1味传统的喉科常用药。中医认为，它性平，味甘、涩、酸，入肺经、胃经，具有清肺热、利咽喉、理气止痛、生津化痰、解毒的功能。关于青果的功效，在历代医药书籍多有记载。如《本草备要》说它是肝胃之果，作用有三：一是清咽生津，二是除烦醒酒，三是解河豚毒；《本草再新》也认为，青果具有平肝开胃、滋养肺阴、清痰理气的功效；《日华子本草》则说其“开胃、下气、止渴”；青果最常用于咽喉病症，李时珍在《本草纲目》中就强调它“治咽喉痛”的功效。

◆雾霾多发季，不妨用青果泡茶

在雾霾多发季节，我们用青果来对付咽干音哑、咽喉肿痛等症状，实在是再合适不过了。像我前面提到的那位亲戚，按照我提供的小药方进行调理。10多天后，他的咽喉问题就完全解决了。他打电话过来道谢时，还说一定把这个简单有效的青果茶分享给身边的朋友们。

那么，如何用青果泡茶呢？方法非常简单：取青果5～6枚，冰糖适量，将青果放入杯中，加入冰糖，用沸水冲泡即可。民间常说“冬春青果赛人参”，在冬、春雾霾较为严重时，正是青果在市场上“露面”的时节，这个时候你不妨买些回家，闲来无事冲泡饮用，便可起到清肺利咽、生津解毒的效果，以预防雾霾所致的急、慢性咽喉炎。此外，饮用青果茶还能除烦解酒，排除油腻食积，具有独特的减肥、降压、降血脂、降血糖、抗衰老的功效，是中老年人理想的保健品。

◆赶跑“会呼吸的痛”

青果除了泡茶喝外，还可以当水果一样嚼食，对咽部充血疼痛、干涩不适、扁桃体红肿等症状同样能起到治疗的作用。笔者身边有一位女士，在生女儿坐月子时，因一日三餐都是大鱼大肉、牛奶鸡蛋，加上天气干燥，空气质量差，她开始出现喉咙红肿、咳嗽、声音嘶哑等“上火”症状。由于她正处于哺乳期，此时服药对孩子的健康不利，因此，她没有去医院打针消炎，而是去药店买回一些毒副作用很小的药物。可是，她一盒接一盒的吃，一点作用也没有。就这样一拖再拖，一年后终于拖成了慢性咽喉炎。为此，她尝尽了苦头，平时只要一变天，她的喉咙就开始疼痛，嗓音也变得嘶哑。无论是喉宝还是喷剂，到她嘴边就是不起作用，用一句歌词形容她的状态及症状再适合不过，她正在经历一种“会呼吸的痛”。直到去年，也是我告诉了她这个秘方：青果有清咽生津的功效，防止上呼吸道感染，还能根治慢性咽喉炎。不久，她就托人买了一些新鲜的青果，每日嚼食 2～3 枚，坚持了 1 个星期，奇迹出现了，困扰她很久的慢性咽喉炎终于痊愈了。

有人说，青果属于亚热带特产果，平时不容易买到。的确如此，不过现在科技发达了，网络的出现为我们的生活带来便利，你只要会互联网进行网购，就能采购到新鲜的青果。除此之外，一些较大的中药店也有青果出售。如果你实在买不到也不要紧，超市或商店里的蜜饯青果也可以作代替品，对防治咽喉疾病也有一定的效果。

最后需要提醒大家的是，我提供的这道青果茶可以辅助治疗咽喉疾病，但是这种尝试应在胃肠功能健康的基础上进行，有肠道干、便秘、胃溃疡等症状的人是不宜服用青果茶的，心烦易怒、阴虚火旺的人用这个药方也会不舒服。另外，如果你试用了几天没有什么好的效果，最好还是去医院寻求医生的帮助。

话说灵芝——药用真菌中的清肺明星

导读

雾霾天气频发，对人们的身体健康造成很大的危害。如何减轻雾霾天气对人体的损害，提高自身免疫力，预防雾霾对肺脏的破坏作用？最新研究发现，经常服用灵芝汤在预防和治疗肺部疾病方面有着出人意料的功效。灵芝作为药物已正式被国家药典收载，同时它又是国家批准的新资源食品，无毒副作用，可以药食两用。

张先生是北京同仁堂的一位药工，最近他经常看见一个年轻人来药店里买灵芝。一来二去，两个人渐渐熟悉了，有一天闲聊，他们就聊到了灵芝这个话题上。张先生问那个年轻人，为什么你总来这里买这种药材呢？年轻人说，他在一家外贸公司当秘书，受老板的委托来买灵芝。受雾霾天影响，他的老板经常咳嗽，肺部不太舒服。听人说灵芝有清肺的功效，于是老板每天喝一碗灵芝汤，2个月下来，咳嗽症状确实减轻了不少。

那么，这位老板的做法有效吗？药工张先生的回答是肯定的。在中药材里面，灵芝是清肺的佳选。每天用适量灵芝煎汤，是非常管用的清肺良方。张先生之前认识一个烟龄30年的“老烟枪”，食用灵芝汤之后，早上起床咳嗽的习惯已在渐渐消除，呼吸比从前顺畅了许多，这就是“仙草”灵芝发挥出来的清肺效果。

灵芝真有说的这样神奇吗？毫无疑义，在我国最早的药学著作《神农本草经》中，就把灵芝列为上品药物，并将其分为青、赤、黄、白、黑、紫6种。后来，李时珍又在《本草纲目》中论述了这6种灵芝的作用，如赤芝“主治胸中结，益心气，补中，增智，不忘”；紫芝“治耳聋，利关节，保神，益精气，坚筋骨，好颜色”……而这6种灵芝久服都有轻身、不老、延年的功效。由此可见，古人认为灵芝是可以延年益寿、养生保健的良方。

想必大家都看过《白蛇传》这个神话故事，对“盗仙草”这个经典段落都非常熟悉。书生许仙被白素贞的原形吓得魂飞魄散，白素贞费尽千辛万苦盗来“仙草”给许仙服下，救活了他的性命，这味仙草就是灵芝。传说故事免不了夸张，但却说明了一个事实，灵芝是中华民族极其重视的药用真菌。

到了近代，在《中药大辞典》里面也有关于灵芝的记载，说其“治虚劳，咳嗽、气喘、失眠、消化不良”。的确如此，灵芝在临床的应用相当广泛，对症病种涉及呼吸、循环、消化、神经、内分泌及运动等各个系统，涵盖内、外、妇、儿、五官各科。正因这样，2010年灵芝正式被收录在《美国草药药典》中。

如今雾霾严重，多数人早上起来喉头发痒、有痰，每天服一碗灵芝汤就能使肺部炎症得到清理，使呼吸道顺畅，体内二氧化碳能更多排出体外，增加血液里面含氧量，进而使人感到精力充沛、脸色红润。随着循环系统的改善，大多数人的睡眠质量也会相应提高，肝脏功能得到改善，从而提升身体免疫力。除此之外，灵芝还是入肾经的，有排毒作用。肿瘤患者服用灵芝能减轻放、化疗的副作用，就是它入肾排毒在起作用。

◆人工灵芝PK野生灵芝

灵芝有这么多意想不到的好处，相信你看到这里也迫不及待想买一些回家了。可是，市场上的灵芝包括人工灵芝和野生灵芝，购买哪种最有利于清肺呢？而且，挑选灵芝还有许多小窍门，你是否知道呢？下面就让我们逐一了解一下吧。

用灵芝来清除肺内灰尘，专家建议我们选择野生灵芝。这是因为，与人工培育灵芝相比，野生灵芝的药效更好。具体好在哪里呢？首先，野生灵芝的生长期是 1 年或者多年，对于灵芝来说，它的生长期越久，药效积累就越丰厚。而人工栽培灵芝的生长期只有 1～3 个月，再加上采用了无性繁殖的养殖技术，导致药效一代不如一代；其次，野生灵芝中富含 2 种有效成分——有机锗和有机硒。它们具有调节机体免疫功能、清除自由基、抗衰老、抗氧化、抗突变、抗癌、促进新陈代谢的作用。而在人工栽培的灵芝中，有机锗和有机硒的含量却很低；此外，由于野生灵芝是纯天然生成，上面没有农药残留，食用起来更加健康，也更加环保；而人工栽培的灵芝在大棚中生长，往往有农药残留，如果清洗不当，吃下去反而对健康无益。这些便是野生灵芝优于人工灵芝的地方。当然，野生灵芝是中药界的翘楚，它的产量很少，比较难买，不过，在一些老字号药店内还是可以找到这种地道的药材的。

挑选野生灵芝时，还有几个小诀窍需要大家掌握。第一，我们在购买时应该挑选菌盖大的，这样的野生灵芝比较成熟，药性足；第二，有一些药店出售的野生灵芝都是切片的，这类也不宜选择，往往质量较差的野生灵芝才会拿来切掉；第三，在购买前闻一闻灵芝的气味，好的野生灵芝闻起来有微香味，而伪品或者质量差的灵芝淡而无味；第四，野生灵芝周围常伴生磨菇和有毒植物，因灵芝的吸附能力较强，一些有毒植物的花粉及有毒植物茎、杆、叶内的毒素都有可能被灵芝吸附。所以，在购买野生灵芝之前，最好请专家鉴定其是否有毒。

◆ 灵芝煎汤，清肺的效果最好

一般来说，用灵芝煎汤清肺的效果是最好的。这里给大家介绍 2 个适合普通家庭的妙用方法：取野生灵芝 10 ~ 20 克，放入养生壶中，加水 500 ~ 1800 毫升，煮 10 分钟即可。因为野生灵芝汤的口感不太好，喝起来苦苦的，所以你可以根据个人口味加入适量的大枣、枸杞子调节口感。你还可以滤出灵芝水泡绿茶饮用。

如果家中没有养生壶，不妨采用传统的煎煮方法。只是需要提醒大家的是，煮野生灵芝不宜用铜、铝、铁锅，应选用砂锅、不锈钢器皿或玻璃器皿。那么我们该如何制作呢？取灵芝 15 克，山药 30 克，将二者洗净，共同放入砂锅中，用大火煮开，再转小火煮 1 个小时左右，倒出药液，再煎第 2 次，最后将 2 次汤液合并即可服用。

作为清养手段，野生灵芝汤要坚持喝上一段时间才能看出效果。当你感觉肺部变得清爽，喉咙里没有痰，而呼吸也变得轻松时，就是这味“仙草”在起作用了。真心希望野心灵芝能够走进大家的生活，添加进人们的食谱，给每一个需要它的人送去健康的福音。

用鱼腥草保卫呼吸道，不再惧怕“雾霾病”

导读

在民间，食补药方是由来已久的传统之一。医中有食，食中有医，我们同样可以通过一些药膳汤羹来对抗空气污染。这里为大家介绍的鱼腥草茶，具有很好的消炎解毒的功效，可以减轻空气污染对机体的毒害作用。此外，对于肠炎、痢疾、尿路感染、痔疮、过敏性皮炎、高血压、肺炎、癌症等，鱼腥草都是它们的“克星”。

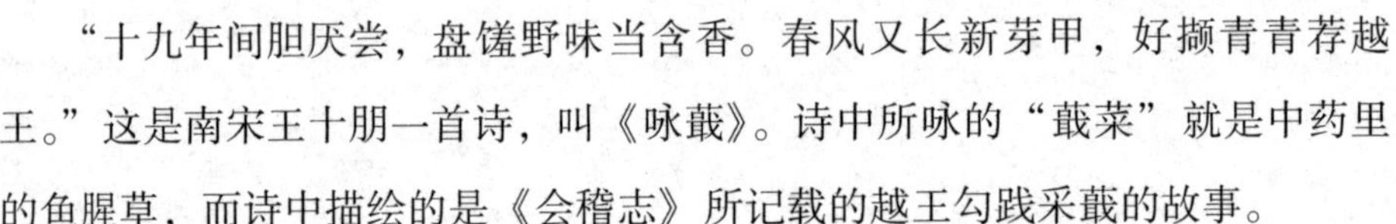

“十九年间胆厌尝，盘馐野味当含香。春风又长新芽甲，好撷青青荐越王。”这是南宋王十朋一首诗，叫《咏蕺》。诗中所咏的“蕺菜”就是中药里的鱼腥草，而诗中描绘的是《会稽志》所记载的越王勾践采蕺的故事。

传说，越王勾践在吴国做了俘虏，他忍辱负重假意百般讨好夫差，才被放回越国。回国后，勾践卧薪尝胆，发誓一定要使越国强大起来。但天不遂人愿，在他回国后的头一年，越国遭遇了罕见的灾荒，百姓无粮可吃。为了与越国人共渡难关，勾践翻山越岭亲自寻找可以食用的野菜。在多次亲尝野菜后，勾践终于在蕺山上发现了一种可以食用的野菜。它的生长能力特别强，总是割了又长。就这样，越国人靠着这不起眼的野菜渡过了荒年。而挽救百姓生命的野菜，就被勾践命名为“蕺”。因这种野菜有较强的鱼腥味，所以又被称为鱼腥草。

鱼腥草除了可以当作野菜食用，还是一味安全有效的抗生素，能够清热、消炎、抗病毒、抗辐射。据记载，1945年8月6日，为迫使日本投降，美国在日本广岛投下了人类历史上第一颗用于实战的原子弹，广岛在瞬间被夷为一片平地。原子弹爆炸产生的大量热线、放射线和巨大的冲击波，致使很多人都出现了恶心、呕吐、腹泻、皮肤瘀斑、脱发、咽部溃疡坏死、全身出血、发热等放射症。

由于广岛医务人员很少，药品和卫生材料奇缺，所以当地的居民纷纷改用民间疗法进行自救。当时，广岛人服用最多的1种中草药就是鱼腥草，并且有11个人因服用它而健康地活了下来。在这11个人中，当时距离爆炸中心最近的有700米，最远的才2500米。其中有1对姐妹，姐姐在爆炸当天便出现高热、鼻出血等症状，3天后陷入昏迷，醒来时她发现母亲正在给自己喂服鱼腥草，此后她连服1年，身体慢慢恢复健康；她的妹妹在核爆炸时身体没有特殊不适，所以未服鱼腥草，没料到1个月后突然出现发热、脱发、腹泻、便血等核辐射症状，一度处于濒死状态。这时，她也开始自服鱼腥草，最终脱离了死神的魔爪。反观那些在当地医院接受正规治疗的病人，大多于发病2周后死亡。

◆药食两用的救命草

小小的鱼腥草，作为一种药食两用的救命草，不仅填饱了古代越国百姓的肚子，还拯救过当代许多遭受原子弹之害的广岛无辜平民。由此可见，它有着其他药草无法比拟的良好功效。中医认为，鱼腥草味辛、性微寒，入肺经，可以镇咳平喘、消痈排脓、利尿通淋，常用于治疗呼吸道感染、支气管炎、扁桃体炎、肺脓肿等。

尤其是最近，全国很多地方雾霾天气都比较严重，有不少人出现了上呼吸道感染，典型症状是发热、干咳不停、嗓子痒痛。此时，除了要做好必要的防护措施外，不妨喝一些鱼腥草水消炎，连续服用3～7天，一般人群基本都能痊愈。众所周知，金黄色葡萄球菌、流感嗜血菌、肺炎链球菌等病菌，是让我们发热、咳嗽、嗓子疼的罪魁祸首，而鱼腥草中的鱼腥草素可以有效抑制这些细菌的生长，进而帮助我们有效防治呼吸道感染。这一招对于老人和小孩特别实用。因为一般的退热药和抗生素，对于老人和小孩来说不良反应比较大，而鱼腥草是食物，性质平和，非常安全。

对鱼腥草的抗霾效果我深信不移。前一阶段，我家楼下的张大妈因雾霾患上了扁桃体炎，她又是吃药又是打针地折腾了一阵子，炎症还是消不下去，每逢气候变化她的扁桃体就会肿起来。一天，她走进一家药店，想再次寻找治疗这种病的特效药，无意中遇到一位坐堂的老中医。老中医为她把了脉、看了舌象，告诉她用鱼腥草泡水喝或者当菜吃就能痊愈。张大妈将信将疑地买回几两，按照老中医的方法开始食用。开始时吃，她觉得又腥又涩，难以下咽，渐渐地，张大妈发现这种药草有一股说不出的清香。更值得惊喜的是，她的扁桃体炎竟然奇迹般地痊愈了，再也没复发过。张大妈现在逢人就夸赞，“这鱼腥草啊，真是抗霾的宝贝”。

◆烟民、呼吸道疾病患者的福音

你是否因雾霾引发了一系列的呼吸道不适呢？如果是这样，不妨也经常饮用鱼腥草茶。鱼腥草茶的制作非常简单，只需将少许新鲜鱼腥草择去杂质，用清水洗净，沥干水煮沸，吃时可加红糖调味。需要注意的是，不要像熬其他中药那样长时间地煮鱼腥草。对于干品鱼腥草，久煮后抗炎成分也会挥发掉。怎么煮呢？抓一把鱼腥草，放半锅冷水，稍稍盖过鱼腥草就可以，大火煮开以后，等2分钟，马上关火，把药汤滗出来就可以喝了。煮过的鱼腥草不要倒掉，下次喝的时候还可以加水，用同样的方法煮1次后饮用。一共可以煮3次，正好够一日的量。这道鱼腥草茶适合在雾霾多发季饮用，常用于雾霾引起的咳嗽、痰多、鼻炎等。

如果你是个“上班族”，每天实在没有时间用鱼腥草煮水，同时，你也是一个烟民，那么就可以用鱼腥草干品泡茶喝。鱼腥草是特别适合烟民的药材，它能清肺热、解烟毒。准备一些晒干的鱼腥草，每天取 15 ~ 30 克，用沸水冲泡，焖制 10 分钟，代茶频繁饮用，不仅能缓解雾霾引发的不适，还能减轻吸烟对机体造成的损害，有效预防慢性咽炎、气管炎，甚至肺癌等疾患。不要嫌麻烦，这个小小的习惯会为你将来的健康带来莫大的好处。

第五节

枇杷全身都是宝，润肺止咳有奇效

导读

咳嗽是一种最为常见的呼吸道症状。由于雾霾天气引发的咳嗽，在用抗菌消炎、止咳药无效的情况下，可采用一种简便的治咳方法——服用枇杷。枇杷具有润肺养肺、祛痰止咳、预防流感等功效，那些身处空气污染环境、经常吸烟饮酒、频繁熬夜者，以及教师、歌唱家等人群经常食用，对健康非常有益。

枇杷在我国已有2200多年的栽培历史，浙江的塘栖、福建的莆田、江苏的洞庭、安徽的歙县都是我国著名的枇杷产地。枇杷果肉柔软多汁，酸甜适度，风味佳美，营养丰富，深受人们的喜爱。而且因为它秋日养蕾，冬季开花，春来结子，夏初成熟，承四时之雨露，备四时之气，因此颇受医学专家的青睐，被誉为“果中之皇”。

◆神奇的“黄金果”

一提到枇杷，我就不禁想起一个用它来治病的故事，这个故事在民间已经流传很久了。很久以前，塘栖的东南面有个小村坊，村里有个小伙子名叫阿祥，他自幼与母亲相依为命，是个出名的孝子。一年，阿祥的母亲突然得了一种哮喘病，整日咳个不停。阿祥为了给母亲治病，访遍了方圆百里的老中医。可他母亲的病不仅没有治好，反而愈发严重了。一天晚上，阿祥做了一个神奇的梦。梦中有一位白胡子老头，一边捋着胡须，一边笑眯眯地对他说："有一种黄金果，生长在超山的山坳里，到现在为止还没有被人发现。你去把它连果带叶都摘来，果子鲜吃，树叶拿来煎汤吃，你母亲的病保证能够除根儿。"白胡子老头刚说完，阿祥就从梦中惊醒了。虽然这只是个梦，阿祥却当了真。次日天没亮，阿祥就直奔超山而去。费了九牛二虎之力，他终于找到了白胡子老头所说的"黄金果"。

阿祥采了一大筐野果子，并摘了许多树叶回家。他一进家门，就直奔母亲的床头而去，从那筐里取出了几个黄金果叫母亲服下。说来也怪，阿祥的母亲吃完果子后，马上感到气喘的症状缓解了不少。阿祥见状，又跑到厨房，将摘来的黄金果叶子放在药罐里，煎汤给母亲吃。阿祥的母亲一边吃着阿祥采来的黄金果，一边喝阿祥用那黄金果树的叶子煎成的汤。一连服用了 7 天，奇迹出现了，那四邻八乡的医生都看不好的咳嗽病，竟然完全康复了。这个消息很快就在村子里传开了，乡亲们得知是一种神奇的黄金果治好了咳嗽病，便到超山把那棵黄金果树挪回村里。在阿祥的带动下，这个小村庄里家家户户全都种上了黄金果。时间一长，人们见这黄金果的树叶长得像琵琶，便开始把黄金果叫为"枇杷"了。就这样，枇杷慢慢地遍植整个塘栖，日复一日，年复一年，塘栖一带便形成了"五月塘栖树满金"的景象了。

传说毕竟只是传说，其真伪性我们无从考证，但是利用枇杷治疗咳嗽的事例在医学上却比比皆是。走进药店，你也会发现许多种以枇杷为主制成的止咳糖浆，足以证明，枇杷是润肺止咳的良方。

◆润肺止咳，枇杷果、叶、核、花、皮、根均有效

为什么枇杷会有如此神奇的功效呢？咱们看看它的营养分析就知道了：

枇杷中所含的有机酸，能刺激消化腺分泌，对增进食欲、促进消化吸收、止渴解暑有一定的作用；枇杷中含有苦杏仁苷，能够润肺养肺、止咳祛痰，治疗各种咳嗽；枇杷有抑制流感病毒的作用，常吃可以预防四季感冒；枇杷富含人体所需的各种营养元素，是理想的保健水果。关于枇杷的疗效，早在很多年前就得以证实，我国医学经典著作《本草纲目》指出，枇杷能“润五脏，滋心肺”。中医认为，枇杷味甘、酸，性平，具有润肺止咳、止渴和胃、利尿清热的功效，可以生食，也可以制成枇杷膏、枇杷露，常用于治疗咳嗽、胸闷、多痰、咳血等症。所以，当你出现口干、烦渴等不适时，不妨买几个鲜枇杷生吃，这比服用西药的效果要好得多，而且没有任何不良反应。若将鲜枇杷加冰糖熬煮服用，可以有效改善由扁桃体发炎引起的咽喉红肿、疼痛。

不仅仅是枇杷果实，枇杷全身上下都是宝，其叶、核、花、皮、根均可入药。我们再来看看枇杷叶，其入药历史非常久远，具有清肺胃热、降气化痰功能，常用于治疗肺热干咳、胃痛、流鼻血、胃热呕秽等。取枇杷叶30克，款冬花9克，生甘草6克，以水煎服，可治疗慢性支气管炎；取鲜枇杷叶50克，竹茹20克，陈皮10克，以水煎服，可治疗肺热咳嗽；取枇杷叶5克，焙干为末，以茶水调服，可有效治疗鼻出血；取枇杷叶、陈皮各20克，甘草15克，生姜6克，水煎服，还可以治疗咳嗽、呃逆不止。

枇杷核也是1味常用的中药材，它味苦，性平，具有化痰止咳、疏肝理气的功效，主治咳嗽、疝气、水肿等症。对于雾霾天里咳喘不停的人来说，一般是取枇杷核9~15克，捣碎煎水喝，每天饮用2~3次，每次100毫升左右，喝时可以加入一些蜜糖改善口感。相比枇杷的各部位，枇杷核在保存上还是占有优势的，它可以干燥、保存到秋、冬季节再使用。值得一提的是，我们将枇杷核捣碎后，需要取出枇杷仁，这是因为枇杷仁有毒，容易在人体内水解产生有毒物质氢氰酸，氢氰酸被人体吸收后，容易导致食用者窒息或死亡，所以我们在煎枇杷核汤时千万要扔掉枇杷仁。

说完了叶和核，再来说说枇杷花。其味淡，性微温，具有解表止咳的功效，主治伤风感冒、咳嗽咳痰等症。在冬、春交换的季节里，空气污染比较严重时，感冒、咳嗽常有发生，很多人干咳不止，此时可以去药店买点枇杷花泡水喝，效果是非常不错的。这是我一位广东朋友推荐的小偏方，我就亲身体会过它的好处。前些天，我去广东出差，不料因经历了气候的骤然变化，我的身体突感不适，先是喉咙被痰液困扰，接着被干涩隐痛感所纠缠，最后竟发展为说话声音沙哑、吞咽如撕裂般疼痛。这时当地一位朋友建议我用枇杷花熬水喝。正好他家院内有一棵枇杷树，枝头满满都是洁白的花骨朵，他便采下一些送给我。我照着他提供的方法试了一下，熬出的汤看起来很像红酒，带着淡淡的枇杷气味，芬芳四溢，入口甘甜。我每天喝一两杯，到了第 3 天，喉咙的症状就明显减轻了。喝上 1 周后就不再难受。现在就把这道枇杷花茶与朋友们分享一下：取枇杷花 20 克，洗净，加适量清水熬煮 1 个小时即可饮用。有条件的人在喝时最好放入 1 小匙枇杷花蜂蜜，这种蜂蜜一般在超市就能买到。如果买不到也没关系，在熬煮枇杷花时放入适量的冰糖，同样能起到化痰润肺、止咳润喉、清火解热的作用。

有句话叫吃葡萄不吐葡萄皮，其实我们吃枇杷时也不要吐掉枇杷皮，因为它也是一味良药。枇杷皮又称枇杷木白皮，功效与枇杷叶相似，鲜枇杷皮咀嚼咽汁可以治疗呃逆少食，取枇杷皮 30 克水煎服，可以治疗呕吐。需要提醒大家的是，目前市场上有许多水果在种植时都洒了农药，我们在煎煮枇杷皮时，一定要将其洗净消毒才行。

至于枇杷根，功效也不可小觑，其味苦，性平，能够有效治疗虚劳久咳和关节疼痛。取新鲜的枇杷根 40 克，洗净，切碎，水煎服，还可以治疗肺结核、咳嗽等症。

怎么样，枇杷是不是功效显赫呢？如何利用枇杷缓解咳嗽引起的不适，大家都知道了吗？每年三四月是它盛产的季节，久咳不愈，经常咽喉疼痛、鼻流清涕的人群千万不要错过。除此之外，身处空气污染环境、经常吸烟饮酒、频繁熬夜者，以及教师、歌唱家等人群也应该多多食用枇杷。

第六节

雾霾天嗓子肿痛，请胖大海来帮忙

导读

胖大海常用于声音嘶哑、咽喉疼痛、干咳无痰、头痛目赤、热结便秘以及用嗓过度等情况，对于外感引起的咽喉肿痛、急性扁桃体炎等咽部疾病也有一定的辅助疗效。尤其现在的气候，时不时就有几场雾霾，人们常感口干舌燥、咽痒不适，这时服用胖大海，便可起到生津润燥、养阴护肺、预防感冒的作用。

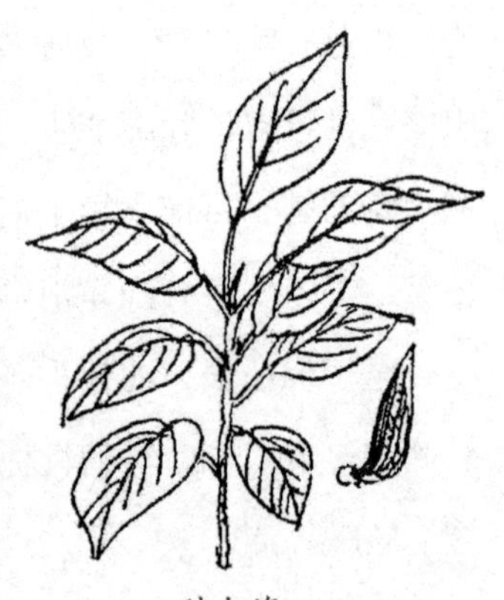
胖大海

因为长期吸烟和熬夜加班的缘故，年仅 33 岁的王先生健康频频出现报警信号，不仅咳嗽次数增多、痰黄黏，还常伴有大便干结、腹部肥胖的症状。王先生非常苦恼，于是决定要远离香烟。他先是利用零食戒烟，每当有吸烟的冲动时，他就嗑瓜子、吃口香糖，结果虽吸得少了，体重却直趋而上。后来他在淘宝上看见“电子烟”广告，一冲动他又买了 4 个疗程，可惜电子烟根本没有广告上说得那么神奇，虽然芳香四溢烟劲却极小，每次吸完都要去吸真烟，几次三番，他的吸烟量比原来还多。一天，王先生无意中听到某健康讲座中说，中药胖大海有清肺作用，对吸烟引起的干咳失声、咽喉燥痛等具有很好的效果。王先生便去药店买了 5 枚胖大海，按照讲座中的方法，他用胖大海1 枚，甘草5 克，泡茶服用。没想到才服用了1 天，他咳嗽的次数明显减轻了许多，当天的排便也变得顺畅了。王先生自认为捡到了宝贝，为了巩固药效，他又服用了几天，身体的不适症状渐渐减轻。

◆落入寻常百姓家的“中药明星”

说起胖大海，想必人人都非常熟悉。它就是一味落入寻常百姓家的“中药明星”，其清除肺热、止咳化痰的效果非常好，老百姓很喜欢泡服胖大海来保护嗓子。有些人是因为气候干燥，嗓子不舒服；还有些职业人士，如教师、歌唱演员等，用嗓过度，也会觉得咽喉不适；更有些烟民长期吸烟，落下慢性咽炎的毛病，他们都很喜欢喝胖大海茶。不过，这小小的、黑黑的胖大海真有如此神奇的功效吗？未必每个人都能说得清了。

胖大海又名大海、大海子、大洞果、大发，因其一得沸水，裂皮发胀，几乎充盈了整个杯子，由此得名。胖大海味甘、性凉，归肺、大肠经，中医认为，它具有清肺热、利咽喉、解毒、润肠通便之功效。常被用于声音嘶哑、咽喉疼痛、干咳无痰、头痛目赤、热结便秘以及用嗓过度等情况，对于外感引起的咽喉肿痛、急性扁桃体炎等咽部疾病也有一定的辅助疗效。尤其现在的气候，时不时就有几场雾霾，人们常感口干舌燥、咽痒不适，这时服用胖大海，便可起到生津润燥、养阴护肺、预防感冒的作用。

那么，胖大海怎么服用才好呢？人们惯用的方法就是用它泡水喝。你可以使用胖大海 2 ~3 枚，用沸水浸泡 10 分钟后加适量蜂蜜即可饮用。这种泡水的方法不仅能够改善声音嘶哑、咽喉肿痛等症状，还能够清热润肠、通利大便，对便秘患者极为有益；你也可以选择金银花、苦桔梗、蝉衣、薄荷、麦冬、菊花、桑叶等中药来与胖大海进行搭配使用，如胖大海配伍蝉蜕，可以治疗肺气不宣所致的失音；配伍鱼腥草、芦根等，可用于治疗肺热引起的咳嗽等。

总之，用胖大海泡水的方法有很多，建议大家将它与其他中药配伍使用。比单服 1 味中药更为科学，更为显效，安全性相比也更高。不仅仅是胖大海，任何中药都是如此，都要遵循一个简单的用药原则：如果想长期使用，就不要单用。即使是高贵的人参，长期服用还是会有不良反应。从中医学的角度来说，药物有其性味寒热，长期使用会造成体质偏向，也就是说，要长期使用的药，最好是根据体质，配伍完整的处方，对身体才能有更好的帮助。

这里，为大家推荐一款大海甘味润喉茶，材料是胖大海 2 枚，甘草 5 克，冰糖适量。胖大海和甘草都可以在中药店买，很多超市卖茶叶的地方一般也有出售。具体做法是将胖大海和甘草用清水冲净，放入壶中，倒入开水，再放入冰糖，盖上盖子，闷 5 分钟即可饮用。方中的胖大海有甜甜的味道，能够清肺化痰、利咽开音；甘草是补气药材的 1 种，回味甘甜，能够调和其他药材的烈性，起到清热解毒，润肺止咳的作用；冰糖则可以养阴生津，润肺止咳。三者合用，对喉咙肿痛，扁桃腺炎有一定的辅助治疗作用。对于上班族来说，每天要早早出门，不可避免要吸进很多污染颗粒物，来到公司后不妨泡 1 杯大海甘味润喉茶。还有一些嗓子不太好和经常用到嗓子的朋友，闲来无事喝上 1 杯，咽喉方面的小毛病便一扫而光了。

除了这道简单的茶饮外，还有一款美食也可以帮助我们减缓雾霾天引发的不适，它就是胖大海镇雪梨，具体步骤是：取雪梨 500 克，胖大海 40 克，冰糖 200 克。将雪梨洗净，去皮、去核，装入盆内，再放到蒸笼里蒸 15 分钟，之后下笼凉凉，切块待用；胖大海用热水泡开，加入冰糖，凉凉后，将雪梨块倒入胖大海冰糖汁中，再放到冰箱中冰镇 30 分钟即可装盘上桌。这道胖大海镇雪梨清凉爽口，绵甜可口，有别于中药的苦涩、难以下咽，非常适合家庭使用。而且它清热利咽，宽胸润喉的功效特别好，价钱也不贵，可谓一举多得。

◆胖大海茶虽好，可不要贪杯

需要提醒大家的是，上面提到的胖大海茶饮和膳食，千万不要频繁使用。尤其是胖大海茶，不能作为我们日常的唯一饮品。为什么呢？因为胖大海虽然可以药食两用，但毕竟“是药三分毒”，它与百合、莲子、红小豆这类药食同源的品种并不相同，它属于纯中药，饮用过后是需要通过肾脏、肝脏将其毒性排出的。如果不辨病因、不分体质而长期喝胖大海泡水，往往事与愿违，不仅加重病情不说，还会给健康带来一定的隐患。

现代药理研究证实，胖大海药性偏凉，能促进小肠蠕动，有泻下的作用，肠胃不好的人若长期服用，会引起腹泻和身体消瘦，对于本身已有腹泻的患者，如果长期服用胖大海，则使病情进一步加重；胖大海还有降血压的作用，血压正常或血压偏低者长期服用，会产生血压过低的现象；由饮用胖大海茶引起的过敏反应也有很多，如全身皮肤发痒、口唇水肿、头晕、心悸、恶心等，严重时甚至会危及生命。因此，我们在服用之前应先咨询医生或营养师。

原则上来说，胖大海要“对症使用，见效就收”。比如急性扁桃体炎，用胖大海 3 ~5 枚，开水泡服 2 ~3 天，症状缓解后就要停用；而由风热感冒引起的咽喉燥痛、声音嘶哑，用胖大海搭配甘草泡茶饮用，也只能喝 2 ~3 天，若有效果就应停用，未见效果即属不对症，就应该去医院看医生了。

第七节

金银花，清肺解毒的药铺“小神仙”

导读

要想从根本上摆脱雾霾对机体的威胁，饮用具有清肺排毒功效的金银花茶不失为一种明智的选择。每天出门前饮上一些，不仅能够让你顿感肺部畅通，气管舒畅，而且能够让你在室外有效地避免PM2.5的吸入，即使你不慎吸入了“毒气”，金银花茶也可以协助机体尽快排出毒害物质，清理干净我们的肺部，从而让我们远离雾霾的威胁。

细心的你也许能够察觉到，在商城中，在药店里，买口罩的人越来越多，更有甚者还在网上订购了防毒面具。也许你看到这里觉得滑稽，可这不都是PM2.5害的吗？一波接一波的雾霾天气严重摧残着我们敏感又脆弱的呼吸道，PM2.5携带着细菌和流感病毒一次次攻破人体自身的防御系统，引发上呼吸道感染、肺炎等多种疾病。面对当前对抗雾霾基本靠风的现实窘境，百姓的安全感少之又少，于是很多人为口鼻“门户”加上了一道“防火墙”，各式各样的口罩也随之脱销。如果你佩戴的是经过卫生部门认证的N95型口罩，那么对阻挡PM2.5等颗粒物是有一定效果的。反之，如果佩戴的是普通的纱布口罩，PM2.5这样的微小颗粒依旧可以从口罩缝隙中钻入你的体内。有的朋友看到这里肯定着急了，难道雾霾不走，我们就要一直接受PM2.5的毒害吗？当然不是，要想从根本上摆脱其威胁，饮用具有清肺排毒功效的金银花茶不失为一种明智的选择。

金银花又名双花、二宝花、银花，主产于山东、河南、浙江等地，为忍冬科植物忍冬的干燥花蕾。它的花成对腋生，长管状的花冠，像是高唱着恋歌，花初放时洁白如玉，数天后变为金黄，黄白相映，新旧相参，鲜艳悦目，金银花的美名也正是由此而来。

关于金银花，民间有一个感人的传说：相传很久以前，在江南某山区住着一对老夫妻，他们靠开药店为生，膝下有一女，长得如花似玉，常在发间插上黄白色花朵，人们叫她金银花。金银花生性聪明，从小跟随父母配药方，懂得许多药物的功效和用法。有一年，村里闹瘟疫，患者上吐下泻，不少人被病魔夺去了生命。金银花跟着乡亲们遭此磨难，一心寻找灭瘟方，经苦心钻研，几番试验，终于配成一种“避瘟汤”。从此，求药者络绎不绝，金银花名声大扬。这时有户权贵人家看中金银花，要给自己的傻儿子说亲，并扬言道：“如若不许，休想开药店！”金银花秉性刚烈，又藐视权贵，以死相抗，撞死在柱子上。乡亲们为纪念金银花的恩德，把她安葬在风景秀丽的山岗上。次年，金银花的坟头长出一簇簇金黄、银白相间的鲜花，分外妖娆，人们把这种花叫金银花。

◆功效非凡的“草根明星”

说起金银花最重要的功效，想必大家都知道，那就是清热解毒。宋朝文人张邦基在《墨庄没录》中记载了一则故事：崇宁年间，平江府天平山白云寺的几位僧人，从山上采回一篮野蕈煮食。不料野蕈有毒，僧人们饱餐之后便开始上吐下泻。其中 3 位僧人由于及时服用鲜品金银花，结果平安无事，而另外几位没有及时服用金银花的僧人则全部枉死黄泉。由此可见，金银花的解毒功效非同一般。

金银花之所以能够解毒，是由它的性味而决定的。据中医药典所记载，金银花性微寒，味甘。性微寒说明它能够清热，是一种可以清热的圣药。而在中医理论中，“毒”和“热”总是相生相伴的。大家在哪个季节最容易食物中毒呢？自然是在夏季了。如果体内的环境像夏天一样湿热，是不是容易滋生细菌和病毒呢？所以我们说大部分的清热药同时具有解毒的功效，金银花也是如此。如《本草纲目》中所说：“金银花，善于化毒，故治痈疽、肿毒、疮癣……”所以，自古以来，金银花常被用于治疗温病发热、热毒血痢、痈疡等症，也用于风热感冒、支气管炎等病症。

我们都知道，凡是能清热解毒的中药大多是苦寒的，而苦寒之药通常又比较容易伤胃，但金银花却是个例外。据统计，全国 1/3 的中医方剂中用到金银花。正因如此，金银花被誉为“药铺小神仙”，历代医家对它都颇为重视。古方银翘散就是以金银花为主药，而以此方加减所成的银翘解毒散，就是治疗感冒、咽喉炎、口腔炎和某些皮肤疾病的要药。

由于金银花清热解毒的功效非常好，所以在长江以南各省，尤其是广东、广西等地，一到了夏季，人们就会饮用金银花制品来清热解暑、清疮祛痱、保护食欲；在我国农村也有这样一个习惯，在端午节前后，给儿童喝几次金银花茶，可以预防暑季热疮的发生；在盛夏酷暑之际，喝 1 杯金银花茶，又能预防中暑、肠炎、痢疾等症。

除了清热解毒，金银花还有一个作用，那就是延年益寿。明代李时珍在《本草纲目》中就说它有“久服轻身长年益寿”的作用；1500 年前的一代名医陶弘景，对金银花则更是推崇备至。他在著作中写道：“忍冬（即金银花），煮汁酿酒饮，补虚疗风，此既长年益寿，可常采服，而仙经少用。凡易得之草，人多不肯为之，要求难得者，贵远而贱近，庸人之情也。”你看，陶弘景在为金银花遭人轻慢而叫屈呢！在清代宫廷中，慈禧喜常用金银花泡茶饮。乾隆皇帝的养阴抗老方“延寿丹方”中也少不了金银花。然而自清代以后，金银花的延年益寿作用却逐渐被人们所遗忘，这不能不说是一件憾事。

这里，把金银花隆重推荐给大家，无论是夏天你出门旅行，还是在户外从事重体力劳动或高温作业，经常食用金银花，对于健康而言无疑是极为有益的。

◆常饮金银花茶，消除雾霾“后遗症”

如今，雾霾天气的持续导致空气污染日趋严重，空气污染会导致人体呼吸系统免疫力降低，从而引发呼吸道疾病。每个人都想利用绿色疗法祛除病痛，中医药由此变得走俏，而享誉医界的抗病毒名花金银花也脱颖而出，成为大家关注的热点。

可以肯定的是，金银花正是治疗和预防人体呼吸系统疾病的重要用药选择，能够有效帮助人体战胜一些雾霾“后遗症”。现代药理研究证明，金银花中含有肌醇、黄酮类、皂苷及鞣质等，对金黄色葡萄球菌、痢疾杆菌等多种致病菌均有较强的抑制作用，对于流感病毒、上呼吸道感染也有着抑制的作用；金银花能够促进淋巴细胞转化，增强白细胞的吞噬功能，进而增强人体免疫力；除此之外，金银花还具有明显的抗炎以及解热的作用，并且使用安全、无毒副作用。如今，国家中医药局开出的预防治疗 H7N9 型禽流感，药方中的金银花依然是首选。可见，这位“药铺小神仙”绝非浪得虚名。

日常生活中，很多人习惯饮用金银花茶来治疗咽喉肿痛和预防上呼吸道感染，方法非常简单：取金银花 20 克，煎水代茶或泡茶饮，每日 1 剂。每天出门前饮用 1 杯，不仅能够让你顿感肺部畅通，气管舒畅，而且能让你在室外有效避免 PM2. 5 的吸入，即使你不慎吸入颗粒物，通过饮用金银花茶，也能有效地帮助我们排出吸入的 PM2. 5 毒害物质，清理干净我们的肺部，有效提高机体的抗病毒能力和免疫力，从而让我们战胜雾霾“后遗症”。

现在药店里有一种叫金银花露的药水，是颇受人们欢迎的夏季时令药。它就是以金银花为原料，采用现代工艺加工而成的。每逢炎暑，人们往往会买上几瓶金银花露，用来防病祛暑。其实金银花露的制法很简单，可以自行配制：取金银花 50 克，加水 500 毫升，浸泡半小时，然后先猛火后小火熬 15 分钟，倒出药汁，再加水熬，取二煎药汁，还可第 3 次加水取汁。最后将数次药汁一并盛装，加盖后放入冰箱备用。代茶饮服，可饮用 3 天。若加些冰糖和少许橘皮，味甜清香，可作为夏令常服的保健饮料。还可以取金银花 30 克，陈皮、山楂各 20 克，桔梗 10 克，或者金银花、桑叶、菊花各 20 克，陈皮 10 克，加冰糖少许代茶饮，此种金银花露适合于各个年龄段的人服用，有清热解毒、预防咳嗽的作用。

最后要提醒大家的是，虽然金银花代茶饮对预防感冒具有一定的作用，但是人们在饮用时一定要掌握好金银花的用量，否则效果会大打折扣。另外，市场上良莠不齐的金银花药材也影响了金银花茶饮预防呼吸系统疾病的功效。近些年，金银花造假现象层出不穷，除了用便宜的山银花冒充金银花外，更有不法商贩用硫磺熏制金银花，以次充好。我们在选购时，一定要从形、色、气、味等方面进行识别。

正品金银花长 2～3 厘米，表面黄白色或绿白色，气清香，味淡、微苦；如果表面呈棕色或红棕色，则多由红腺忍冬或山银花冒充，有的是陈旧药材或因存储不当造成的；如果金银花柔毛、腺毛模糊不清或不可见，则小心是不法商家为增加重量，在金银花中掺了滑石粉或面粉；另外，在全国的金银花产区中，尤以金银花原产地河南封丘县产的金银花质量最好。封丘金银花历来就是金银花中的上品，据《封丘县志》记载，乾隆皇帝御用延寿丹以金银花为主，封丘金银花自乾隆年间被列为“宫廷贡品”，我们能买到那里出产的金银花则是再好不过了。

第八节 PM2.5 发威，吃点无花果滋润下嗓子吧

导读

近几年，一种名为“雾霾”的天气突然闯入大家的视野，成为百姓们关注的焦点。目前我们应对它的有效方法就是少出门、戴口罩、安装空气净化器等，再有就是多吃具有清肺、排毒、润喉等功效的食物或中药，用无花果煲汤就是其中一种不错的保健手段。经常服用，可以滋润我们发干、发痒、疼痛的嗓子，减弱雾霾天气对我们的伤害。

每逢秋、冬二季，空气本就十分干燥，很多城市还常被大雾所笼罩。雾天的能见度极低，所以全国大部分高速路都被关闭了。雾霾天气在影响交通的同时，也给疾病打开了方便之门，正如民谚所说的“秋冬毒雾杀人刀”。起雾时，空气中飘浮着大量的颗粒、粉尘、病毒等有害物质，特别是直径小于10 微米的气溶胶粒子，如矿物颗粒物、海盐、硫酸盐、硝酸盐、有机气溶胶粒子、燃料和汽车废气等，它们都会严重刺激到人体敏感的呼吸系统，久而久之，喉炎、气管炎等疾病也就“光顾”了。其实，在日常生活中，我们可以通过食疗来达到预防呼吸道疾病的效果。尤其在秋、冬季节，食用无花果能有效起到祛痰止咳的滋补作用。

◆美食良药无花果

无花果，又名天生子、文仙果、密果、奶浆果等，为桑科植物。它原产亚洲西部地区，汉唐时期引入我国栽种，现分布于新疆、四川、江苏、山东、河南等地。在《圣经》和《古兰经》中，它又被称为生命果、太阳果，当今时代，它还被誉为21世纪人类健康保护神。很多人觉得这种植物之所以被称为无花果是因为"不花而实"，其实无花果并非无花，只是其花托肥大而花朵细小才惹人误会。

无花果是一种营养丰富的风味水果，可加工成果干、果脯、果汁和用果汁酿酒等，同时它又是一种具有极高药用保健价值的中药材，其果、叶均可入药。我国古代典籍对其多有记载，如《本草纲目》所记载："无花果味甘平，无毒，主开胃、止泄痢、治五痔、咽喉痛"；《滇南本草》中说其"主清利咽喉，开胸膈，清痰化滞"；《本草补遗》指它治"五痔肿痛、煎汤频熏洗之，取效"；《云南中草药》认为其有"祛痰理气"的作用，"治咳嗽痰多，胸闷"；《福建中草药》还介绍无花果可"治肺热声嘶：无花果五钱（15克），水煎加冰糖服"，凡肺热咳嗽多痰者宜食之；而维吾尔族药书中也有72种病用无花果来入药。

通过上述药书所载，我们可以看出，无花果用途甚多，其中清利咽喉的作用较为突出。中医认为，无花果性平，味苦，入肺、脾、大肠经，可治疗消化不良、肠炎、痢疾、便秘、痔疮、喉痛、痈疮疥癣等病症。现代科学研究同样证明，无花果的确是一种不可小视的果品，含有丰富的蛋白酶、淀粉酶、酵母素，以及钙、磷、镁、铜、锰、锌、硼等多种人体必需矿物质和微量元素。尤其是维生素C的含量最高，是葡萄的20倍。经常食用无花果，可以保护咽喉，提高人体免疫力，还能有效预防疾病。

民间流传有不少无花果疗疾的验方：比如有的人用无花果泡茶，方法是取无花果 2 枚，冰糖适量，用开水冲泡，代茶频饮。咽喉肿痛时，喝点无花果茶会减轻疼痛，使呼吸道迅速恢复健康。对于肺热、声音嘶哑等人群而言，服用冰糖无花果茶，则可起到祛火消炎的作用；有的人常常鲜吃无花果，用以治疗痔疮出血，大肠癌患者用此方也有辅助治疗的作用；还有的人将无花果焙干磨粉，时常服用，可加速伤口复原，用以治疗消化道溃疡颇有疗效，此方对于痔疮、习惯性便秘、慢性胃炎、慢性肠炎、小儿腹泻等也多有良效。

这些用无花果治病的验方中最令人感兴趣的是预防癌症。据《常氏方》所记载："无花果不拘量，水煎内服，每日 3 次，可治胃幽门癌。"现代医学研究发现，无花果含有多种抑癌活性物质，能抑制、破坏癌细胞蛋白酶的生成，使癌细胞失去营养而死亡，且对人体健康细胞无任何不良反应。因此，无花果不仅是追求高品位高质量生活、享受保健防病养生乐趣人群的必用果品，也是所有肿瘤患者极佳的首选食用果品之一。

◆无花果煲汤，有效应对雾霾天气

眼下，天气反复无常，一波接一波的雾霾严重摧残着我们敏感又脆弱的呼吸系统，很多人出现了咽部疼痛、声音嘶哑、咳嗽、吞咽困难等症状，此时，你不妨将无花果搬上餐桌，食用无花果菜肴来滋润一下干痒的嗓子。尤其是雾霾天在外奔波的男人，再加上烟酒的摧残，急需无花果这个"健康守护神"的关怀。这里，为大家推荐两道以无花果为主的防霾汤水。

第一道药膳是无花果炖猪肺，有清肺、润喉、止咳的功效，平时多多食用，就可以让咽喉保持水润状态。用料是无花果（干）100 克，猪肺 1 个，大枣 2 枚，陈皮、老姜各适量。首先，要将猪肺彻底清洗干净，反复灌水清理内部，再将猪肺切成块，在滚水中焯 1 遍。然后，把切好的猪肺放入砂锅，加清水烧开，撇去血沫，加入干无花果、大枣、陈皮和老姜，转小火煲 90 分钟即可食用。建议大家保持此汤的原汁原味，尽量不要放精盐。这道药膳主料用的是猪肺，民间有“以物补物”的说法，故食用猪肺对清肺很有益处，对吸烟过量造成的肺损也有一定的作用。需要注意的是选购猪肺时一定要买颜色粉红，外观整洁无异样的新鲜货，发灰发白的猪肺就不新鲜了；药膳中的无花果擅长清热解毒，对咽喉肿痛有较好的滋润效果，常食还能清肺去痰，增强人体免疫力。这道甘甜可口的汤饮适合在雾霾高发季服用，也是感冒者、疲劳者、长期抽烟的烟民以及肺火旺者的最佳选择。

雾霾天气让生活在大都市的人们中毒不浅。我有一个朋友，受雾霾影响嗓子疼得厉害，最严重时根本吃不进饭。他的老婆和他有类似的症状，嗓子疼，扁桃体肿起老高。即便他们出门戴口罩，回家用雪梨煮水，还是不管事。朋友打电话向我求助，我告诉他，无花果是润喉的“高手”，用它煲汤滋润喉咙的效果最好。他抱着试试看的态度去药店买了一些回来，同时买回了 1 具猪肺，按照前面提到的方法煲汤食用。没过几天，他和他老婆的症状就减轻了。为了加强效果，每当煮粥时他还会在里面放 2 枚无花果，既美味又营养。

除了无花果炖猪肺外，再为大家推荐一道汤饮——无花果百合润肺汤。原料是：百合 30 克，无花果 5 个，北沙参 15 克，猪瘦肉 18 克，陈皮 1 片。首先，将无花果洗干净，对半剖开；瘦猪肉洗净，飞水；北沙参、陈皮、百合分别洗净。然后将所有材料一起放入已经煲滚的水中，继续用中火煲约 2 个小时，最后加少许精盐调味，即可饮用。这道汤中的 3 味主料，即百合、无花果和北沙参均有养阴润肺、润燥清咽的作用，加上营养滋阴的瘦猪肉和行气健脾、燥湿化痰的陈皮，不仅可以滋润喉咙，保护声带，还能通畅大便，可谓好处多多。

所以，如果你正在为雾霾天气所烦恼，正在经历喉咙肿痛等难言苦楚，不妨尝试一下无花果带来的神奇效果吧！

第九节 常饮麦冬茶，赶跑恼人的慢性咽炎

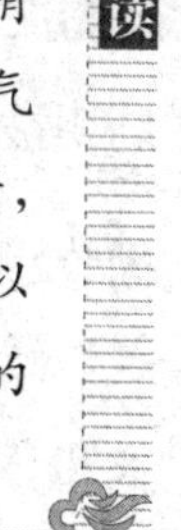

导读

我们知道，雾霾天气中的空气是有毒的，而这样的天气，对于有慢性咽炎的患者来说很容易导致旧病复发。原因是吸入过量的有毒气体，加重了气管的负担。即使对于没有咽炎“前科”的朋友来讲，雾霾天气里也应注意避免引起此类疾病。专家建议经常用嗓的人群以及慢性咽炎患者适当服用麦冬，如饭前饮用麦冬茶就是一种不错的选择。

不知你是否留意过，中医大夫开药方时常写下“二冬”两字。其实，“二冬”就是天门冬和麦门冬的简称。因为这 2 种药的药效相似，而且经常放在一起使用，所以被简写成二冬。

二冬中的天门冬，是百合科植物天门冬的块根，首载于《神农本草经》。古代医家对它推崇有加，认为其可以强身健体，益寿延年，还将很多生动案例记载于医书中。比如，李时珍引晋代葛洪《抱朴子》中说：“将天门冬做成糕饼状，服用百日后，可使人倍加强壮，其补益作用强于白术和黄精。若服 200 天，可强筋壮骨，使人永葆年轻。”

现在，我们重点要介绍的是“二冬”中的麦冬。麦冬为百合科多年生草本植物麦门冬的块根，又叫麦门冬、沿阶草、书带草。这种植物外表很不出奇，其花色彩淡紫，没有牡丹等花艳丽，也没有幽香的气味。然而，这种植物的叶片很多，冬天常青不焦枯，呈飘带一样的形状，当一阵微风吹过时，麦冬的叶子随风起舞，看起来非常淡雅，极具书香气，人们习惯用它来点缀花圃、阳台、书屋，所以自古就有诗云："看似寻常草，用法不一般。虽不登大雅，点缀胜天仙。"

◆我们身边的麦冬

麦冬入药具有哪些神奇的功效呢？中医认为，麦冬味甘、微苦，性寒，有滋阴之功，能养阴生津、润肺清心，并具有润肠通便的作用。其既善于养肺胃之阴，又可清心经之热，是一味滋清兼备的补益良药，常用于外感燥邪，肺阴被伤而干咳无痰或痰少且黏，以及痰中带血等症。此外，经现代药理学证实，麦冬还含有多种甾体皂苷、氨基酸、葡萄糖、维生素、钾、钠、钙、镁、锌、铬等营养物质，能够有效治疗心律失常，防治心血管疾病，还有提高机体抗饥饿的能力、增强机体免疫力、清除体内自由基、降低血糖的作用。

如今，雾霾天气的出现，导致我们工作环境中的空气被粉尘、化学气体污染，加之烟酒、辛辣饮食、精神压力等外因刺激，所以很多人都患上恼人的慢性咽炎。对于原先患有本病的人群来说，空气中颗粒物的增加，也会使旧病复发，进而出现鼻子干燥、喉咙干痛、口渴、干咳、声音沙哑、恶心等症状，严重影响到他们的正常生活。这时怎么办？别急！麦冬就可以派上用场。麦冬对付慢性咽炎是很有一套的，尤其能够抑制外界污染诱发的慢性咽炎复发，经常使用，可有效抵御颗粒物和细菌对咽喉的伤害。

◆麦冬与玄参，天生好伴侣

我有一位朋友，3 年前曾是慢性咽炎患者。每当植物开花的季节或是遭遇雾霾天，他的慢性咽炎一准发作，非常难受，吃了很多药也没起作用。我了解了他的情况后，建议这位朋友去药店抓一些麦冬和玄参，二者搭配，用开水冲泡，代茶饮用。令人非常惊喜的是，他只喝了2天就有效果了。他又服用了半个月左右，直到现在，他的慢性咽炎再也没发过病。

如果你也有上述症状，或者你从事教师、矿工等职业，不妨试着煲点麦冬和玄参汤喝。这2味药不仅可以对付慢性咽炎，还能治疗其他常见病。有的朋友不仅会问了，为什么要用麦冬配伍玄参呢？之所以这样使用，是因为玄参与麦冬天生就是一对“好伴侣”，互相搭配使用可起到增强疗效的作用。玄参味甘、苦，可清热凉血，泻火解毒，对瘰疬痰核、痈疽疮毒、咽喉肿痛等均有很好的疗效；其性寒，所以还可以用于治疗肺热咳嗽等热性病；又因为玄参色黑，中医认为，黑色是肾的颜色，故玄参入肾经，可滋养肾阴，对阴虚火旺导致的咽痛、眼睛干涩、便秘等颇有疗效。从功效上来看，玄参可清热滋阴，对实热和虚热均有疗效，它与麦冬有相似的地方，也有互补之处，二者合用可成为一个很好的“药对”。正因如此，中医专家便研制出了著名的玄麦甘桔汤，此方专门治疗咽喉疾病，已被开发成中成药，常见的有玄麦甘桔颗粒冲剂，方便人们直接使用。

你若不想服用中成药，那么也可以在家煲制麦冬玄参汤，同样能有效缓解慢性咽炎等症状。原料是麦冬、玄参各25克，蜜枣5枚。将麦冬、玄参洗净、浸泡1个小时；蜜枣洗净。在瓦煲内倒入1800毫升的清水，煮沸后加入以上用料，武火煲滚后改用文火煲1个小时，即可饮用。麦冬玄参汤有滋阴利咽的功效，非常适合因空气污染、烟酒过多、频繁熬夜而导致咽喉肿痛、风火牙痛、口干声嘶、心烦口渴者。此外，此汤还有润燥止渴、养阴安眠、润肠通便的作用，对以肺燥为主的糖尿病、阴虚火旺型失眠、津液亏损所致的便秘也有显著的疗效。生活中一些朋友工作很忙，没时间为自己煲汤，那么可化繁为简，取玄参5克，麦冬3克，冰糖10克，放入开水冲泡后饮用。

除了麦冬玄参汤外，大家还可以饮用“二冬茶”。此方就用上了前面我们说过的天冬，也用到了有清咽利肺功效的罗汉果。具体制法是：取麦冬、天冬各5克，罗汉果1枚，放入茶杯中，开水浸泡后饮用。这道茶有清咽润燥、止咳化痰的作用，对干咳有很好的治疗作用。我们都深有体会，每到秋、冬季节，大多数人就会出现干咳现象，尤其是中老年人，常被口燥咽干、干咳少痰等症状所困扰，病情迁延不愈。那么，为什么人在秋、冬季容易发生干咳呢？这是因为秋、冬季节的更替往往致使雾霾高发，而且这2个季节气候非常干燥。中医认为，“肺为娇脏，喜润而恶燥”，肺脏如果受到燥邪的侵袭，我们就会出现干咳等肺脏受损的症状。此时若及时服用二冬茶进行治疗，常能收到不错的效果。

当然，是药三分毒，这个道理连小孩子都知道。只要是药物就有一定的毒副作用，对人体或多或少都会产生一些毒副作用。麦冬作为一种有非常多养生功效的中药材，也是药物的一种，并不适合每个人食用。麦冬性寒质润，滋阴润燥的作用比较好，但假如我们的身体没有毛病，或是脾胃虚寒、气虚明显，这时再用麦冬来调养的话，反而会引发痰多口淡、胃口欠佳等不良反应，使我们的身体越来越糟。任何一种食物或中药都是如此，只有学会正确使用，才能恰到好处地发挥功效。

第十节 养肺首选白色食物，白色食物首选百合

导读

百合质地肥厚、甘美爽口，是营养丰富的滋补上品，擅于润肺止咳、清心安神，对肺结核、支气管炎、支气管扩张及各种秋燥病症有较好疗效。熟食或煎汤，可治疗肺痨久咳、咳唾痰血、干咳咽痛等症。雾霾降临的日子里，我们多吃一点百合，就可以有效保护肺脏，减轻肺部引发的一系列的症状。

百合

雾霾肆虐的天气真的很难让人接受，整个城市灰蒙蒙一片，我们每次出门都好像“雾里看花”。很多人害怕雾霾的侵害，终日躲在自己的小屋里不敢出门，可即便这样也不能避开咳嗽的侵袭。一天，我的好友从药店买回不少中药，说是药店人员推荐的，都具有润肺止咳的功效，仔细一瞧，有罗汉果、金银花，还有1味是百合。前2味药我们都说过了，但是百合却没提起。相信很多人对百合并不陌生，尤其是经常光顾饭馆的人，肯定特别熟悉一道素菜“西芹百合”，它看起来白绿相映，素雅清纯，吃起来清爽淡脆，可口宜人。

◆养肺食疗话百合

那么，你了解百合具体有哪些功效吗？我们现在就来仔细说一说。百合是植物百合的肉质鳞叶，它的品种繁多，口味各有不同。全世界的百合大概有上百种，其中我国就有 60 多个品种，如江苏宜兴百合、浙江杜百合、安徽的宣百合、甘肃兰州百合、湖南麝香百合等。百合是营养丰富的滋补品，可蒸可煮，可汤可饮，或入菜肴、汤羹，与百合相关的美食不断地推陈出新，勾人胃口。

百合不仅是一味美味可口的佳品，还是以养阴润肺为主旨的防治疾病的中草药名品。它作为药用有着悠久的历史了，最早记载于《神农本草经》，用于治疗疾病已有 2000 多年的历史，备受历代医家推崇。比如东汉医学经典著作《金匮要略》中即有治疗肺伤咽痛、咳喘痰血等症的名方“百合固金汤”，以及百合地黄汤、百合鸡子汤等，后世还有百花煎、百花膏等方。用药所取的百合，即百合科植物的鳞茎，因其瓣片紧抱，“数十片相摞”，故名“百合”。人们常将百合看作团结友好、和睦合作的象征。民间每逢喜庆节日，常互赠百合，或将百合做成糕点之类食品，款待客人。

《神农本草经》记载，百合“味甘、平，主治邪气腹胀，心痛，利大、小便，补中益气”。它不仅可以养阴润肺，治疗阴虚肺热之燥咳，还可以清心安神，治疗虚烦惊悸、失眠多梦等，或因过食煎、炒、油炸食品后感觉燥热时食用。在广东省，人们就很喜欢用百合、莲子煲糖水喝，以润肺正气。目前，中医常用百合组方治疗口腔溃疡、白塞氏综合征、慢性咽喉炎、肺结核等，效果非常好。作为药材的百合延传至今，更多的本领也逐渐展露出来。医学研究证明，百合主要含秋水仙碱等多种微生物碱和蛋白质、脂肪、淀粉、钙、磷、铁及维生素家族等营养物，有营养滋补之功，有利于镇静催眠，医治神经衰弱，并对肝癌有较强抑制作用。因此，百合日益走入家庭，成为百姓宠爱的保健食品。

◆小小百合，解救你的肺

近几年一进入金秋，空气质量便迅速下降，雾霾出现越来越频繁，加之气候干燥，正是肺部特别容易受到侵袭的时候。尤其是在大城市上班的朋友们经常早出晚归，而早、晚时间段是雾霾污染最严重的时间，所有很多人年纪轻轻就出现了肺部疾病。这个时候我们应该选用具有润肺降燥功效的食物，给自己的肺穿上滋润温暖的外套。中医认为，补肺的食物首选白色，因为按照传统理论，白色入肺，而洁白如雪的百合正是首选，常食百合可以补肺润燥、止咳祛痰、补养身体、增强呼吸道的自洁功能，使人精神焕发、消除疲劳。

那么，百合怎么吃才健康呢？一般来说，以百合煮粥最养肺。记得小的时候，我的奶奶就经常为我煮百合粥。有一年夏天，我患了感冒，终日咳嗽不止，吃了好多药也不见好转。那时候，刚在课本上学过鲁迅先生写的《药》，里面写华老栓的儿子华小栓得了痨病，整日咳嗽，华老栓拿出所有积蓄买一块蘸了革命者鲜血的馒头给孩子吃。结果，华小栓还是没有好，最后死了。看完后，我突然害怕自己也像华小栓一样死掉，就担忧地问奶奶，自己是不是得痨病了？奶奶告诉我，你的肺部确实有些炎症，我给你熬点粥喝就没事儿了。我不相信，喝粥哪能把病喝好啊！只觉得奶奶是在安慰我。谁知，喝了一段时间之后，我的咳嗽竟奇迹般地好了。我好奇地问奶奶，你在粥里面加了什么，竟然能治咳嗽？奶奶说，其实也没什么，就加了一些百合而已。这也正是我对百合的养肺功效深信不疑的原因。

百合粥如何制作呢？做法很简单，取百合 50 克，粳米 60 克，先将百合与粳米分别淘洗干净，放入锅内，加水，用小火煨煮。等百合与粳米熟烂时，再加入些白糖或冰糖就可以了。这道粥对于患有慢性支气管炎，久咳不愈、咯血的人，以及一些身体虚弱、脾胃不适、心烦失眠的中老年人而言有较好的滋养作用，脾气暴躁的人食用也不错。用百合煮粥还可酌情加入其他食物或中药，如加入同样是白色食物的银耳，有滋阴润肺的功效；加入绿豆，则可加强清热解毒之功效；加入薏仁米，则可以提高抗癌之力。

此外，清蒸百合也是一道兼顾美味与营养的养肺菜，不仅如此，这道菜方便快捷，无技术含量，尤为适合平时工作很忙的人士。具体怎么做呢？将百合掰瓣，洗净，装盘。加一匙高汤（不可多加），上锅蒸 10 分钟左右。出锅后，撒上葱丝和一匙酱油，淋上少量热油，就可以了。在比较繁忙的时候，我会用微波炉蒸百合，大约 2 分钟就可以了。蒸出来的百合软软的、松松的，入口即化，对老人小孩都适宜，女人更是应该多吃。而且对于食物来说，能煮就不要炒，能蒸就不要煮，这样更具有营养价值。

不过，百合虽好，也非人人皆宜。首先，百合系甘寒滑利之品，药性偏于寒凉，对于素来脾胃虚弱、肠胃虚寒、经常腹泻的人，则不宜用，以免引起或加重腹泻；其次，百合味甘而质润，主要用于阴虚之慢性咳嗽，而外感风寒咳嗽则不可用，以免“闭门留寇”。

第八章

狙击雾霾，消除病痛：如何减轻雾霾对人体的危害

雾霾不散，感冒发威

导读

病毒喜欢和阴霾在一起，阴霾的到来可谓是病毒泛滥之时，大量尘埃、烟粒、盐粉等杂质浮游在空中而形成霾，PM2.5 进入呼吸道会刺激并破坏气管黏膜，导致其抵抗病毒、细菌进入肺部组织的功能下降。因此，雾霾天感染呼吸道疾病，特别是体质较弱者感冒的风险会增加。

前一阶段，我的一个朋友在微信朋友圈里发了一张相片，那是她和她妈妈以及女儿的合影，背景是医院的输液室。相片旁边还配有一段她窝火的文字：这雾霾天到底什么时候能结束啊？可把我们害惨了，一家5口人，有3个人感冒，现在集体来医院输液了。这么多年了，我们从来没有这么狼狈过。

这位朋友今年32岁，女儿4岁，家里总共5口人，她的老公在外地出差，最近，她、她的女儿、她的妈妈，都被感冒侵袭。最先生病的是她的女儿，朋友开始没当回事儿，去药店给女儿买回一些小儿感冒药，可是后来她发现，这药根本就不顶事。而她和她的妈妈也被传染了，最后她们一起来到医院输液。朋友很奇怪，为什么这次感冒来势如此汹涌，病情也比往常严重，换做以前，抗一抗就过去了。给她输液的护士告诉她，这次的流感和雾霾有一定关系。朋友环顾四周，医院里挤满了感冒、发热的人，连大大的输液室里也“座无虚席”，输液室门口刚刚安置新的椅子，一会儿就坐满了人。输液的基本是感冒、发热的患者，他们打喷嚏、咳嗽声不断，看来，这雾霾真是“毁”人不倦啊！

为什么雾霾会引发感冒呢？因为呼吸道是人们与自然界交流的一个“窗口”，是我们接触外界侵害的第一道关卡，最容易受到外来邪气的侵犯。雾霾天气的时候，大量的尘埃、烟粒等杂质浮游在空中而形成霾，其中 PM2.5 携带着大量病毒就会偷偷钻进我们的呼吸道，增加了人们患感冒的概率。而且，雾霾天气时，空气流动性差，病毒更容易快速繁殖和传播，从而造成呼吸道疾病的暴发和传染。

我们在前面说过，人们生病时，若是因为细菌的原因，使用抗生素进行治疗是有效果的，若是因为病毒引起的疾病，抗生素就派不上用场了，能与病毒对抗的只有人的抗体。比如霾害所致的感冒，其实 80% ~90% 的原因都是病毒感染，这种情况下，去医院输液，取得的效果微乎甚微，还可能会削弱人体的免疫力，倒不如老老实实增强自身的抗体功能。

◆赶跑感冒，请食物当医生

饮食在恢复机体免疫力方面具有相当大的影响力。当免疫功能提高了，感冒自然而然也就好了。下面，就为大家说一说感冒期间的饮食调理。

吃什么食物能对抗感冒呢？首先，就是多吃具有滋润效果的食物，因为感冒病毒喜欢干燥环境，多增加这类食物的摄入量，就可以让我们的鼻、咽喉、气管这些小环境保持湿润，这样才能彻底与感冒绝缘。比如多进食薏米、百合、莲藕等食物，它们都有非常好的滋润功效；也可以有意识地选择能清除体内燥热的食物，如白菜、萝卜、苦瓜、西红柿等。

其次，就是食用维生素 C 含量丰富的食物。诺贝尔奖获得者利纳·波林博士曾经写过一本书，叫《维生素 C 与感冒》。他在书里曾提到：“每天服用

1000 毫克的维生素 C，一个人得感冒的次数就可减少 45%，患病的天数可减少 60%。”之所以这样说，是因为维生素 C 对感冒病毒有一定抑制作用，还可以提高人体免疫力。水果是维生素 C 的最佳来源，它们属碱性食物，摄食后可维持机体一定的碱性环境，不利于病毒微生物繁殖。当然，水果的种类数不胜数，哪些维生素 C 的含量高呢？教给大家一个小窍门：选择颜色深的、味道酸的水果食用。比如杧果、黄杏、黄桃等深色的水果，维生素 C 含量比较高，对防治感冒有很好的疗效；而橘子、橙子等柑橘类的水果，普遍具有清热解毒的作用，能增强人体免疫系统的功能。所以，当你有了咽喉肿痛等感冒的症状时，就可以将柑橘类水果榨汁，兑入少许蜂蜜，再用温开水冲饮，轻轻松松就能把病治好了。

◆防止 PM2.5 侵害，进屋先做 3 件事

很多朋友感冒反反复复，即使当时治好了，但是没多久感冒又再次光临。这是因为，有一些病毒和 PM2.5 混在一起，沉积在人体的鼻腔、气管和肺部，而且，这些微小的颗粒一旦沉积，便不容易被人体重新呼出体外，年深日久、日复一日地侵害着身体，日后一到雾霾天，就容易再次“抛头露面”。专家建议，从室外回到室内，我们能及时将附着在身体上的霾清理掉，便可有效预防 PM2.5 对人体的危害。清理的方法很简单，只需做 3 件事：洗脸、漱口、清理鼻腔。

洗脸最好用温水，因为温水的去污能力比较强。条件便利的，每天可以洗 3 次，除了早、晚外，中午还要洗一洗，下午再继续工作。洗得勤一些，能减少这些有害气体中的有毒物质，通过皮肤吸收进人体；漱口的目的是清除附着在口腔的脏东西，可一天多次进行；其中，最关键的是清理鼻腔，因为很多细菌都在鼻腔内部囤积。

有条件的朋友可以到医院购买专业的鼻腔清理设备，假如觉得没有必要，也可以在家里完成对鼻腔的清洗。先准备一些生理盐水或温水，然后慢慢地吸入到鼻腔内部，待温水停留一段时间后可以像擤鼻涕一样将清水带出。对于现在的空气质量状况，对鼻腔的清洗最好一天进行 2 ~4 次，较为严重的感冒患者可以前往医院进行专业的清洗。

第二节

过敏性鼻炎，祸首是谁

导读

鼻子是人体的另外一扇窗户。除了病从口入之外，鼻子也是另外一个容易聚集病菌的地方。对于近期的雾霾天气，空气质量十分差，空气中含有的颗粒物大多数被鼻毛阻挡在人体外，较小的颗粒物将会伴随着人体的呼吸被带入到体内，有时细菌会在鼻腔内部，引发鼻炎。总之，我们要注意对鼻子的护理，将疾病扼杀在萌芽状态。

家住城阳的王女士最近可没少烦恼，她鼻塞厉害，头也疼，晚上睡觉都睡不好，严重影响了日常生活。前 2 天实在不能坚持工作了，她就到医院看医生。一检查，原来是鼻炎犯了。据了解，王女士从前就有慢性鼻炎，加上近期频繁出现的雾霾天气，鼻炎一下子就发作了，还诱发了鼻窦炎。就诊后，用治疗鼻炎的药物连续输了几天液，王女士现在好多了，症状减轻了，晚上睡眠也有所改善了。

一般来说，春、秋季节是鼻炎的高发季，而寒冷、干燥的冬天，一些儿童、老年人和免疫力低下的人，也很容易发生急、慢性鼻炎。尤其是近期的雾霾天气，鼻炎患者明显增多，他们基本表现有鼻塞、流鼻涕、头疼、头晕、全身无力等症状。

很多人觉得，鼻子不舒服无关紧要，忍一忍就好了，于是他们一遇到鼻干、鼻痒、鼻出血等症状时就乱买药治疗，甚至有的人还随便使用偏方。但鼻科专家告诉我们，这些症状易引起恶性疾病的发生，不要硬抗，应及时去正规医院看医生，否则很可能因为一时疏忽就导致更严重的后果。

◆鼻炎、感冒，傻傻分不清楚

还有不少人会陷入一种误区，他们一见自己流鼻涕就认为是感冒了。虽然感冒和鼻炎的表现症状确实有很多共同点，但是二者还是有着一些明显的区别的：感冒和过敏性鼻炎最主要的区别是感冒会造成浑身酸痛，并且会伴随持续性的头疼，而过敏性鼻炎只是局部不舒服。同时过敏性鼻炎会伴随人体内激素在不同时间产量的变化而变化。通常清晨是人一天中免疫能力最低的时候，这个时候症状会比较严重，到了下午或者晚上症状将会有所减轻，这也是过敏性鼻炎与感冒较为不同的一个特征。但是二者都将可能会因诊治不及时演变为鼻窦炎，甚至会造成眼眶感染导致视神经功能的下降。我们一定要分清二者之间的不同，并对症下药，以免耽误了最佳治疗时机而造成更加严重的后果。

◆学会擤鼻涕和熏鼻

鼻炎严重影响了人们的工作与生活，但是平时多加注意会起到预防的效果。比如雾霾天要尽量避免出门，出门时最好戴口罩，一方面可减轻对鼻腔的刺激，还能起到保温、保湿的作用。平时多饮白开水，多吃青菜和易消化的食物，有利于排泄病毒，改善身体内的环境。另外，还要学会擤鼻涕和熏鼻。

生活中，很多人擤鼻涕的方法都不正确，有的时候擤完鼻涕，耳朵会嗡嗡作响，甚至有的时候会感觉疼痛。这是由于过强的气压通过连接鼻咽部和中耳腔的咽鼓管，影响了耳内的压力引起的。如何正确擤鼻涕呢？首先要压住一侧鼻孔，并且保证不能让另外一侧的鼻孔排气受到影响。然后要轻轻地往外擤，但是要注意的是要擤哪边的鼻涕，就要将哪边的鼻孔朝上，这样更容易将鼻涕擤出。若这种方法仍然不奏效，就可以先将鼻涕进行回吸然后从口腔排出，这样可以避免因用力过大而造成的鼓膜下陷。

再来说说熏鼻，这种疗法是瑶医学的瑰宝，其历史悠久，源远流长，在历代史、志书中多有记载。实际上，熏鼻是一种给药途径，即将药物制成粉末、煎取药汁，或捣烂鲜品，或点燃药物，以鼻闻其气味，再从鼻子传达到身体的各个部分，最后达到治病的目的。就与人在冬天通过闻醋杀菌、预防感冒的意思一样。

如何操作呢？首先，准备菊花、白芷、辛夷花、苍耳各15克，木香、蝉蜕、千年沉樟、一枝蒿各10克，这些药剂为1次量。然后，将药材放入砂锅里熬煮，等到开锅之后3~5分钟开始熏鼻，将药液置于鼻下，趁热以鼻嗅其蒸气，每次5~8分钟，每晚熏1次即可。这种疗法对轻症鼻炎的预防和治疗效果很好，还可以治疗咽喉疾病、呼吸系统病症。

以上就是预防和治疗鼻炎的方法，只要我们平时做好日常保健，避免过多和过敏源接触，一旦发现病状及时就医，就一定可以拥有一个通畅舒适的鼻子。

第三节 远离结膜炎，挥别眼中的雾霾

导读

大家都知道在雾霾天气需要戴口罩来缓解其对呼吸系统造成伤害。殊不知眼睛的黏膜系统对粉尘及化学物质等也极为敏感。雾霾天因为气压低，会使角膜缺氧加重，眼干眼涩；空气中的微小污染物会刺激眼睛，从而导致眼部过敏或被感染，引发过敏性结膜炎等眼部疾病。

胡先生是一位高中教师，他最近课程比较多，每天晚上准备课件都到很晚，所以感觉眼干、眼涩越来越重。于是，胡先生到医院去检查。经过检查，医生告诉胡先生，他眼睛不舒服跟空气污染所致的雾霾天气有关，尤其在PM2.5数值较高的时候，空气中的微小颗粒物会附着在眼角膜上，引起眼部刺激症状。胡先生这才恍然大悟，原来一直以为PM2.5只会影响呼吸系统，没想到还会对眼睛造成影响。

与他相同“遭遇”的人有不少。王女士的儿子目前读五年级，这两天他的眼睛有酸胀感，在阳光下直流眼泪，医生检查发现其患了过敏性结膜炎。王女士一开始以为儿子用眼不卫生，滴点眼药水就好了，但情况一直没有好转。王女士怀疑这种疾病和雾霾天气也有关系。对此，医生表示赞同，之所以出现结膜炎，与眼下的雾霾天气有直接关系。医生告诉王女士，现在很多学生爱玩电脑、看电视，本来就用眼过度，外加上空气质量不好，雾霾天空气中很多细小颗粒物、微生物、病毒都会刺激孩子的眼角膜，在暴露在污染空气里待得稍久一点，便增加了受感染概率。

◆雾霾一重，眼病就加重

近期雾霾袭来，笼罩着大片地区，过敏性结膜炎的患者人数也逐渐增多。过敏性结膜炎又称为变态反应性结膜炎，是结膜对外界变应原产生的一种超敏反应。其典型症状是眼红和轻微刺痛，患者往往觉得奇痒难忍，眼睛易流泪，有时还会结膜充血，变成“兔子眼”。其他症状有流泪、灼热感、畏光及分泌物增加等，这些症状会随着季节的变化时好时坏。

温暖干燥的春、秋季是过敏性结膜炎的高发期，但冬季的雾霾、沙尘、寒风天气也会让许多人加入过敏性结膜炎患者的队伍。我们知道，霾的主要成分是空气中的灰尘、硫酸、硝酸等物质，这些物质极易对眼睛黏膜系统造成刺激因而导致非感染性结膜炎（化学刺激性结膜炎）。在一定的情况下容易合并感染性结膜炎，特别是在本身就有眼外伤的情况下，伤口有细菌感染风险。

对于因雾霾而导致的结膜炎，在治疗的过程中相当棘手。一是刺激性结膜炎往往合并细菌感染，二是结膜炎的发病机制主要是非特异性感染，也有免疫性和感染性机制的参与。对于不合并感染的单纯刺激性结膜炎（非感染性），医生一般会建议使用人工泪液和血管收缩剂，以稀释刺激物，减少血管对刺激物的吸收，同时润滑角膜表面，减轻症状。还可以使用抗组胺药和肥大细胞稳定剂来减轻免疫性因素治疗引发的炎症，以及使用非甾体类抗炎药来治疗非特异性炎症。对于病情严重者，使用其他药物治疗无效的患者可以考虑短期使用糖皮质激素。因为长期使用激素是不必要的，并且有引起激素性青光眼，并发性白内障等危险，所以特别提醒长时间生活在有灰霾地区的患者应有足够的重视。对于眼分泌物为黏液脓性的结膜炎患者，这意味着可能合并细菌感染，需要同时给予广谱抗生素滴眼液和眼膏，当然针对结膜囊培养后的药敏结果选用有针对性的药物效果会更好。

◆用食物呵护心灵之窗

出现过敏性症状时建议你及时就医，在医生的指导下用药，不要自行购买自认为正确的眼药水。与此同时，还要注意饮食调理，常吃保护眼睛的食物，主要包括以下几类。

富含维生素A的食物：缺乏维生素A的时候，眼睛对黑暗环境的适应能力减退，严重的时候容易患夜盲症。维生素A还可以预防和治疗干眼病，所以每天应摄入足够的维生素A。维生素A的最好来源是动物的肝脏、鱼肝油、奶类和蛋类。植物性的食物中含有的胡萝卜素可以在体内转化为维生素A，比如胡萝卜、苋菜、菠菜、韭菜、青椒、红薯以及水果中的橘子、杏子、柿子等。

富含B族维生素的食物：眼睛的视网膜中储存有相当多量的游离维生素B_2，B族维生素缺乏，会导致眼睛畏光、流泪、烧疼及发痒、视觉疲劳、眼帘痉挛。含B族维生素丰富的食物有全谷类、肝脏、酵母、酸酪、小麦胚芽、豆类、牛奶、肉类等。

富含维生素C的食物：维生素C是组成眼球晶状体的成分之一。如果缺乏维生素C容易患白内障，因此，应该在每天的饮食中注意摄取含维生素C丰富的食物，如新鲜蔬菜和水果，其中尤其以青椒、黄瓜、菜花、小白菜、鲜枣、梨、橘子等含量最高。

富含蛋白质的食物：瘦肉、动物的内脏、鱼虾、奶类、蛋类、豆类等食物含有丰富的蛋白质，而蛋白质又是组成细胞的主要成分，眼睛也不例外，组织的修补更新需要不断补充蛋白质。

富含钙质的食物：钙具有消除眼睛紧张的作用。豆类、绿叶蔬菜、虾皮、牛奶含钙量都比较丰富，烧排骨汤、糖醋排骨等烹饪方法可以增加钙的含量。每天保证喝 2 杯奶就能满足人体对钙的需求。

除了摄取益于眼睛的食物之外，平时尽量避免到闹市区，降低雾霾天气会对眼睛健康造成的伤害，这是预防和治疗眼部过敏最基本的方法。雾霾天气外出归来后，还要用湿毛巾擦脸、头发，洗鼻子，清理附着在头发、皮肤上的过敏源，降低与过敏源接触；PM2. 5 肆虐时，尽量不要开窗，避免室内环境受到污染，对眼部健康造成伤害。

第四节

与北京烤鸭一样出名的“北京咳”

导读

外国人称“北京咳”为空气污染下的一种城市病，表现为干咳咽痒，症状离开北京后就会缓解或消失。“北京咳”的说法会让很多外国人对北京的印象大打折扣，但更让人觉得尴尬的是，“北京咳”并非简单意义上的一句玩笑，而是已经真实地影响到了民众的生命健康。

近日，北京等全国多个城市近日遭遇的持续数天的雾霾天气，让一个略带玩笑意味的词语时髦了起来，那就是“北京咳”。有消息称，“北京咳”这个略带玩笑意味的叫法，竟然被外国人白纸黑字地印入了旅游指南。

其实，“北京咳”一词由来已久，早在1990年，国际扶轮社所办杂志上刊载的一篇文章写道：“……在北京，空气污染导致的呼吸疾病很常见，被称为‘北京咳’。”和北京烤鸭一样，北京咳近年频繁地出现在旅游攻略中。如果说“北京咳”当初只是个玩笑的话，那么，现如今这个说法已成为事实了。

什么是北京咳呢？北京咳主要是指居住在北京的外国人易患的一种呼吸道症候，它主要表现为咽痒干咳，类似外国人水土不服的一种表现，即来到北京后就会发作，离开北京后咳嗽又自然消失。对于长期生活在北京的人来说，似乎并未意识到“北京咳”，但是对于那些从异地刚踏入北京的人来说，这种症候却尤为明显。在外国人眼中，不止是来北京旅游或工作的外国人会咳嗽，连北京本地的人都在咳嗽。往往是外国人刚到北京，就发现出租车司机在咳嗽，早上走在小区里，很多窗户都传来咳嗽声。

经常往返于中国和法国的刘小姐就感觉到了“北京咳”的厉害。每次她一回北京，一下飞机就能感觉到空气中有股奇怪的味道，随之而来的便是喉咙不舒服，感觉鼻孔里都是灰，甚至喘不过气来。刘小姐说，她本身就患有气管炎，每次回来都提心吊胆，生怕老病复发。

宋小姐也出现了相似症状，她从国外回家探亲，刚到北京两三天，就不停地咳嗽。宋小姐的妈妈带女儿来到一家三甲医院，专家给女儿查了很久，却没查出明确的病因，检查结果是正常的。后来，宋小姐回到澳大利亚后，打电话告诉妈妈说，她的咳嗽莫名其妙就好了。

诚然，引起水土不服的原因很多，跟个人体质和生活习性有一定的关系，因此，少数人难以适应环境改变大可归结为个体差异。但人们到了某地后出现集体不适，往往就要从外界环境上找原因了。“北京咳”的背后，空气污染难逃其责。持续雾霾天气让积累的空气问题集中爆发，北京等地 PM2.5 不断“爆表”，屡创新高。这不能不为我们敲响警钟。

◆食物，保养王道

那么，当出现“北京咳”时，如何治疗呢？刚刚踏入北京的人又该如何预防这种反应？专家认为，一般性的轻度咳嗽，先不用药物治疗，可以通过饮食进行调理。

适当地进食一些具有养阴生津功效的食物，如百合、蜂蜜、梨、莲子、银耳、葡萄及各种新鲜蔬菜等，少吃辛辣燥热之品。百合煮梨水、银耳大米粥、莲藕大米粥、山药大米粥、大枣银耳羹，加入适量白糖或冰糖，均有一定的润燥止咳作用。

对于咽喉干痒者，还可以服用润喉片，特别是含有薄荷成分的润喉片，可以起到清凉作用。如果觉得喉咙干痒或者发炎的时候，要注意多饮水，多食用些润燥的、清淡的食物，少吃辛辣刺激性食物，还可以饮用些枸杞子茶、菊花茶等滋润的食物，可起到益肺养胃的效果。

有一个急救的办法，在平时大家喝的苦丁茶里加点蜂蜜。因为苦丁可以润口腔，并产生清凉的感觉，达到止痛的效果，而蜂蜜则可以解毒止痛，把苦丁蜂蜜水含在喉里，能起到很好地滋润咽喉的作用。

除了饮食治疗，生活上还要采取一些预防手段以避免雾霾伤人。口腔咽喉是呼吸系统的第一道关口，也是最先被伤及的部位。所以我们在雾霾天一定要戴口罩，推荐使用 N95、N99 医用口罩，这样过滤的效果高达 95%、99%。即使是雾霾天过后，空气中依旧存在颗粒分子，而这些遗留颗粒物将潜入你的呼吸道，让你重温“北京咳”，因此雾霾刚散去时也不宜在室外久留。另外，在家里亦或者在办公室，可以适当使用带消毒功能的空气净化器。空气净化器的作用是杀菌消毒、除烟尘、除甲醛，制造活力氧，这样可以最大程度避免空气污染、吸入颗粒物。因此，该是时候去正规商场选购一台靠谱的空气净化器了。

◆咳不怕，怕不咳，排痰为要

很多人一看咳嗽，不管三七二十一，马上去药房开药。咳嗽当时是止住了，可过后又会反复，甚至比从前的症状还厉害。其实，咳嗽有时是人体的一种防御反射和清扫机制，借以排出呼吸道内分泌物。偶尔会咳嗽几声，并不一定是病理现象，换句话说，可能是我们身体的一种自洁行为。而此时吃消炎药，会把呼吸道中的分泌物、吸进的污染物和致病菌反压回体内，虽然咳嗽症状能明显好转，但是体内的毒物却没有消除，用不了多久它们一定又会出来“兴风作浪”。

著名中医陈文兵先生曾经发博表示：“呼吸这种空气，咳是正常的，不咳的都不正常，会坐下病。赶明儿开设不咳门诊，把呼吸毒雾不咳的人，都调理成咳的，会排痰吐痰，把油腻腻的粉尘颗粒裹挟出来。咳的就别挂号了，继续咳吧！”中医专家之所以这么说，是因为他知道，通过咳嗽可以把呼吸道内过多的分泌物以及吸进的异物和致病菌排出，对呼吸系统能起到保护的作用。因此，大家再出现咳嗽症状时不应太过惊慌，在不影响生活和工作的前提下，轻症咳嗽是完全可以自行调理好的。

第五节

解除支气管炎的烦恼，动动嘴就可以了

导读

雾霾对气管的影响，从纵向角度可分为3个方面：感染（大多由灰尘、细菌与病毒引起）、过敏以及部分化合物引发的肿瘤发病提升。目前医学界已经证实，雾霾天会导致慢性气道性疾病以及肺癌的高发。

今年秋天开始，刘先生就感觉生活非常难熬，因为他每天咳个不停，反反复复不能痊愈。他每天睡觉时常常被咳醒，起床后第一件事也是咳嗽，这种痛苦不能言喻。刘先生买了很多止咳药，换着花样往嘴里塞，可一点作用都没有，上班时依然咳声不断。到医院检查诊断，刘先生得知自己患上了慢性气管炎。他把这个折磨他的秋季称为生命中的“多事之秋”，还打趣地对老友说：“幸亏我没赶上非典，要不就我这么咳，肯定被隔离了，妥妥的。”可他的朋友却白了他一眼说，“我看眼下的情况比非典那时候还糟糕，这空气污染人人都躲不掉啊。你现在还有闲心开玩笑呢！赶紧抓紧时间治疗吧！”

慢性支气管炎属于常见的多发病，特别在城市中多发。引起该病的因素有很多，比如吸烟。国内外的研究均证实，吸烟时间越长，烟量越大，患支气管炎的概率也就越高。而戒烟后可以使症状减轻或消失，病情缓解，甚至痊愈。

该病也可能是由感染引发的。刺激性烟雾、粉尘、大气污染（如二氧化硫、二氧化氮、氯气、臭氧等）的慢性刺激，常为慢性支气管炎的诱发因素之一。接触工业刺激性粉尘和有害气体的工人，慢性支气管炎的患病率远较不接触者高，所以大气污染也是本病的重要诱发病因。另外，在寒冷、干燥的秋、冬季节也容易引发慢性支气管炎。

不少人误以为，只要寒冷的季节一过，雾霾天消失了，对气道的刺激就会消失，慢性支气管炎就能自动痊愈。但专家对此看法却不尽相同。已有研究显示，雾霾对人体的影响在 5 年后会达到高峰。无论是哮喘，还是慢性阻塞性肺炎，疾病因刺激气道引起，如不加以控制，继发感染细菌、病毒，最终会导致肺功能减退，直至呼吸衰竭。因此，慢性支气管炎患者切不可掉以轻心。

◆保护好我们的气管

日常起居我们要学会“避风头”，空气质量不好的日子里，尽可能地减少出门，家中备有空气净化器的，可适当改善室内空气质量。PM2. 5 很可能吸附在我们的衣服、头发、皮肤等地方，所以每天回到家，要换洗衣服，勤漱口、擤擤鼻子、排排痰，这些都可以减少人体与 PM2. 5 的接触。此外，每天确保 8 个小时的睡眠，能提高免疫力，防止疾病反复发作。

慢性支气管炎患者不但要戒烟，而且还要避免被动吸烟，因为烟中的化学物质如焦油、尼古丁、氰氢酸等，可作用于自主神经，引起支气管的痉挛，从而增加呼吸道阻力；另外，还可损伤支气管黏膜上皮细胞及其纤毛，使支气管黏膜分泌物增多，降低肺的净化功能，易引起病原菌在肺及支气管内的繁殖，致慢性支气管炎的发生。

对一些有基础疾病史的人群，反复感染加重可能导致并发症，可在医嘱下应用胸腺肽、结核杆菌灭活糖蛋白，增强呼吸道免疫能力。一般而言，咳嗽持续3个月、有痰、呼吸气促、气短等人群，很可能是慢性气道高危人群，建议这类人群如年龄超过40岁，应每年进行肺功能检测，及时发现疾病苗头，尽早加以干预治疗，不可忽视病情发展。

◆中医止咳平喘有妙方

生活中，很多人常常被慢性支气管炎困扰，这里，我为大家推荐的几个止咳平喘的食疗方，经常食用，能增强肺部功能，有利于预防疾病。我们小区里好几位老邻居都得了慢性支气管炎，我给他们开了这几个偏方，效果都很好。

白萝卜生姜汤：取白萝卜120克，生姜片60克，白糖20克。加水1200毫升，以文火煎白萝卜、生姜片15分钟后，倒出煎液加入白糖，分早、晚2次服用。本品有润肺化痰、止咳平喘的功效，适用于咳嗽痰多、身体虚弱的慢性支气管炎患者。

冰糖银耳汤：取银耳、冰糖各10克。先将银耳用温水泡1个小时，去除根部，将银耳洗干净后，再泡在水里。然后，在锅里加入清水和冰糖，将锅放在火炉上。等冰糖溶解后，倒入容器中，将泡过的银耳放入冰糖水中浸泡。最后，把银耳放入蒸锅里蒸1个小时即可。本品不仅能治疗慢性支气管炎，而且是一道非常美味的甜品。

苏叶干姜汤：取紫苏叶30克，干姜3克，水煎去渣取汁，每日早、晚各服1次，每次服100毫升，10天为1个疗程，2个疗程间隔3天。此方对咳、喘、痰3种症状均有良好的疗效。用药后很多患者食欲增加，睡眠质量也提高了。

鲜藕冰糖汁：取莲藕500克，洗净榨汁，用100毫升（一小碗水）加冰糖20克（1勺）煮沸，糖溶化入水后倒入鲜藕汁中，趁热喝下，连服2次。将莲藕与冰糖炖食，不仅味道更加甜美、清爽，还能够治疗慢性支气管炎。此方适宜咳嗽痰多者服用。

高血压患者如何安然度过雾霾天

导读

这段时间北京的严重污染再一次成为焦点话题，在这样的污染天气里，不仅仅对于健康人有危害，对于高血压患者更是危险的。他们本身对日常食物和周围环境就很敏感，如果在这样的天气不加防护，很容易让高血压加重。

以前，大家习惯起床后打开收音机、电视机听新闻，听听天气预报，决定今天如何穿着。如今，大家起床后直接看手机，气温或是阴晴雨雪还在其次，最关键的是要看看当日的 PM2. 5 浓度。就这样，雾霾、PM10、PM2. 5 这几个词渐渐成为人们关注的热点。

空气质量好坏直接关系到身体健康。发表在国际期刊《高血压杂志》3 月刊上的一项新研究告诉我们，空气污染不仅伤肺，对心脑血管的影响也不容小觑。

中国医科大学公共卫生学院生物统计与流行病学系的研究人员，对此进行了为期 3 年的追踪研究。研究人员对 3 个城市共计 2. 5 万名左右的成年人进行了调查，监测他们生活的环境中空气动力学直径≤10 微米的颗粒（即 PM10），以及二氧化硫、二氧化氮等污染物的浓度。结果显示，每立方米空气中 PM10 增加 20 微克左右，人的平均收缩压和舒张压升高 1 毫米汞柱左右，罹患高血压的风险增加约1.2倍。二氧化硫、臭氧等污染物对血压的影响有着类似结果。由此可见，长期接触可吸入颗粒物，对高血压的发生有着不可忽视的影响。

◆加强体检，常做自测

要想防治高血压带来的危害，最主要的环节还在于早期预防。预防是处理高血压最有效的方法，否则等出现并发症就为时过晚。其实，高血压出现并不是完全没有症状，只是很多人忽略或者被其他问题所掩盖。

以下人群，尤其要着重关注自身的血压：家族中有高血压史者；偶尔会出现头晕或头痛，但无其他病史；有记忆力减退、注意力不集中、四肢乏力、疲倦、睡眠质量变差等情况，建议做好定期体检的工作，有条件的可以在家自测血压。

国际高血压组织更多地鼓励患者在家自测血压，因为有的人在医护人员为其检测血压时比较紧张，从而导致测得的血压值较高，这被称为“白大褂现象”。血压一时升高，并不足以作为诊断标准。只有患者恢复平静后，静坐或平卧时血压达到140/90毫米汞柱或更高，且在随后2天内不同时间至少再测定2次，才可作为诊断高血压的依据。此外，24小时动态血压也可辅助鉴别诊断。

◆天然的“降压药”，让高血压低头

很多人认为，降血压要靠药物，但不能否认，一些食物也被证明确有辅助降压的效果。从吃开始，学着保护血管健康，或许应该成为一节必修课。以下是降血压七大神奇食物，在雾霾天里，高血压患者适当进食。

香蕉：可用香蕉皮切丝状，加醋泡一下，再拌上苦瓜丝同吃，降压功效特别好。

山楂：将山楂洗净，沥干水，切片晒（烘）干，每天取 25 克，配决明子 15 克，菊花 10 克，以沸水冲泡代茶饮。山楂含有丰富的蛋白质、钙、铁、胡萝卜素和维生素 C 等。老年人经常吃山楂制品，不仅能保持骨和血中钙浓度的恒定，而且还有预防动脉粥样硬化、降低血压的功效。

大蒜：大蒜 30 克，放入沸水中煮 1 分钟后捞出，再取粳米 100 克放入煮蒜水中煮成稀粥后，重新放入大蒜再煮一会儿食用。凡有中度至重度高血压患者，连续几周每天食用大蒜，血压就可降至正常水平。

黑豆：黑豆 500 克，浸泡于食醋中 7 天，每天早、晚各吃 10 粒。专家认为，黑豆中含有大量能降低胆固醇的大豆球蛋白、亚油酸、卵磷脂以及降低中性脂肪的亚麻酸等，这些有用成分能软化、扩张血管，促进血液流通。

芹菜：将芹菜茎和叶都洗净，用刀切成段，放在开水中焯熟一下，捞出控干，加入咸盐、醋拌匀即可食用。芹菜富含多种维生素和微量元素，具有降低毛细血管通透性、加强维生素 C 功效以及降压的作用，是高血压患者的最佳保健蔬菜。

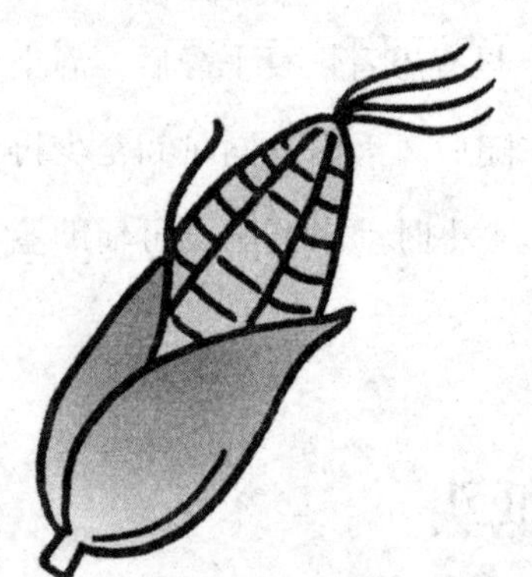

玉米：鲜玉米煮食，干玉米磨粉与红薯煮粥。上面的玉米须不要丢掉，与适量西瓜翠衣，一同煎汤代茶饮，每日 3 次，分早、中、晚饮用，降压效果也特别好。玉米含有较多的亚油酸、多种维生素和矿物质，具有综合性的保健作用，很适合高血脂、高血压患者食用。

荞麦：将荞麦洗净，放入盛有清水的锅中煮成粥。荞麦中含有一种能降胆固醇的成分芦丁。在喜马拉雅山南面的尼泊尔人，膳食生活中不但大量吃荞麦面，而且吃荞麦的茎和嫩叶，因此，当地的居民很少有人患有高血压。

除了多吃降压食材外，高血压患者还要结合病情适当安排休息和活动，每天要保持8小时睡眠与适当的午休，并在空气质量良好时，轻松愉快地与家人在林荫道、小河边、公园散步，这对绝大多数高血压患者都是适宜的。当然适当做广播体操、打太极拳，对保持体力，促进血压恢复也十分有好处。轻、中度高血压病人骑自行车、游泳也未尝不可。老年人及重度高血压患者，最好在医生指导下安排活动，切不可逞强斗胜，贪一时快活而造成终身遗憾。

第七节

别让哮喘成为都市流行病

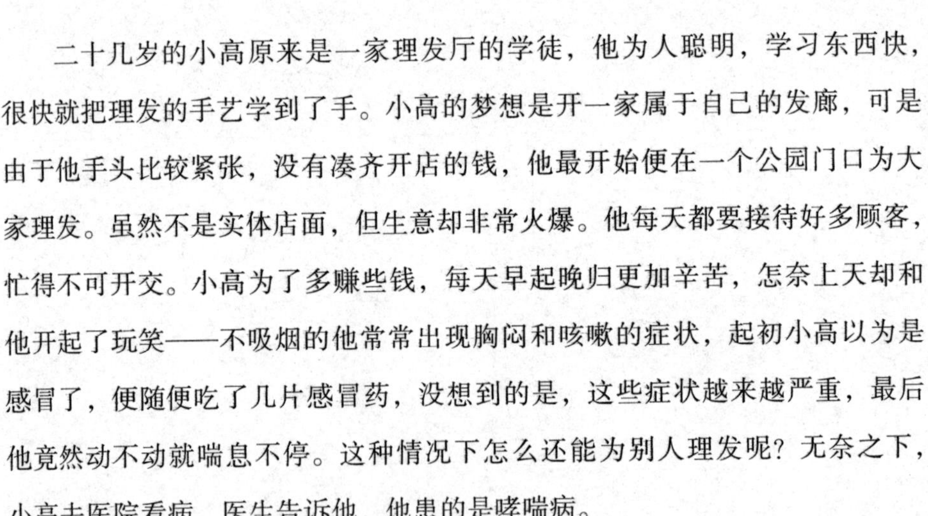

导读

环境因素是引发哮喘的重要诱因，此外还有一些诱发因素，包括吸入性抗原（尘螨、花粉、真菌、动物毛屑等）和各种非特异性吸入物（二氧化硫、油漆、氨气等）；而感染（病毒、细菌、支原体或衣原体等引起的呼吸系统感染）等，也可能是诱发哮喘的因素。

二十几岁的小高原来是一家理发厅的学徒，他为人聪明，学习东西快，很快就把理发的手艺学到了手。小高的梦想是开一家属于自己的发廊，可是由于他手头比较紧张，没有凑齐开店的钱，他最开始便在一个公园门口为大家理发。虽然不是实体店面，但生意却非常火爆。他每天都要接待好多顾客，忙得不可开交。小高为了多赚些钱，每天早起晚归更加辛苦，怎奈上天却和他开起了玩笑——不吸烟的他常常出现胸闷和咳嗽的症状，起初小高以为是感冒了，便随便吃了几片感冒药，没想到的是，这些症状越来越严重，最后他竟然动不动就喘息不停。这种情况下怎么还能为别人理发呢？无奈之下，小高去医院看病，医生告诉他，他患的是哮喘病。

◆雾霾对哮喘影响几何

我们本以为哮喘是老年常见病，但其实，现在哮喘呈年轻化的趋势，比如小高，正直壮年就被这种病所纠缠。大家有没有思考过这个问题，为什么哮喘会找上年轻群体呢？从客观条件来分析，这是由于职业因素决定的。比如我们前面提到的小高，他是一名理发师，平时会接触一些漂染剂，此外还会接触到顾客头发上的尘螨，外加他在户外工作，空气中的细菌、粉尘、飞沫等，都会刺激到他的肺部，致使胸闷、气短、喘息、哮鸣，常伴有咳嗽、咳痰等症状发作。除了理发师外，裁缝、兽医、制药人员、印刷人员、化验员、锯木工人、交警、环卫工人等，也会由于职业原因接触到过敏源，这些过敏源进入体内会侵犯到我们的肺脏。

从事上述一些职业本来对身体就有影响了，外加上现在的“鬼天气”，空气中四处都漂浮着有害物质，除了细菌、病毒等微生物外，还有各种化学物质，如二氧化硫、硫酸盐等。而且，雾霾天的水汽含量非常高，空气的流动性非常差，空气中的有害物质更易吸入呼吸道。由于吸入的有害物质是一种微液滴状态，一旦吸进去就很难呼出来，这些有害物质便黏到了气道壁上，并迅速地化开，使肺内的有害物质越集越多。因此，雾霾天气会给人的呼吸系统带来非常强烈的刺激，致使哮喘发生率增加。对于本身就是哮喘患者的人来说，雾霾天气极易使他们旧病复发，这些患者源源不断地吸进一些污染气体，刺激到本已很脆弱的呼吸道，加重自身的病情。若症状严重且救治不及时的话，还有可能发生猝死危及生命，因此哮喘患者一定要时刻注意疾病的防治，坚持规范的治疗。

◆治疗哮喘的 16 字原则

出现哮喘之后，到底能不能治好呢？当前人们对哮喘的认识存在两大误区：一是认为哮喘不可治，二是认为没有症状就不接受治疗。

实际上，在患哮喘早期进行及时正确的防治，70% 的患者可以治愈，只有 30% 才会发展到慢性哮喘。遗憾的是，不少患者在哮喘早期并未坚持长期用药，没有很好地避免过敏源，以及频繁地更换医生。等到他们出现明显症状时，其肺功能已受到损害，肺功能损害比较难恢复，因此就导致哮喘反复发作，只能依赖用作临时控制的药物维持。

对于哮喘的治疗，不同年龄、不同病情，都有相应的治疗方法。总的来说应该坚持16字原则，即：二吸二吃，一减一免，阶梯治疗，适当调整。

这16个字表示什么意思呢？“二吸”就是吸抗炎药和平喘解痉的药；“二吃”则是指口服抗炎及免疫调节剂；“一减”，表示减少过敏因素；“一免”就是接受免疫治疗，包括减敏治疗。而“阶梯治疗，适当调整”，就是根据患者在缓解期病情变化的情况制订治疗方案，这种治疗方案依据病情的变化而调整。对于每一位哮喘患者，只要记住这16字原则，就能随时监测自己的治疗效果。

◆患者做好8件事

除了记住上述原则外，还要做好8件事。

居室要简洁：室内要保持清洁简单、阳光充足，并经常通风换气。卧床时应有靠背支撑，以便因哮喘不能平卧时应用。避免家中有过敏源。

饮食要清淡：平时应以吃清淡、易消化食物为主。尽量避免冷食、冷饮；宜少食多餐，不宜过饱，尤其是老年患者；在哮喘发作期不吃辛辣及鱼腥海味等食品。

心情要舒畅：要保持良好的精神状态，保证心情舒畅，避免情绪紧张。紧张情绪和精神因素也是诱发哮喘发作的原因之一。

药物使用要正确：哮喘患者要分清控制性药物和缓解性药物。控制性药物需要长期规律使用，缓解性药物只在出现哮喘症状时临时使用。

学会监测病情：患者要学会正确使用峰流速仪，并记录每天所测的峰流速值，以便准确了解哮喘病情的控制情况。

记录哮喘情况：哮喘患者每天都应记载一些内容，包括每日的用药和剂量、每日的峰流速值（早、晚）和病情评估的记录。这种方法能督促患者规律用药和自我监测病情，更直观地了解病情变化过程及用药情况，进而准确地制订下一步治疗方案。

定期复诊：即使病情稳定也要定期复诊。医生可由此评估治疗情况，及时调整治疗。

躲开过敏源：对付过敏性哮喘最关键的就是控制哮喘诱因。居室和办公室等场所的沙发、地毯和空调中的灰尘，往往寄生着看不见的螨虫、霉菌等微生物，它们也可诱发或加重哮喘。哮喘患者的居室内要保持温暖、干燥，室内注意通风透光，被褥要勤洗、勤晒，减少尘螨及霉菌滋生。

对哮喘的治疗就像一场马拉松。“治愈”的终点似乎很遥远，而且这个过程费用不菲，但是，只要你能坚持治疗，必能重新自由地呼吸。

拯救失眠，睡前再不必“数羊”

导读

失眠，是一种悄然扩散的“都市流行病”，严重地影响着人们的生活质量。在一个对失眠者的万人调查中，有一半以上的人白天精神不振、打瞌睡，有近30%的人情绪不良……这些数字触目惊心，形势不容乐观，失眠正在残害我们的睡眠，危害我们的健康，大家绝不能对它掉以轻心。

张教授年近70岁，在教育事业上兢兢业业了几十年，他头脑清晰，思维敏捷，一切生活井井有条，深受广大师生的爱戴。但是最近1个月来，张教授感到很苦恼，原因是他晚上没有困意，睡不着，即使稍微发困，躺在床上却难以入眠，即使睡着但稍微听到一点声音就会惊醒。第二天给学生讲课时还好，讲完课坐到办公室后却想打瞌睡。以前每天上课他的第一件事情就是给同学们讲“历史上的今天”，然而最近有几次他都忘了讲，而有时想起来讲时才发现自己没备案。张教授讲课几十年来也没有出过这样的差错，为什么目前这么让他烦恼呢？难道这是因为他老了吗？

显然，是张教授的睡眠出现了严重的问题。现在社会上存在睡眠障碍的人有很多，从老人到小孩都会出现这种情况。如果你没有亲身经历过失眠，你可能不会理解那些失眠人群的痛苦：想睡却睡不着，只能在心里不停“数羊”，眼巴巴地熬到天亮；为此尝试了各种药物，却发现它们的副作用远远大于正作用；总在尝试创建乐观的心态，不停地看着笑话活跃心情，却渐渐走入抑郁的死角；面容憔悴、浑身疲惫、精神涣散，甚至丧失了生存的动力……睡眠本该是种美好的享受，但对于这些人来说，简直是无休无止的折磨。

失眠对于我们的生活影响是极大的。它不仅会让你变得健忘，影响你的美貌，而且对身体的危害也是十分严重的。据世界卫生组织协会统计，全球将近30%的人都有失眠，其中严重失眠的人占据了17%，由失眠引起的自杀事件，全球每天将近有4000多件。

从短期效应来看，睡眠不足会导致精神萎靡、疲惫无力、情绪不稳、注意力不集中等，直接影响到第二天的工作与学习。而从长远的角度来看，大多数患者长期失眠，越想睡越睡不着，越急越睡不下，极易引发焦虑症；同时失眠可诱发某种潜在疾病，如自主神经功能失调，易患神经功能亢进等，出现手脚心多汗、心悸、呼吸急促、肌肉收缩、颤抖、尿急、胸部有压迫感、咽部阻碍感、多汗、四肢无力等症状；失眠也会对人的社会活动力造成极大的危害，由于长期陷入对于睡眠的担心与恐慌中，人会变得多疑、敏感、易怒、缺乏自信，这些势必会影响到人际关系，从而产生孤独感和挫败感。

看到失眠的这些危害是不是吓了一跳，原来小小失眠竟有如此杀伤力，我们不能小觑它啊！

◆揪出干扰睡眠的“贼”

那么，失眠是由什么原因引起的呢？不外乎几点。心理因素是第一大发病因素，包括平时工作压力过大，长期的工作疲劳，长期加班加点工作，这些都会影响到个人生活，使心情放松不下来，于是每天晚上在床上翻来覆去，渐渐地，就会演变为失眠症；疾病因素也是不能忽略的。很多疾病可引发失眠，比如骨关节病、肿瘤、炎症、高血压、心脏病，还有经历手术或者孕妇分娩阶段等，都可能会引起失眠的发生。

当然，环境也是其中一个重要的因素。这里的环境包括大环境和小环境。大环境就是现在的社会大环境，小环境则是我们自己的生活环境。无论是大环境还是小环境，都会影响到我们的睡眠质量。

我有一个同事最近就失眠，白天无精打采，晚上睡不着觉，已经持续了好几天了，终日顶着熊猫眼来上班。我问他，你是不是有什么心事啊？他叹口气说："哎，还不是被这雾霾给闹的？心情糟透了，怎么也睡不着。"要想拥有安稳的睡眠，内心必须安宁平和。很多像我这位同事一样，因为雾霾天气影响，几天睡不着，但是恰恰是这暂时睡不着会让人产生一种担心，之后就会因为担心失眠而导致失眠，越失眠就越担心，越担心就越失眠，形成恶性循环并深陷其中无法自拔。这也正是有些人在雾霾天气过后仍然会失眠的原因。

中医认为，人有三件宝，即"精、气、神"。"神"是最高的境界和等级，而神又藏于"心"，遂被称之为"心神"。而失眠者大多心神不宁，每天晚上一闭上眼就是烦心事，睡眠又怎么能好呢？所以，针对这类失眠症，还是应该先调节内心为好。只要将心调理养好，让它安定了，我们才能心神怡然，踏实睡着。

该如何先让心安睡呢？主要是精神上、心理上和身体上的放松。如果你很难入静，怎么都控制不了自己杂乱的思维，那么不妨想一想让你高兴的事情，并沉浸在幸福的情景当中。既然做什么放松练习都控制不了杂念，干脆就不要再去控制，反而顺着你的杂念去憧憬一些美好的故事，但故事情节必须是能让自己感到身心愉快的，这也是一种方法，叫做"逆向导眠"。这种方法可以消除对失眠的恐惧感，也可以因为大脑皮层正常的兴奋疲劳而转入保护性抑制状态，促进自然入眠。

◆打造舒适的睡眠环境

在我们日常生活中，很多朋友都出现过这种情况，已经到了睡觉时间，本来已经哈欠连连，非常困，可是一换上睡衣，熄了灯，躺在床上时，睡意却在突然之间消失了，你肯定很不理解，这究竟是怎么一回事。其实，睡眠环境与睡眠质量有着很大的关系。人待在清爽、舒适的睡眠环境中，便能很快睡着；而如果待在混乱、纷杂的环境中，则难以入睡。这就能解释为什么很多坐火车或坐飞机出差的人在旅途中睡眠不好。因此，要想顺利入睡，得到高质量的睡眠，睡眠环境一定要科学。如何打造舒适、科学的卧室环境呢?要注意几个细节。

卫生：美国心理学会研究表明，乱糟糟的睡眠环境会给人带来乱糟糟的心情。就是说，如果卧室内堆积了很多报纸、杂物、脏衣服……都会影响到睡眠。所以，打造优质的睡眠环境还需要保持卧室干净、温馨、简单。当你清除了卧室内所有与睡眠无关的东西时，大脑便会自动开始将这个屋子与睡觉联系起来。

色调：睡不好觉的朋友们，有没有审视过自己卧室的色调，从墙壁到窗帘，从家具到寝具，具体都是什么颜色的?研究发现，蓝色系具有良好的催眠作用。相信很多人都听过“心情烦躁时，可以看看天空的蓝色”的话，这就在告诉我们，色彩能对人的身心造成很大的影响，蓝色系能够使我们的神经迅速镇静下来，使紧张的肌肉得以放松，这也是预防失眠的一种方法。

温度：室内温度太低或太高都会影响睡眠。研究发现，当室温在24℃以上时，睡眠就会变浅，睡眠中的身体动作和翻转次数就会增多；而卧室的温度如果在18℃以下，也容易醒来，不容易进入深度睡眠。因此，卧室温度一般控制在20℃左右。

湿度：睡眠时空气的湿度对睡眠质量影响较大。一般来说，相对湿度以50%～60%最为适宜。夏季室内相对湿度超过70%时，可加强通风予以改善。或者，选择一个自然纤维做成的床单，这种床单吸汗功能好，因此能够帮助皮肤通畅地呼吸和排汗。同时，在潮湿的环境中睡眠，最好在身上盖个棉被单，或穿一件棉袍，或在天花板上挂一个电扇，使空气变得流通。到了冬季，卧室又会较干燥，过于干燥会刺激支气管，容易使我们不断咳嗽而醒来。因此，冬天室内相对湿度低于 35% 时，可以使用加湿器，或者在卧室内放一盆水。

◆赶跑失眠的小妙招

按摩疗法和食物疗法也可以助你一臂之力，帮你赶跑失眠。

按摩疗法：首先，按揉百会穴 50 次，百会穴位于头顶正中线上，距前发际 5 寸处；其次，擦按肾俞穴和关元俞穴各 50 次，肾俞穴位于第 2 腰椎棘突下，旁开 1.5 寸，关元俞穴位于第 5 腰椎棘突下，旁开 1.5 寸；接着，擦按气海穴、关元穴各 50 次，气海穴位于体前正中线，脐下 1.5 寸，关元穴位于脐下 3 寸，腹中线上；然后，揉按足三里穴、三阴交穴各 50 次，足三里穴位于外膝眼下 3 寸，胫骨前嵴外侧一横指处，三阴交穴位于内踝尖直上 3 寸处；最后，按擦涌泉穴 100 次，涌泉穴位于足底前 1/3 凹陷处。做这些按摩时，应仰卧于床上，做细而均匀的深呼吸 30 次，全身放松，慢慢地就会睡着。

食物疗法：中医认为，睡眠由心神所主，是阴阳之气自然而有规律的转化结果，这种规律一旦被破坏，就会引起失眠。所以在饮食上应该以清心安神的食物为主，比如小米、芝麻、蜂蜜、银耳、百合、山药等。现在为大家推荐一款山药莲子粥，对改善失眠很有好处。取山药 50 克，莲子（带心）30 克，糯米 100 克，精盐少许。将山药切丁，莲子洗净，同置锅中，加入适量的水，与糯米同煮成粥，在即将关火时撒入精盐调味即可。本品有清心安神的作用，尤为适合失眠者食用。

相信掌握这些方法后，失眠会慢慢地离你远去，即使是在雾霾天气里，我们也可以轻松入睡，一觉到天亮。

第九节 雾霾加重糖尿病，果真如此吗

导读

全国大范围内的雾霾天气给人们带来了很多困扰。雾霾天气对身体危害极大。据调查，雾霾天气下的糖尿病患者出现血糖波动和并发症的概率会大大增加。这提示糖尿病患者在雾霾天气千万不能大意，要时刻关注着自己身体的“风吹草动”。

有一位老太太，儿女都不在身边，老伴也去世多年，因为身体硬朗，所以就一个人生活，日子也相安无事。在一次免费义诊中老太太被查出高血糖，专家告诉她，她体内血液中糖的含量过高，如果不注意保持就会转变为糖尿病。反之，如果采取相应的保健措施，则不会加入糖尿病这个群体。老太太听完有点害怕了，就问医生怎么保健？医生告诉她，要控制饮食，还要坚持运动，老太太牢牢地记在了心里。此后，每天早上她都坚持晨练，风雨无阻。可是从上个月开始，她出现了尿频、尿急的现象，晚上起夜次数也比以前多了。最近几天，她又感觉下腹有些胀痛、排尿有些困难，看了内分泌科医生才知道，原来自己得了糖尿病性膀胱病。知道这个结果后，老太太怎么也想不通，从前只是血糖稍高一些，而现在坚持运动了，反而真的患上糖尿病了，不仅如此，还出现了并发症，这究竟是怎么一回事儿呢？

其实，出现这种情况不难理解。最近2年，我国大部分地区都产生了雾霾天气，而老太太每天坚持外出锻炼，各种有毒物质便伺机侵入她的体内，危害全身各个器官，还会影响她对血糖的控制，外加老年人缺乏保健意识，未能及时诊治而延误了病情，才会引发糖尿病性膀胱炎。

◆雾霾和糖尿病的亲密接触

具体来说，雾霾天气对糖尿病患者的生活产生了哪些消极的影响？糖尿病患者又该如何应对呢？

雾霾天气，糖尿病患者容易缺钙。因为阳光中的紫外线可使人体皮肤产生活性维生素 D。维生素 D 是参与人体中钙吸收的重要因素。雾霾天气，紫外线照射不足，容易使糖尿病患者产生精神懒散、情绪低落等“缺钙”现象，体内缺钙往往会影响疾病的治疗。所以糖尿病患者首先要补钙，主张食补为主，药补为辅。食补尤以脱脂或低脂牛奶为佳，并要少吃饱和脂肪。食补疗效不佳再加服钙片等。

雾霾中存在大量的灰尘、硫酸、硝酸以及有机碳氢化合物等危害身体健康的粒子，抵抗力较差的糖尿病患者极有可能出现肺部及气管感染而加重病情。所以面对令人失望的空气质量，糖尿病患者还要预防感染，感染很可能加重肾脏负担，使糖尿病并发肾脏疾病。所以雾霾天气糖尿病患者尽量不出门，出门也应该戴上口罩，归来后要立即清洗面部和皮肤，最重要的是口腔和鼻腔的清理。

雾霾还容易导致糖尿病患者的眼睛出现不适症状，比如感觉眼睛刺痛、发胀、有异物感，这是因为雾霾里的粉尘和细小污染物颗粒很容易进入眼睛里，使眼睛发生轻微感染。所以糖尿病患者在雾霾天需要注意保护眼睛。可以去药店购买眼药水滴眼，缓解不适症状。如果症状过于严重，可用具有消炎作用的眼药水进行滴试。

一般来说，秋、冬季是雾霾天的高发季，而等到春暖花开的时候，雾霾就会逃之夭夭了。在空气污染最严重的日子里，糖尿病患者一定要牢记以上雾霾带来的危害，采取行动，重视起来，这样才有助于病情的控制。

◆雾霾天锻炼，健康效应得不偿失

根据我国实行的《环境空气质量标准》，当遭遇到重度污染天气时，心脏病和肺病患者的症状会明显加剧，运动的耐受力会降低，健康人群会普遍出现不适症状。对于糖尿病患者来说，除了会增加心血管并发症的发生率，雾霾天气在室外运动还会增加呼吸道感染的风险，从而影响血糖的控制。

而且，在能见度极低的天气里运动，还要面临安全的问题。据《扬子晚报》登载，2013 年一天清晨，浓重的雾霾导致江苏 122 省道句容段能见度不足 5 米，句容市白兔镇一位老人在坚持晨练，可是由于雾霾太大，一摩托车主看不清路况，直接将这位老人撞飞，致其受伤身亡。

由此看来，雾霾天的户外锻炼于健康无益，各位糖尿病患者应选择在户内运动。室内运动可以选择的项目很多，比如在健身房健身、跳操，在体育馆打篮球、打羽毛球、游泳，也可以在家里做瑜伽、练习太极等。

无论偏爱什么项目，热身工作一定要做足。尤其是冬季天气寒冷，人体关节分泌滑液慢，骨质密度相对也低，肌肉要比夏天僵硬，所以需要足够的时间热身以后才可以运动，否则容易出现抽筋和受伤等情况。

◆7 种食物降血糖

对于广大“糖友”来说，有 7 种食物对控制血糖非常有利，建议大家平时应该多吃。

苦瓜：取苦瓜 30 克，加水 100 毫升，水煎至 500 毫升，分 4 次口服，临睡前 1 次，连瓜加汤，一并服下。苦瓜有类似胰岛素的生物活性，已被广泛用于治疗糖尿病。

南瓜：鲜南瓜 250 克，加水煮熟，每晚 20：00 食之。南瓜富含维生素，是一种高纤维食品，能明显延缓葡萄糖在肠道的吸收，因而对治疗糖尿病有效。5 天后，每日早、晚各吃 250 克，可以减轻消渴，稳定尿糖。

冬瓜：取冬瓜 500 克，去皮，然后煎汁服用，每日早、晚饭后各吃 60～90 克。冬瓜能防止身体发胖，有清热利尿、消肿轻身的作用，对于糖尿病并发高血压、肥胖患者尤为有效。

荞麦：将洗净的荞麦和瘦肉丝同煮，至八成熟时，可放入适量的配料（黄瓜、胡萝卜等），熟时加入适量的精盐即可。荞麦是有益于糖尿病患者食疗的粗粮类食品，也是现代功效最好的"三降"食物，含有丰富的膳食纤维，可以降血糖、降血脂、降血压，糖尿病患者应多吃。

玉米须：取玉米须 30 克，猪肉 100 克。用玉米须煎汤代水，再加少许盐，煮猪肉，吃肉喝汤，每日 1 剂。玉米须是一种中药材，又称龙须。中医认为，玉米须有补虚清热、止血泄热、平肝利胆、利水消肿、祛湿利尿之功效，对糖尿病患者控制血糖非常有益。

马齿苋：取马齿苋 150 克，加水 1000 毫升，水煎至 500 毫升，频服代茶饮。马齿苋是一种野菜，中医认为，其味酸可以敛津液，性寒可以清热，所以对糖尿病者有非常好的治疗效果。

洋葱：每餐可炒食洋葱 1～2 个，每日 2 次，炒时以嫩脆为宜，不可煮烂或久煮，防止药效丧失，久服有效。国外常用洋葱治疗糖尿病，洋葱不仅提高血中胰岛素浓度以降血糖，而且还有改善微血管病变及降低血脂的作用。经常服用不仅对糖尿病患者有益，而且对冠心病也有较好的治疗效果。

正确的饮食观念是每一个患者都应该了解的，吃出来的糖尿病，我们同样可以从吃上治好。只要大家能遵守上述"饮食纪律"，多吃对血糖有益的食物，健康一定可以重新降临至你身边。

PM2.5之下，心脏病患者要当心

导读

在雾霾天气下，人体就像是一个吸尘器，空气中所有的废气全部经由呼吸道进入人体内。有研究表明，雾霾天气比香烟更易致癌，尤其是当空气中污染物加重时，心脏病患者的死亡率会增高。国外研究表明，可吸入颗粒物浓度每上升10微克每立方米，心血管病就上升1.4%，每日总病死率则上升1%。

张大娘今年73岁，儿孙满堂，生活富足，可就是她身体不太好。最令张大娘苦恼的是自己的心脏病，这病突发性太强了，如果处理不当就有致命危险，所以吓得张大娘一年四季药不离手，生怕一不留神就“走”了。可尽管小心翼翼，张大娘最近还是因为心脏病发作而被送进了医院。张大娘的女儿说老太太的心脏病控制得一直都很好，只是近日她老说心口憋闷，喘不过气来，这种情况往往在外出回来后加重。经过一番检查，医生说，张大娘心脏病发作跟近日的雾霾天气有很大的关系。这让张大娘的女儿有些迷惑，雾霾还会加重心脏病？

答案是肯定的。原来雾霾笼罩时气压变低，空气中的含氧量也有所下降，这时人就很容易感到胸闷。潮湿寒冷的雾和霾，还会造成冷刺激，导致血管痉挛、血压波动、心脏负荷加重等。同时，雾霾中的一些有毒物质经由呼吸道进入人体中。有研究表明，雾霾天气比香烟更易致癌，尤其是当空气中污染物加重时，心脏病患者的死亡率会增高。哈佛大学公共卫生学院也证明，雾霾天中的颗粒污染物不仅会引发心肌梗死，还会造成心肌缺血或损伤。

我国一些专家们曾做过与此相关的研究，主要是在小白鼠身上进行了一项实验。他们找来两组小动物，每组 20 只，将它们分别放置在 PM2. 5 超标 12 倍和 PM2. 5 超标 120 倍的环境中生活。结果在饲养了 6 个月之后，生活在 PM2. 5 超标 12 倍的环境中的小白鼠，有 2 只患上心脏病，其余 18 只都正常。而生活在 PM2. 5 超标 120 倍环境中的小动物，只有 1 只没患上心脏病，其他都不同程度地患上心脏病。

◆雾霾天，你的心脏还好吗

史上最无赖的雾霾来了，你的心脏还好吗？其实，我们的心脏状况完全可以通过自我检查判断出来，那么，心脏病患者会出现哪些异常呢？

心脏病症状自我检测

①耳垂折痕。英国《心脏》杂志的一项研究表明，耳垂皱褶可能是心血管出现了问题。

②脸色暗红。这是风湿性心脏病、二尖瓣狭窄的特征。

③脸色苍白。如果呈苍白色，则有可能是二尖瓣关闭不全的征象。

④皮肤泛红。英国心血管学会的伊恩博士说，心脏病中的二尖瓣狭窄，可能导致整个身体和血液中的氧含量减少，表现在脸上就是出现不正常红色。

⑤皮肤深褐色或暗紫色。慢性心力衰竭、晚期肺源性心脏病患者的皮肤可呈深褐色或暗紫色，这与机体组织长期缺氧，肾上腺皮质功能下降有关。

⑥皮肤黏膜和肢端呈青紫色。这种情况说明心脏缺氧，血液中的还原血蛋白增多。

⑦脸色灰白而发紫。这是心脏病晚期的病危面容。

⑧鼻子硬、发肿。如果鼻子硬梆梆的，这表明心脏脂肪积累过多。如果鼻尖发肿，表明心脏脂肪可能也在肿大或心脏病变正在扩大。

⑨呼吸短促。当你做一些轻微活动时，或者处于安静状态时，出现呼吸短促现象，但不伴咳嗽、咳痰。这种情况很可能是左心功能不全的表现。

不少患心脏病的老年人对自身早期出现的症状缺乏足够的认识，而有一些年轻人对胸闷、心悸等症状也不是很重视，往往认为没什么大不了，忍一忍就过去了，正是因为这样的想法延误了最佳治疗时间。以上是一套非常方便的自我检测，不会浪费大家太多时间，希望每个人都能对比下自身情况，消除心脏病的隐患。

◆精神疗法对抗心脏病

那么，心脏病患者具体该如何调理自己呢？

首先就要学会“精神疗法”。大家都看《鲁豫有约》吗？有一期节目叫《重阳节系列——快乐耄耋》，其中就讲了这样一位可爱的老人——86岁的宋书如。银屏上的她光彩动人，笑声极具感染力，可能大家都猜不出来，她曾经是一位乳腺癌患者。但她却用乐观的心态让癌细胞奇迹般地消失了。后来，她的女儿离开了人世，她又遭遇了“白发人送黑发人”的痛苦。随后，宋老太的老伴儿也过世了，但宋老太凭借自己的坚强与智慧走过这一切，以快乐的心态生活着，并且参加各种活动，积极去帮助周围那些不开心的人。

为什么说这个故事？因为如果出现雾霾天气，最先受影响的是人的情绪，容易导致坏情绪如焦躁、抑郁，而很多心脏病都是因不良情绪而加重的，比如过于悲伤时血液循环就会受阻，这就会导致心脑血管疾病的产生。所以，让自己的心脏先稳定、平和下来，犯心脏病的概率也就减少了一大半，这也是精神疗法的意义所在。

◆山楂软糖+养心粥

当然，光把心态调节好了还不够，我们还要为身体进补，从身体和精神上同时调理，双管齐下才能收到疗效。患了心脏病吃什么食物好？山楂就是一个不错的良方。山楂的味道比较酸，按照中医的说法，酸味食物能够收敛心气，很好地保护心脏，所以心脏病患者不妨经常吃点山楂，一方面可以防止心气太过涣散，另一方面还可以消食化瘀，好处非常多。

山楂都有哪些吃法呢？心脏病患者可以自己动手做一做“山楂软糖”：将山楂洗净、切碎，放到锅中煎煮，每过20分钟取煎液1次，加水继续煎，反复共取煎3次，最后把煎液合并在一起，继续以小火煎熬至较黏稠状，再加入白砂糖调匀，等到糖熔化成透明状时关火。然后趁热将山楂糖浓汁倒在撒有一层白砂糖的大搪瓷盘中。冷却后，再在山楂软糖上部撒上一层白砂糖，将它分割成小碎块，山楂软糖就制成了。心脏不好的人可以随时含服，注意了，如果您患有糖尿病则不要这样吃了，可以用山楂煮粥食用。

除了山楂之外，还有一款养心粥，它能强壮心脏，滋养心血，还能延缓衰老，心脏不好的朋友每天都喝一碗，渐渐就能把心脏调理好。这道粥制法很简单，将大米煮开后加入银耳、大枣及砸碎的冰糖继续煮至稠浓，就可以食用了。这款配方里的“成员”个个身手不凡，比如大枣，它的养血功效是一流的。而银耳的作用也不差，多吃可以预防心血管疾病。二者合在一起，就可以预防心脏病发作，对中老年人的健康很有益处。

◆雾霾天里的养心措施

虽然天气、年龄、家族遗传病史等危险因素难以改变，但是如果有效控制其余危险因素，也能有效预防心脏病复发。我们在日常生活中要学会自我管理，建立良好的健康的生活方式，这点对心脏病患者而言，至关重要。

心脏病患者首先要注意防止体温丢失，室内温度保持在20～25℃为佳。有研究表明，温度每下降10℃，人的血压会上升5毫米汞柱。年轻力壮的人偶尔捱下冻可能没事，但老年人的机体代偿适应性不够，如果室内温度太低，很可能会引发脑出血、心肌梗死、心衰等意外。在严寒的冬季，心脏病患者外出时最好将可散热的暴露部位，如脸、脖子、手、头等部位保护起来，戴帽子、围围巾、戴手套，甚至戴上口罩。

饭后是心脏病的高发时段，糖尿病患者的饮食应以半饱、多餐为最佳。这是因为，人体的血液供应一般是均匀的，并随着活动而调整，比如看书时，机体会自动从其他器官调来更多血液供应到脑部。在饭后，神经中枢会接受指令，调配血液供应到胃、肠等消化系统，这时心脏、脑部的供血、供氧量相对减少。因此，如果吃得过饱，对本身患有冠心病、心功能不全等疾病的患者而言，非常危险。最好每餐只吃半饱，餐数则可调整至每日5～6次。

说到了吃饭，还应注意一个问题，就是饮食要以“清淡”为原则，严格控制食盐的摄入，少食煎炒炸之物；可炖些瘦肉、鱼类等，原只鸡甚至连皮一起炖则应避免；此外，不建议加入人参、红参、鹿茸等大补之物。

全家团聚、共享天伦之乐是我们自古以来最为和谐的画面。因此，为了自己以及家人平安幸福，我们一定要严防雾霾伤害我们的心脏。相信通过上述调养，您的心脏一定会回归至健康状态。

第十一节 空气质量差，肺炎患者多

导读

PM2.5携带硫化物、硝酸盐、重金属、有机化合物等大量有毒化学成分。PM2.5中小于0.1微米的颗粒危害性更大，它们数量更多，表面积更大，携带的有毒、有害物质更多，在肺部的沉降率高，极易造成肺炎的发生。

张医生是北京某医院呼吸科的专家，最近一段时间，他发现患者明显增加。虽然近期的雾霾严重程度有所减弱，但挂号窗口前却排起了长队，呼吸科门前也挤满了患者。张医生暗自计算了一下，这几天呼吸科的患者比平时增加了1/3，他出半天门诊平均要接诊80名患者，忙得他都没有时间喝水。而就诊患者主要分2种，一种是感冒等呼吸道感染，另一种是慢性支气管炎、肺气肿、哮喘等慢性呼吸道疾病的发作。其中，肺炎患者明显增多。在他看来，肺炎与雾霾天脱不开关系。虽然二者没有确切的定量关系，但呈正相关性却是可以肯定的。

多项研究表明：肺炎与空气中含量较高的PM2.5有密切的关系。一般来说，大于5微米的颗粒物多滞留在上呼吸道，即沉积在鼻咽区、气管和支气管区。这些颗粒物不会久留，通过纤毛运动、吞咽或咳嗽、打喷嚏而排除。小于5微米的颗粒物如PM2.5多滞留在细支气管和肺泡中。颗粒物越小，进入位置就越深。颗粒物会刺激和腐蚀肺泡壁，长期作用可以破坏呼吸道的防御功能，致使肺炎的发生。另外，PM2.5 还可以增加人体对细菌的敏感性，导致肺对感染的抵抗力下降，进而引发肺炎。

肺脏受到“霾害”的不仅仅是中国人，世界卫生组织（WHO）近日公布的全球 1081 个城市采集的空气质量数据显示，空气中可吸入颗粒物（PM10）含量最少的前 50 个城市几乎被加拿大和美国包揽。含量最多的城市分别位于伊朗、蒙古、印度和巴基斯坦。中国可吸入颗粒物含量最少的城市为海口（814 位）、拉萨（891 位），北京排在第 1035 位，最严重为兰州，排名 1058 位。生活在很多大中型城市，除了空气污染外，香烟、油烟、工厂排污、中央空调等都不断地摧残我们的肺。正因如此，有人戏言，现代人的肺已经成了永不清洗的“吸尘器”。

◆告别可恶的肺炎

在日常生活中，我们如何预防和治疗肺炎？有以下几种方法可供参考。

第一就是笑口常开。祖国医学认为，笑是医治百病的“良药”，也是促进体内器官健康的“灵丹”，对肺特别有益。人在笑时胸肌伸展，胸廓扩张，肺活量增大，能够调节人体气机的升降，消除疲劳，驱除抑郁，缓解胸闷，恢复体力。比如轻松微笑，这是一种发自肺腑的微笑，可使肺气布散全身，使面部、胸部及四肢肌群得到充分放松。而“会心之笑”，则能使肺气下降，与肾气相通，收到强肾之功效。

第二就是常做一些有利于肺保健的活动。如主动咳嗽，每天早、晚选择

一处空气清新之地做深呼吸，及时清除积存于支气管中的痰液，保持呼吸道的清洁卫生；又如哼唱歌曲，人在哼唱时口腔、舌头、声带以及声波的震动，对呼吸系统很有好处；或者吹气球，美国医生建议中老年人特别是慢支炎患者每天至少吹 40 次气球，以保持肺细胞与支气管的弹性，防止或减轻肺气肿；还可以进行呼吸操，呼吸操的做法是：开始取仰卧位，闭嘴，采用较慢、较深的由鼻吸气法（尽力使用膈肌，争取上腹部最大限度地鼓起），然后通过缩唇（口形呈吹口哨样）缓慢呼气。吸气时间与呼气时间之比约为 1∶2，即短吸长呼。逐渐适应后可改为坐位、前倾位或站立位，呼吸方式同上。开始阶段每天做 2 次，每次 10～15 分钟即够，以后可逐渐增加时间。只要坚持呼吸锻炼，就能增强肺脏的功能。

第三就是进行有氧运动。巴西研究人员通过实验发现，有氧运动可帮助预防肺部炎症，同时也能遏制因暴露在空气污染环境下出现的促炎效应。一天中养肺的最佳时间是早上 8∶00 左右。此时最好做些有氧运动，如步行、慢跑、打太极拳等。当然，如果空气污染指数过高就不宜外出运动了。

◆5 大粥品，保养肺脏

饮食治疗也是肺炎患者必不可少的一项内容，对此，医学专家们给出 5 道粥膳，可以有效减轻雾霾对肺脏的损害，从而远离肺炎。

山药粥：取干山药片 45～60 克（或鲜山药 100～120g），粳米 100～150 克，同煮粥，早、晚温热服食。主要适用于肺炎，症见痰浊者。

大蒜粥：紫皮大蒜 30 克，去皮，将蒜放沸水中煮 10 分钟后捞出，然后将粳米 100 克，放入煮蒜水中，煮成稀粥，再将蒜放入粥内，同煮片刻即成，早、晚温热服食。主要用于肺炎霉菌感染者。

竹沥粥：取粳米 50 克，煮粥，待粥将成时，兑入竹沥 50～100 毫升，稍煮即可，早、晚或上、下午温热分食。主要用于肺炎，症见咳吐脓痰或间有神志欠清者。

贝母粥：先以粳米100克和砂糖适量煮粥，待粥成时，调入川贝母粉末5~10克，再煮二三沸即可，上、下午温热分食。主要用于肺炎，症见咳嗽、咯吐黏痰不爽者。

苏子粥：苏子15~20克，捣烂如泥，用水煮取浓汁，去渣，入粳米50~100克，冰糖适量，同煮成粥，早、晚温热服食。主要用于肺炎，症见咳嗽、气喘者。

容易被雾霾瞄上的肺癌

导读

在雾霾天里，空气中的有害颗粒物更多，还伴有油烟类物质以及没燃烧充分的一氧化碳、二氧化碳，以前雾霾里的颗粒物成为气溶胶，本质是水质，现在危害更大，长期吸入甚至容易导致肺癌患病率直线上升。

提起“雾锁京城”，每个住在北京的人都会觉得这是一件非常“糟心”的事情。而更让人“糟心”的是，在十二届全国人大一次会议上，中国工程院钟南山院士提出了“雾霾会导致肺癌”的言论，一夕之间，此言论成为大家热议的话题。钟南山院士认为：“北京10年来肺癌增加了60%，这是一个非常惊人的数字，应该说空气污染是一个非常重要的原因。”

雾霾真的会导致肺癌吗？这种说法是否夸大其词？虽然北京地区肺癌和雾霾的相关性数据目前还处于空白，但国外已有学者证明了雾霾与肺癌的关系。美国一些研究专员对18.8万人进行了26年的观察，这些观察对象中共有1100人得肺癌。研究证实，PM2.5每增加10微克/立方米，这些人得肺癌的病死率就增加15%～27%，这是一个很科学、权威的资料。与此类似的试验在日本也进行过，日本一些学者对6670个肺癌患者进行了长达8.7年流行病学的观察，他们发现，PM2.5每增加10微克/立方米，肺癌患者的病死率就增加24%。可见，雾霾与肺癌发病率之间有直接的因果关系，这点是毋庸置疑的。

不知道大家是否看新闻，中国之声《央广新闻》有这样一则报道：华东地区查到了一例肺癌最小患者，年仅 8 岁。这是一个个案，但医生推测，肺癌小患者发病其实跟空气中的 PM2.5 有一定关系，因为患者家一直是住在马路边，长期吸入公路粉尘。目前，在雾霾当中，PM2.5 曾经在肺部引起炎症的事实确凿，长此以往导致恶性病变的可能性不能完全排除。

◆关于肺癌的那些事儿

肺癌大多数起源于支气管黏膜上皮，因此也称支气管肺癌。近年来，世界各国肺癌的发病率和病死率均持续上升，在人口密度较高的工业城市尤为显著。肺癌在男性肿瘤死因中居于首位；在女性中仅次于乳腺癌，居第 2 位。

肺癌主要分为小细胞癌和非小细胞癌。小细胞癌在所有原发肺癌中约占 20%，恶性程度最高，转移速度较快，常转移至脑、肝、肾上腺等器官，但对化疗、放疗非常敏感；非小细胞癌又分为鳞癌、腺癌和大细胞癌 3 种。鳞癌是最常见的类型，占原发肺癌的 40%～50%，肿瘤多位于肺部中央，易阻塞支气管引致肺不张或肺炎。鳞癌生长缓慢，转移较晚，手术机会多，但对化疗、放疗不如小细胞癌敏感。腺癌于女性较多见，与吸烟关系不大，肿瘤多位于肺部边缘，因肺边缘富含血管，故局部浸润和远处转移较鳞癌为早。

肺癌最可怕之处在于早期无明显症状，即使有一些症状也容易被误诊为感冒，所以很多肺癌患者就诊时已经处于中、晚期，80% 的患者都失去了手术的机会。而如果是早期肺癌，就目前的诊治水平而言，术后 5 年生存率可达 63%，甚至更高。所以，早发现、早诊断是提高肺癌治疗效果的关键。那么，肺癌又有哪些蛛丝马迹呢？

肺癌的蛛丝马迹

①咳嗽。多为刺激性干咳，约2/3的肺癌患者有此症状。这种咳嗽往往没有痰，而且自己抑制不住。

②咯血。咯血是肺癌的早期症状之一，约50%的肺癌患者有此症状。

③胸痛。持续性的疼痛，可持续数分钟至数小时，严重影响睡眠。

④发热。45岁以上男性烟民有肺部炎症、长期发热（早期可能在38℃以下）、治疗效果不佳者尤其要警惕肺癌。

⑤呼吸困难。由于肺叶堵塞和肺不张造成肺活量降低，呼吸功能下降。

⑥杵状指。表现为指、趾第一关节肥大及指甲突起变弯，常伴有疼痛。21%的肺癌患者早期伴有杵状指，且大多在肺癌手术后消失。

⑦关节炎。常与杵状指同时存在。表现为游走性关节炎症状，肘、膝、腕、踝、掌指关节烧灼样疼痛。

⑧女性化乳房。指男性的乳房一侧或双侧增大。这种情况极易被误诊为单纯乳腺增生而被手术切除。

⑨多发性周身性肌炎。约85%的患者先于肺癌典型症状出现，表现为进行性周身无力、食欲减退，加重时可出现行走困难、卧床难起。

◆肺癌患者的生活养护

很多患者一听说自己得了肺癌，往往都放弃治疗了。但是，肺癌也没有人们想象中那么可怕，它还是可以通过治疗，使病情得以缓解。在我们国家有很多抗癌明星，他们通过不懈的努力战胜了癌症，其中不乏肺癌患者。

外科手术切除仍是一项最直接、最有效的治疗肺癌的方法，手术适应证和手术种类的选择主要根据肿瘤侵犯的部位、范围及患者的全身情况（特别是心肺功能储备情况）而定。手术原则是彻底切除病变，并最大限度地保留健康的肺组织。能够手术的中早期患者，占患者总数40%以下，晚期手术为姑息性手术。

当患了肺癌之后饮食也是非常重要的。早、中期的肺癌患者，其消化系统功能是健全的，在临床诊断后，应抓紧时间给机体补充营养，以提高身体素质，增强抵抗力，防止或延缓恶病质的出现。如果在临床治疗以前营养素补充得较充分，机体状况较好的患者对化疗、放疗的耐受力较强，治疗效果亦较好，并能较快地康复。所以早、中期肺癌患者在消化吸收能力允许的条件下应尽可能补充各种营养素，如优质的蛋白质、碳水化合物、脂肪、无机盐和多种维生素。

若处于肺癌晚期，在供应足够热量时，可以补充蛋白质，促进肌肉蛋白的合成。在热量供应不足时，支链氨基酸也能提供更多的热能。要素膳的种类很多，应用时，要从低浓度开始，若口服应注意慢饮，由于要素膳为高渗液，引用过快易产生腹泻和呕吐。

如果正处于肺癌术后，应根据自身病情来调配饮食，在食物选择与进补时，不要急于求成。注意多吃新鲜蔬菜和水果，果蔬中含有丰富的维生素C，是抑癌物质，能够阻断癌细胞的生成，另外大蒜也含有抗癌物质。

总而言之，肺癌的饮食无论在任何时候都是很重要的，就算到了晚期最严重的时候，合理的饮食也可以改善患者的临床症状，减轻患者的痛苦。

◆1份防癌食物清单

饮食治疗的目的，就是通过合理调配饮食，来改善癌症患者的营养状况，使其更好地接受手术治疗或化学、放射治疗、延长患者的生命，甚至康复。新近，世界卫生组织列出了一份防癌菜单，现在列出来，大家可以参考一下。

防癌食物清单

①多食草莓、葡萄、樱桃等水果，有利于清除血液中的致癌物质。

②每周生吃大蒜2次，能显著降低胃中亚硝酸盐的含量，减少亚硝胺合成的比率。

③常吃洋葱，能阻止癌细胞生长。

④常吃花椰菜，能减少结肠癌与乳癌发病率。

⑤多吃鱼，能杀灭癌细胞。

⑥每天1杯绿茶，可以分解致癌物，起到防癌的功效。

⑦多吃胡萝卜、西红柿，对于抑制乳癌、胃癌、肠癌、前列腺癌有益。

⑧常吃大豆，可断绝癌细胞营养供应，饿死癌细胞。

⑨多吃柑橘类，柑橘中含丰富胡萝卜素、类黄酮、维生素C等抗癌物质。

⑩常吃海洋蔬菜，如海带、紫菜等，这类食物富含抗癌物质褐藻胶。

⑪每天喝8杯水，及时冲洗掉泌尿道的致癌物，有效地防范膀胱癌。

第九章

一大波雾霾来袭，特殊人群的『健康保卫战』

空气有危险，户外作业需谨慎

导读

由于工作性质的特殊需要，交警、道路养护工、建筑工、环卫工，包括并不限于以上范围的这些户外工作者，每天都需要长期工作在室外。同样是重度或中度污染的空气，我们可以搭乘地铁、公交上下班，直接接触时间不超过 1 个小时。而交警可能需要站上 2 个小时才能换班，每天要户外值勤好几次。建筑工人和环卫工人的户外工作时间则更长。换句话说，户外工作者呼吸的污染空气是我们的几倍乃至十几倍，健康受损程度也相应更为严重。

46 岁的老张是一名建筑工人，每天他都握着一把铁锹在工地里忙来忙去，和水泥打交道的他早已习惯了沙土飞扬的环境，所以当雾霾来到时老张并没有感觉多么严重。他的老伴劝他戴口罩干活，可老张却不听，用他的话说："我的身体好着呢！再说了，我们工地里有好几百号工友，没一个戴口罩的，我不能那么娇气。"

保洁员老马每天 5 点钟就要上班，他负责一条人来车往非常繁华的路段，除了清扫马路外，还要清理垃圾桶、收拾饮料瓶子等。每天他都有忙不完的活，有时干到八九点才收工。老马知道接连爆发的雾霾天对人体有坏处，但具体是什么坏处他也说不清。周围污染实在严重时老马会用围巾遮一遮嘴巴，不过总是过不了 5 分钟他就把围巾摘下来了，因为一堵得太严实他会感觉胸口发闷。

35 岁的刘先生是一名交警，大学毕业后他就直接就业了，如今在这行做了 11 年之久。每天他都要在路上执勤 6 个小时，一天平均 3 万辆车从他身边经过。前段时间，空气质量急剧下滑，他们中队 17 个交警一下子病了好几个，其中 1 个人得了肺炎，1 个人是咽喉炎发作，还有 4 个人感冒发热，而刘先生也受到雾霾的影响，出现呼吸道感染，他每天都咳嗽，咳得胸口都疼。不过，他照旧坚守在工作岗位上，这些小病在他看来再正常不过了。

或为生计所迫，或为知识所限，或为专业所需，社会中有很多户外劳动者。当雾霾把大多数人逼进室内时，这些人却必须坚守在户外工作岗位上，比如建筑工人、环卫工人、交警、协警等，他们的坚守保证了城市生产生活的正常运行。由于经年累月地在户外工作，所以他们中的大多数人对雾霾都已熟视无睹、习以为常。有的人甚至还会满不在乎地说，不就是有雾吗，怕什么？殊不知，雾跟霾有本质不同，雾更多是大颗粒和蒸气的聚合物，霾则是更小的微颗粒如 PM2.5 这样的超微小颗粒，能够直达肺部，以目前的医学条件看，PM2.5 造成的肺部伤害是不可逆的。所以，如果你有家人或朋友在户外工作，请一定要经常提醒他们，在雾霾天里多关注一下自身的健康。

◆户外待一天，等于抽 15 包烟

研究表明，空气对人健康的影响更甚于饮用水，空气中不可见的微尘、细菌、挥发性气体及金属颗粒，是导致人类 68% 以上疾病的根源。面对城市的大气污染，很多呼吸科专家也表示，发生轻微污染时，城市的雾霾天气相当于我们每天抽 20 支烟。那么，对于那些长时间暴露“深度污染”的环境中的人来说，相当于抽了多少根烟？

为了估算出这组数据，南京的环保专家和环保志愿者们进行了 1 个实验。研究人员对点燃的香烟进行测算，香烟在点燃到熄灭后的 5 分钟内产生的 PM2.5 浓度为 400 微克/立方米。当天，南京市空气中 PM10 的每小时均值为

302 毫克/立方米，PM2.5 在 PM10 中占 90%。通过估算，研究人员发现：如果一个人 24 小时呆在户外的话，仅在实验当天，这个人呼吸的空气就相当于抽了 15 包香烟。空气污染给他们带来的身体伤害不言而喻。

事实上，环境对他们的伤害远远不止如此。除了因空气污染引发的疾病外，户外工作者还会被不少职业病缠身：比如施工机器发出刺耳的声响、汽车发动机的声音、喇叭声、轮胎磨擦声以及城市生活噪声在内的噪声污染，致使他们的听力低于常人；高温造成心血管障碍等中暑性疾病，以及风雨寒冷的天气引发的风湿、关节炎等疾病；长时间站立导致的下肢静脉曲张；还有超强度、超负荷工作带来的压力，等等。因此，在户外工作的这些人员，他们应该有一定的保护措施。我们常说一句话，“你改变不了环境，但你可以改变自己”，这些用在他们身上再合适不过，既然不可能很快地改变室外环境的情况，那么就只能采用一定的措施保障自身的安全。

◆如何做才能少受伤

首先一点，就是不管别人怎么看，自己戴好防尘口罩。其实对于建筑工人、保洁人员来说，只要增强保健意识，这点便不难做到。唯独那些众目睽睽下的交警，对戴口罩之事毫不妥协，始终坚持原则。他们认为自己是城市的名片，在公共场所戴口罩会影响形象，也不方便吹哨等工作。但是他们忘记了，自己也是有血有肉的平凡人，而不是百毒不侵的机器人，在完全暴露的环境下，一站就是数小时，受到的污染比常人更为严重。只要雾霾一天不散，就得天天和它亲密接触。久而久之，由此带来的危害可想而知。

如果有交警被雾霾“攻陷”了，患上这样那样的疾病，身体逐渐变坏，增加经济负担不说，恐怕影响工作也不好。说不定单位还要为此增添不少没必要的负担，这是于人于己都不利的事。而且，在《公安机关人民警察内务条令》《交通警察道路执勤执法工作规范》等中都没有禁止他们戴口罩的明确规定，那么，他们在雾霾、冰雾等恶劣天气执勤时戴口罩也并无不妥。以韩国为例，他们国家的交警在大晴天都戴口罩执勤，对这种做法，我们也应该借鉴，提高对雾霾天气的警惕，戴上口罩，做好隔离。至于选择何种防尘口罩，如何佩戴和清洗，具体可参考前面的章节。

其次，户外工作者还要保持膳食平衡。蛋白质是构成和修复组织，调节生理功能，供给能量的生物大分子。维生素是维持人体正常生理功能及细胞内特异代谢反应所必需的一类微量低分子有机化合物，在体内含量极少，但在机体的代谢、生长发育等过程起重要作用。适量增加蛋白质、维生素的摄入有助于提高机体抗病能力，增强机体的自我修复机能。菌藻类含有丰富的蛋白质和人体所必需的各种氨基酸，以及丰富的维生素、矿物质，户外工作者常吃菌类有助于排除和转化体内的有毒有害物质，可以减少体内的废气存积。而适当食用蔬菜、水果以及粗杂粮的，则能保证维生素的正常摄入量。除此之外，户外工作者还要保持清淡饮食，控制盐的摄入量，据研究发现，盐和心血管疾病密切相关，所以大家还是少吃为妙。

增加换班次数也是一种减轻雾霾伤害的方法，户外工作者可与上级沟通，在工作时间内增加换班轮休的次数，缩短连续工作时间等。如果重度污染雾霾天气里 PM2.5 超过 1000 微克/立方米，应立即停止户外露天工作。换岗的做法虽然不能完全阻挡脏空气进入肺部，但是户外工作者还是应该尽量为自己争取利益。

另外，从事户外工作的人每天应该戴上帽子和墨镜出门，尽量穿长袖衣裤，以保护五官、肌肤等不受雾霾侵害。无论每天工作强度如何，回家后都应马上冲澡，并以按摩的方式轻轻擦拭全身，先用温水，再用冷水冲淋，并全身抹些护肤露。建议每天清洗衣物，将附着在上面的有害物质颗粒冲洗干净。

第二节 雾霾当道，老年人晨练有讲究

导读

雾霾天气下，老年人晨练不宜过早，最好以太阳出来为准。即使再大的雾，遇到太阳，也会在很短的时间内消散。如果雾霾天里太阳一直不露面，那么不妨取消锻炼计划，否则不仅达不到锻炼的效果，还会损伤身体。老年人还要根据自己的身体选择适合自己的运动，锻炼项目不宜过于激烈，以快走的方式为最好。

陈阿姨去年刚从一家企业退休，因为闲在家里实在无聊，所以她组织家附近的退休老人每天早晨去公园跳广场舞。相对于很多手脚跟不上节奏的“小伙伴们”，陈阿姨自告奋勇当起了“教练”。她一有空就通过电视、网络学习舞蹈，并根据歌曲的节奏，编排一些易懂易学的舞蹈动作传授给大家。陈阿姨还给自己的小团队起了个名字，叫“老来乐小组”。每天，当天色刚刚亮起，老来乐小组就把音响拉到广场上，跟随节奏翩翩起舞。

最近，陈阿姨心情很郁闷，以前他们都是早上 6：00 就出来晨练，但由于雾霾较重，他们将晨练改在了上午 9：30，可即便这样，他们锻炼的效果依然不理想。最让陈阿姨难过的是，受雾霾天气的影响，老来乐小组的成员越来越少。先是隔壁的张大爷提出了“单飞”，张大爷说到处都是雾霾，一呼吸嗓子都是辣的，儿子告诉他做剧烈运动不好，容易把脏东西全吸进肚子里，所以他不想出去跳舞了。接着是 72 岁的宁大妈要退队，宁大妈也说，这一年以来，动不动就是雾霾天气，她运动量稍微一加大点就感觉呼吸困难，她现在想改变一下锻炼身体的方式，每天在家做做健身操。

一来二去，老来乐小组就剩下了陈阿姨和贾大爷。贾大爷今年70岁高龄，退休后练了10多年太极拳，身体非常结实。陈阿姨虽然不舍得这个成员，但为了健康，便劝贾大爷也不要再晨练了。贾大爷笑着说：“我是有名的‘土豹子’，身体倍儿棒，您甭担心我。倒是您现在脸色越来越不好了。要我看，咱不练了也行，先回家避避雾霾的风头，等天气好了，咱们大家伙儿再聚一块儿。”就这样，老来乐小组暂时解散了。

与老来乐小组的成员一样，很多老年人退休后闲在家中无事，于是结伴跳舞、登山、练功，或是一起打打扑克、玩玩麻将等。但是在雾霾天气里锻炼身体或进行一些文娱活动，反而是在变相地损害自身健康。这是因为，看似缥缈、温柔的雾霾里其实有很多“脏东西”。特别是离地层近的空气，污染往往较严重。雾霾在飘移过程中，不断与污染物相碰，并吸附它们，会明显降低空气质量。如果在大雾笼罩时锻炼，来自四面八方的污染物会刺激人体的一些敏感部位，很容易引起咽喉炎、气管炎、结膜炎及其他一些过敏性疾病。对于有基础气道疾病和心血管疾病的老年人来说，倘若防护不当，雾天往往会加重症状，诱发原有疾病，严重的还可能危及生命。正因如此，很多专家都建议老年人尽量“宅”在家中。

可是，“人在江湖，身不由己”，老年人出去串个门，买个菜仍然难以避免。而且，生命在于运动，如果因为雾霾就暂停所有的户外活动，一直待在家里，万一把身体憋坏了怎么办？那么，老年人又该如何锻炼，如何度过雾霾天呢？

◆能否晨练，指数告诉您

晨练是一项强身健体的运动方式。早晨空气清新，在树林里或湖边锻炼身体，对健康非常有益。但是要达到理想的晨练效果，在锻炼之前就要关注一下当时的晨练指数。

什么是晨练指数呢？就是气象专家们为了更好地帮助人们选择晨练时机，综合了各种气象条件而制定的气象要素标准。根据风向、风速、温度、湿度和大气污染的情况，晨练指数共分 5 级：1 级，代表各种气象条件均好，最适宜晨练；2 级，代表一种气象条件不太好，适宜晨练；3 级，代表两种气象条件不太好，较适宜晨练；4 级，代表 3 种气象条件不太好，不太适宜晨练：5 级，代表 5 种气象条件都不好，不适宜晨练。

老年人在晨练之前一定要搞清晨练指数。当遇到酷暑、严寒、大风、大雨、扬沙及雾霾天气时，千万不要外出晨练，以免损害健康。

◆晨练的时间要选对

生活中，不少老年人将晨练时间定在天亮之前或天蒙蒙亮的时候，他们认为此时环境幽静，空气清新，锻炼效果最好。其实，气象学知识显示，后半夜经常出现的近地面逆温层，使得空气污染物在清晨最不易扩散，往往天色刚亮时，就是污染的高峰期，同时也是每天气温最低的时间段。老年人太早外出锻炼易受“风邪”侵害，增加了患感冒的可能性，也易引发关节疼痛、胃痛等病症。所以，晨练不宜太早，以早晨阳光出现时作为晨练的最佳开始时间，这就是《黄帝内经》中所强调的“必待阳光”。

古人认为养生防病应顺应自然，锻炼也是如此，最好随着四季的流转而变化。一般来说，春季晨练时间在太阳升起后。因为春天晨间气温低，湿度大，雾气重，从室内转室外，温差较大，人易受冷，容易患伤风感冒，或加重“老慢支”、哮喘病、肺心病等。所以老年人应该在太阳升起后再外出锻炼为宜。

到了夏季，锻炼时间则不宜早于 6：00。因为夏季空气污染物在早晨

6:00前最不易扩散，此时是污染的高峰期，外出锻炼有百害而无一利。另外，许多老年人喜欢在绿色植物生长的地方进行晨练，要知道，植物在日出之前不能进行光合作用，会积存大量二氧化碳，早晨靠近它们锻炼，对人体健康是有害的。

入秋后，晨练时间又有变化。由于秋天早上气温较低，人体的血管处于收缩状态，心血管和神经系统很不稳定，因此晨练不宜过早，晨练的最佳时间应该是在上午10:00左右，此时晨露已经散去，气温也比较稳定。

冬季最合适的晨练时间应该是9:00点以后。此时气温稍有提升，公园空气好，老人可以边晒太阳边锻炼，一举两得。老人也可以选择下午16:00~17:00去公园锻炼，此时公园里的树木进行了一天光合作用，空气含氧量高，这种环境适合锻炼。

◆掌握锻炼的时间和“度”

不同年龄的人，对同样运动的适应性和反应不同。如健步走对65岁的人来讲，可能是中等强度运动，而对80岁的人，则可能是大强度运动。因此，对于老年人的运动健身，要特别强调运动强度的控制。人到老年后，运动强度要逐年减小，运动时间要逐年缩短。

老年人不要选择身体接触对抗性较强的运动项目，如篮球、足球等，以避免运动损伤。在参加非身体接触对抗性运动时，如打网球、羽毛球、乒乓球时，最好不要进行激烈的比赛。即使身体状况允许，能够参加比赛，也要放松心态，不在乎输赢，以免由于比赛时情绪激动，出现意外运动伤害。

老年人晨练应以走、慢跑、太极拳、太极剑、老年健身操等一些动作轻缓、用力不大、没有憋气、上下升降不突然变化的单人项目比较合适，每天 40 分钟到 1 个小时为宜。切不可每天练得大汗淋漓，久之反而对身体有害。在锻炼前还要进行 5 分钟的热身，让身体的各个器官系统适应从睡眠到运动的过程。如不经过准备活动的预热，很容易导致肌肉、关节和韧带的损伤。

生命在于运动，想要拥有健康的身体还是得坚持晨练。但是对于老年人来说晨练不是一件简单的事，那么上面教给大家的锻炼要点您都掌握了吗？希望每一位老人都能健康运动，安然度过雾霾天。

第三节 备孕一族，巧妙应对空气污染

导读

雾霾之下，我国各地空气质量一降再降，人们的健康受到威胁。然而，根据最新研究表明，雾霾也同样影响着正常生育。人的身体各器官组合是一个循环系统，有毒气体进入身体后，会影响各器官的正常运转。对于女性来说，最为明显的表现就是内分泌失调，对于男性而言，则是精子数量减少、质量变差，而这些状况都可以通过饮食来改善。

孕育新生命是世上最美丽的事情，同时也是最紧张的事情。无论你是所向披靡的职场强人还是才高八斗的无敌学霸，当你面对要宝宝这个任务时都会感到手足无措。尤其当下空气污染问题比较严重，很多女性朋友都“HOLD不住”紧张的心情，担心自己无法孕育出优质、健康的宝宝。

王女士就是其中一位。她是一家服装公司的品牌策划总监。由于她的事业心比较强，所以怀孕的事被她一推再推。如今，王女士已经33岁，虽然事业发展得越来越好，不过她闲下来时，看着同事们在微博上发孩子的照片，假期带着宝宝一块出游，心里不由得羡慕起来。于是，她和老公计划了要宝宝的事。就这样又测体温，又计算排卵日期地折腾了大半年，王女士的肚子里依旧没有动静。王女士认为是自己年龄太大了，受孕变得困难，在老公的鼓励下，她来到一家妇幼医院进行详细的检查。可结果出来了，王女士除了酮体稍稍偏低外并无异常，而检查单的下方赫然写着几个大字：建议男方检查。于是，王女士将信将疑地陪老公进行精子质量检查，最后发现，这么久没要上宝宝，问题真的出在她老公身上。

时下，到大医院看不孕不育的就医者明显增多，社会上不孕不育门诊形形色色，街头上、电视里治疗不孕不育的广告触目可及，越来越多的年轻人都加入不孕不育的大军之中，这其中的男性人数不少。专家认为，出现这一现象，除了自身因素外，城市环境污染是一个重要的诱因。不久前召开的一次不孕不育研讨会发布的消息，也证实了这一说法：随着城市的发展，环境的日益恶化，我国男性不育的发病率近年来一直在增加，和过去相比，男性精子总数几乎减少一半，并以每年约2%的速度在递减；目前在不育夫妇中，男性生殖能力异常比例为35% ~45%，直逼女性。

雾霾天可以使呼吸道疾病增加、慢性病增加等，这些都可以理解，那么雾霾为什么会影响人的生育能力呢？这是因为，人体是一个统一的整体，雾霾中的二氧化硫、氮氧化物和有毒颗粒物进入人体后，会经过人体的循环系统而进入各个器官，并造成危害，这其中也包括对生殖系统的危害。对于男性来说，各种有毒、有害污染物影响的是男性的精子质量，常年累积下来，就会使男子精子数量减少，或者降低精子的活动能力；而对于女性来说，最为明显的影响就是内分泌失调，这些都是因为吸入过多污染物和废气，体内毒素堆积过多所致。女性一旦内分泌紊乱，将对“造人”计划带来前所未有的挑战。

雾霾和环境污染是全球难题，作为备孕一族有什么应对办法呢？专家认为，雾霾无法改变，但可以注意避免，而做好个人防护依旧是防霾的重点。比如在雾霾天应减少外出，如果必须要出门，一定要戴上口罩；家中门窗紧闭时，可用空气净化机净化空气，等等。虽然这些都是老生常谈的话题，但为了能“造”好一个健康的宝宝，这些细节不该被忽略。

除此之外，无论男性还是女性都应该在饮食上下足功夫。男性重点要食用一些可以改善精子质量的黄金食物，而女性调理饮食的目的则是排毒。下面，我们就来分别说一说。

◆改善精子质量的黄金食物

近半个世纪以来，在世界范围内男性的精子数量每年以2%的速度下降，不育症发生率大为增加。除了空气污染外，酗酒、抽烟、生活习惯改变、压力大等也是影响精子质量的因素。营养学专家指出，很多植物和健康食品都有助于增加精子数量和提高精子质量。要想拥有一个健康的宝宝，男士们应从饮食开始，做到饮食均衡。

首先，要充足量的优质蛋白质，合理补充富含蛋白质、氨基酸的食品，有益于内分泌功能的协调和生精功能的维持。富含优质蛋白质的食物包括：猪肾、鳝鱼、虾、大豆及其制品、瘦肉、鸡蛋、鹌鹑肉和蛋等。

其次，要合理补充各种维生素，注意多摄入富含维生素的绿叶蔬菜、新鲜水果，如西红柿、苹果，以及动物肝肾、芝麻、花生米、蛋类等食物。

还有，微量元素在生精功能方面也起着重要作用。锌对男性生殖功能有着重要作用。小米、玉米、红薯、大豆、南瓜、大葱、柠檬、牡蛎等含锌较多，膳食中应该适当安排；锰对生精有特殊作用，缺锰可致男性睾丸萎缩，含锰较多的食物有大豆、扁豆、甜菜、葡萄干、小麦、黑麦、荞麦、大麦等；硒在精子生成和维持精子结构的稳定性等方面有很大的作用，含硒量高的食物主要有海蜇皮、海带、墨鱼、对虾、海蚌、蛤蜊、紫菜等海产品，南瓜、甘薯、西红柿、大白菜、菠菜以及大米、粗面等。

总之，男人的生精功能与机体其他器官的代谢功能活动一样，需要多种营养物质来维持。这就要养成良好的饮食习惯，不挑食、不偏食，保证各种膳食营养成分的平衡供给。

◆女性准备怀孕，先进行排毒大扫除

现在我们处于一个处处是毒的环境中，准妈妈们要想优生优育，孕前排毒也是一项重要任务。当体内毒素沉积，皮肤晦暗、色斑、痤疮、肥胖就会随之而来，身体里积累的毒素不但有损容颜和健康，更会阻挡好孕的脚步，甚至会造成不良孕产和胎儿畸形。所以，为了给胎儿创造更加良好的成长环境，女性在孕前 4 个月就要为身体排毒。

其实排毒不是什么难事，在我们身边就有很多具有排毒功效的食物，我们只需将它们搬进厨房就可以了。现在就为大家介绍一些疗效非凡的排毒佳品。

常见的排毒食物

①各种新鲜蔬菜可使血液呈弱碱性，让沉淀在细胞内的毒素重新溶解，随尿排出体外。

②海带含有丰富的海带胶质，可促使侵入体内的放射性物质排出。

③绿豆能帮助排泄侵入体内的各种毒物，包括各种重金属及其他有害物质促进人体的正常代谢。

④蘑菇能清洁血液，排泄毒性物质，经常食用可保持体内环境的清洁。

⑤猪血中含有大量血浆蛋白，经过人体胃酸和消化酶分解后，与侵入胃肠道的粉尘、有害金属微粒发生化学反应，变为不易吸收的废物而被排泄出体外。

⑥酸奶可以补充益生菌，抵御病原菌的侵害。

除了多摄取具有排毒功效的食物外，还应该多为我们的肺脏排毒。你可以选择空气清新之处做做深呼吸，尽量将体内的废物呼出。具体做法有2种：一是增加呼吸深度，吸气时数到4，呼气时数到12，然后逐步增加到吸气时数到7，呼气时数到21，一呼一吸算1次，每天早、晚各做10～20次；二是主动咳嗽，每日清晨与晚睡前，到室外空气新鲜的地方做深吸气，吸气时缓慢抬起双侧胳膊，然后突然咳嗽，并迅速将两臂下垂，咳出痰液。如此反复10次，每次间隔时做几次正常呼吸，防止过度换气。

人在“孕”途，怎样和雾霾天死磕

导读

在雾霾天里，大家都在想怎么抵御这种鬼天气，而对于特殊时期的孕妈妈们更是要积极着手应对雾霾天气。我们知道，PM2.5、二氧化硫等能引发很多疾病，还会导致胎儿发育不良，甚至是胎停。所以怀孕之后，孕妈妈们要加倍小心，不遗漏家里家外的每一个细节问题，这样才能做到保胎、安胎。

“我和我老公结婚 2 年多了，在我们谈恋爱时，非常想要个小孩。不过当时我们事业都不稳定，也没有过多精力筹备结婚，所以谈恋爱时我们一直采取避孕的措施。2013 年国庆那天，我和老公终于修成正果，迈入婚姻的殿堂，我们非常高兴，准备趁着年轻把孩子要了。可喜的是，在婚后没多久我就怀孕了。不过，那时候空气很不好，老公担心我上下班路上对宝宝有影响，在我怀孕 2 个多月时，他就让我把工作辞掉，在家好好待产，我也开始担心宝宝的发育，于是照他说的做了。可是我们越怕什么就越来什么，有一天，我去医院做彩超，医生告诉我，在我肚子里 84 天的胎儿已经没有了胎心，也就是说胎停了。那一刻，我不知道该用什么语言来形容才可以表达当时的心情，眼泪一下涌出来，止都止不住。得知这个消息后，老公也落泪了，不过他还是忍住悲伤来安慰我。过年时，身边的亲朋好友都在看我的肚子，那种滋味没法用语言来说，我们想拥有自己的小宝贝为什么就那么难？我很害怕，我不知道自己还会不会有孩子……”

这是我在天涯论坛看到的一个女人的伤心胎停经历，她说得声泪俱下，我也因此而难过半天。恐怕世界上没有比失子之痛更为残忍和痛苦的事了。当你抱着希望走在“孕”途时，当你为未来设定好一大堆计划时，却发现体内胎儿的生命停止了，所有期待都化作泡影，而伤人不眨眼的雾霾却依旧“逍遥法外”。为了避免类似悲剧的发生，为了有的放矢地抗霾，各位孕妈妈们还是先了解一下雾霾和妊娠的关系吧！

雾霾对胎宝宝的伤害有多大呢？专家认为，高浓度的细颗粒物污染可能会造成胎停育，这位妈妈就是受害者。这种说法不是空穴来风，而是经过验证得出的。一家石油系统医院曾针对油区环境对胎停育者的影响进行了调查，研究人员选取了 98 名油区内的胎停育者，又选取了 98 对分娩正常婴儿及产妈妈，将 2 组人员进行对照，结果发现，油区内空气指标并不超标，但是距离此工厂 1000 米内居住的育龄妇女，胎停育的比例显著增加。距工厂越远，二氧化硫等污染物的含量也就减少，胎儿发育异常的比例也逐渐减小。

国内外更多的研究表明，围产儿、低重儿、宫内发育迟滞、先天性功能缺陷，甚至癌症也都与大气颗粒物的浓度相关。随着科技的发展，重症儿童抢救技术的提高，新生儿的死亡率并没有下降反而呈上升趋势，其中有些城市新生儿的死亡率为农村新生儿死亡率的 2. 58 倍。为何医疗技术和配备较为发达的城市新生儿的死亡率却高于农村，这其中空气污染的危害是否占据重要的一席之地？这不得不引起我们的深思。

雾霾为孕妈妈带来的伤害也不少，主要包括以下 4 个方面：第一，危害呼吸道。雾霾微粒会直接吸入，最易伤及呼吸道，可引起肺炎、哮喘、咽喉炎、鼻炎、眼炎等。孕妈妈的免疫力下降，就容易得病。第二，危害心脏。雾霾天一般气压低，空气含氧量下降，人易出现胸闷、气紧。雾气潮湿寒冷还会造成冷刺激，引起心脏负荷加重等。第三，雾霾还有可能引起孕妈妈血压升高，将导致子痫前期和子痫发生率增高。第四，雾霾影响孕妈妈情绪。空气污染严重时，光线较弱，人体会分泌较多松果激素，而甲状腺素和肾上腺素的浓度则相对降低，由此孕妈妈的情绪会变得忧郁沉重，这在一定程度上会影响胎儿的生长。

不干净的空气对孕妈妈和胎宝宝竟然有这么严重的影响，接下来的日子里，孕妈妈们一定要注意预防这些可能造成的潜在伤害。

◆ 预防雾霾，饮食调理走在前

雾天里，孕妈妈要多吃新鲜蔬菜和水果，这样能起到润肺除燥、祛痰止咳、健脾补肾的作用。其中，梨、枇杷、橙子、橘子等是清肺化痰食物的代表。

孕妇还要进食一些含锌丰富的食物。缺锌时，孕妈妈呼吸道的防御功能会下降，所以孕妈妈在雾霾天要摄入比平时量多的含锌食物，如肉类中的猪肝、猪肾、瘦肉等；海产品中的鱼、紫菜、牡蛎、蛤蜊等；豆类食品中的黄豆、绿豆、蚕豆等；硬壳果类的花生、核桃、栗子等，均可选择入食。

孕期补充维生素 D 也是必不可少的。维生素 D 可以促进人体肠道对钙、磷的吸收和利用，并能维持细胞内外的钙浓度。经常晒太阳是人体获得充足维生素 D 最简单的途径。而因为空气污染，孕妈妈们减少了外出晒太阳的机会，也就减少了维生素 D 的吸收。此时，应选择一些富含维生素 D 的食物，如海产品、瘦肉、花生米、葵花子和豆类等。

除此之外，孕妈妈还应该补充维生素 C。维生素 C 是体内有害物质过氧化物的清除剂，还具有提高呼吸道纤毛运动和防御功能。建议多吃富含维生素 C 的食物或维生素 C 片剂，如番茄、柑橘、猕猴桃、西瓜等。

需要提醒各位妈妈的是，当孕妈妈不小心生病时，可以采用食疗的方法去治疗，但是在病情严重及很有必要的情况下，还是要及时就医，避免生病长时间拖延带给孕妇、胎宝宝一些疾病后遗症。

◆室内防雾霾有绝招

说完了饮食，我们再来盘点一下室内活动的注意事项。秋冬季节是雾霾的高发期，且气候比较干燥，孕妈妈久居室内，尽量要让室内保有一定的湿度。此时建议在室内放一盆水，或者使用空气加湿器、负氧离子发生器等，以增加空气中水分的含量。孕妈妈还要及时为自己和胎宝宝补充水分，每天保证至少喝 600 毫升水，对于预防呼吸道黏膜受损、感冒和咽炎有很好的效果。

保持个人卫生和居室卫生也是很重要的，特别是在外出回来，衣服灰尘等小微粒比较多，最好清洗一下，以免滋生细菌以及感染各种病毒。如果出现雾霾天气比较严重，可以将窗户开小点，或者短暂的关闭一会，等太阳出来再开大通风。有的孕妈妈担心“引毒入室”，在家一闷就是一整天，殊不知，有时候家里的油烟味以及家具散发的各种有害气体对身体的伤害更大，所以，开窗通风是必要的。

在家里待产的孕妈妈最好不要晨练或者过度运动。因为早上雾霾刚出来的时候气压非常低，空气中的氧气含量也低，孕妈妈吸入这些空气很容易产生胸闷，而且早晨寒冷的空气太刺激，孕妈妈吸入体内很容易对孕妈妈心脏造成负荷。而过度的运动会吸入更多的有害物质，所以孕妈妈在室内最好做一些舒适缓和的运动，比如瑜伽。

阻挡辐射对自己的危害，让我们的身体得到保护，这也是孕妈妈们每时每刻都要做的工作。要注意家用电器的摆放是否合理，这些东西对于她们而言是非常重要的，因为这不仅关系到她们的活动空间和使用方便问题，更重要的是家用电器的污染问题。孕妈妈应与各种家用电器保持一定的安全距离，远离微波炉、电视等。经常坐在电脑前的孕妈妈，为了宝宝的健康成长，很有必要穿防辐射服。

◆孕妈妈外出“自卫战”全攻略

雾霾天气多发的季节是非常危险的，虽然 N95 口罩可以防止颗粒物吸入，但是并不能阻挡二氧化硫，所以在重污染天里，孕妈妈们，尤其处于孕早期的女性应该尽量宅在家里。有条件的家庭可以选择乡下或空气质量良好的城市生活一段时间，待度过危险期再返回。无此条件家庭可在家里安装空气净化器，选择空气质量好的时间外出活动。

外出时都有哪些注意事项呢？这里，给大家提供几个出行的小“处方”，以有效保护胎宝宝的安全，减轻孕妈妈自身的不适：孕妈妈们应该尽量远离人多拥挤的地方，减少与细菌、病毒的接触；尽量减少外出。当遇到浓雾天气，如果是不得不出门，最好戴上口罩，戴口罩可以防止一些尘螨等过敏源进入鼻腔。孕妈妈要注意挑选一些正规生产厂家的产品，还要每天换洗；孕妈妈冬季外出要注意保暖，多穿一点衣服，切勿着凉；养成每天收听天气预报的习惯，如果大气污染指数很高，悬浮颗粒物超标或大雾天气，就不要到室外散步、健身或锻炼了，静静地在居室内休息；要尽量避免去闹市区、油煎烧烤摊点、污水河、垃圾站、煤气站、加油站等地方。

以上就是孕妈妈在雾霾天保健的注意事项，希望每位孕妈妈都能读在口中，记在心上。毕竟怀孕是人生大事，我们马虎不得。为了下一代的健康，请多关心一下自己吧！

第五节 雾霾频发季，为宝宝的健康保驾护航

导读

近日持续的灰霾天气，PM2.5数值已经超标，空气污染水平已经超出人体所能承载的能力。这样的空气环境下，成人出门尚且忍受不了呼吸的痛，更何况是年纪小小的宝宝呢？在十面“霾”伏的大环境下，父母应该给宝宝做哪些准备呢？今天就给爸爸妈妈们支支招。

今年国庆，吕女士带着一家人来北京旅游。谁知，刚随导游逛了一天故宫，她的女儿笑笑就开始咳嗽、流鼻涕，夜里还发起高热，一下子到38.7℃。吕女士连忙去药店开了一些退热药让女儿服下。结果，笑笑的病情始终不见好转，她一直高热不退，做什么都提不起精神，一到外面，喷嚏和鼻涕就止不住。看着孩子可怜的模样，吕女士便放弃了和家人的旅游计划，带着笑笑去北京一家医院接受治疗。

吕女士注意到，在儿科值班医生的诊室内外，站的都是抱小孩的家长，有的孩子才几个月大，有的孩子三四岁。值班医生忙得不可开交，而孩子们的家长也都你一言我一语地聊了起来。一个家长说，她的宝宝平常挺爱说话、挺活泼的。但遇到了雾霾天气，孩子的体质一下就变差了，几乎天天都在咳嗽、打喷嚏，幼儿园也没法去了，家里人为了照顾孩子，也都轮番请假，可即使这样，孩子的症状还是反反复复。

另一个家长的情况与吕女士非常相似，他也是带着女儿来北京旅游的。因为女儿天天张罗着去爬长城，所以他就利用国庆黄金周完成孩子的心愿。没想到的是，国庆出行的人太多了，他刚把车开进京藏高速就开始拥堵了，几乎挪不动步。从早上一直堵到下午 17：00，他终于来到了八达岭。谁知，女儿刚下车身体就顶不住了，咳嗽个不停。这位家长无奈地说："我本来想带她爬长城的，现在可倒好，直接来医院了。"大家纷纷叹气、摇头，然后就聊到 PM2. 5 这个话题上了。

◆雾霾天里，宝宝受的伤害比成人多

眼下，较差的空气、较高浓度的 PM2. 5 究竟会对儿童的健康造成哪些危害呢？要知道，宝宝比成年人受空气污染的影响更大，不仅因为他们的呼吸道免疫功能差，还因为他们单位重量的体重比成人需要更多的空气。一旦雾霾被吸入，其含有的二氧化硫等有害物质就会刺激宝宝的呼吸道，引发呼吸道感染。如果有害物质沉积在宝宝的肺泡之中，还容易引起哮喘、肺气肿，甚至肺癌。这不但让宝宝身体难过，更让妈妈心里难过。

雾霾天家长都会将宝宝放在家中而尽量减少外出，可是，这样会减少宝宝晒太阳的时间，不利于宝宝体内维生素 D 的合成。太阳中的紫外线是人体合成维生素 D 的唯一途径，大气受到污染，空气中紫外线辐射就会减弱，直接导致宝宝患小儿佝偻病的概率增加。

另外，雾霾空气中包含一些人为排放的气体污染物。在这些污染物中，对宝宝影响最大的就是铅，而离地面 1 米内的空气，含铅量最高，宝宝最易中毒。铅中毒不仅能影响宝宝的生长发育和智能发育，还会对宝宝身体上所有器官造成损伤，且受损的器官和组织终生不能修复。早在 1999 年，国际清除铅损伤联盟专家就告诫我们：20 年后，中国人的平均智力将比美国人低 5%，并会有约 200 万高智商的人变为平庸之辈。由此可见，空气污染已威胁到宝宝的成长。

面对如此可怕的雾霾天气，爸爸妈妈们一定不能掉以轻心。从现在开始就要为宝宝做好预防的措施，跟雾霾天气做斗争，帮宝宝们把好健康第一关！

◆减少雾霾伤害的8个小妙招

那么，有哪些办法可以将雾霾的伤害降到最低呢？这里有8个小妙招可以为宝宝们的健康保驾护航。

妙招一：勤给宝宝洗脸。宝宝的脸部经常暴露在空气之中，所以灰霾天气时，有不少的有害物质都会依附在宝宝的脸部。所以外出回来后，一定要仔细给宝宝清洗脸部。洗脸时最好使用温水，这样可以将附着在皮肤上的雾霾颗粒有效清洁干净。

妙招二：引导宝宝勤漱口。正所谓病从口入，宝宝经常依依呀呀地说话时，吃东西过后，都会有不少的细菌依附在口腔里面，所以经常给宝宝漱口，可以清除附着在口腔的脏东西。

妙招三：教宝宝清理鼻腔。雾霾天让宝宝的鼻子里积存了很多脏东西，所以爸爸妈妈们别忘记给宝宝清洗鼻腔。如何清理呢？首先，让宝宝洗净自己的双手，捧一捧温水，教宝宝用鼻子轻轻吸水并迅速擤鼻涕，反复几次这个动作，鼻腔里的脏东西就全部清理干净了。值得注意的是，清理鼻腔时，一定要轻轻吸水，避免呛咳。如果是太小的宝宝，不可以自己吸水清理的话，爸爸妈妈在给宝宝清理鼻腔时，可以用干净棉签蘸水，帮助宝宝反复清洗。

妙招四：给宝宝戴纯棉口罩。虽然有研究证明，N95口罩对PM2.5的抵御能力明显高于普通的纯棉口罩，但是因为这种口罩密封性非常好，堵住宝宝的口鼻，容易导致宝宝的呼吸不畅。宝宝还不会表达自己的不舒服，一旦父母不注意有引起窒息的危险，所以出于安全考虑，还是建议给6岁以下的宝宝戴纯棉材质的口罩。要根据宝宝的年龄选择不同大小的口罩，能调节大小的、8～10 厘米大的口罩最适合宝宝。口罩过小，则病菌、粉尘、污染容易从口罩边缘或鼻两侧间隙进出，影响过滤作用。

妙招五：使用加湿器和空气净化器。在室内使用加湿器能增加空气中的湿度，湿度增加以后，空气中的颗粒物就容易落到地面，而不是悬浮在空中，减少家人和宝宝吸入颗粒物的机会。如果家里有爱过敏或者哮喘的宝宝，对空气中的颗粒物会更加敏感，这种情况下，建议父母们购置空气净化器，它能够过滤掉空气中的部分颗粒物，减少宝宝过敏的几率。

妙招六：选择风大的时间开窗。在风大的时候，开窗通风，空气至少是流动的，停留在室内的颗粒物也会少一些。如果是雾霾非常严重的天气，最好不要开窗。

妙招七：让宝宝远离马路。爸爸妈妈尽量不要带低龄的宝宝在马路边玩，过马路时尽量把宝宝抱起来。这是因为，马路边的汽车尾气较多，而又主要集中在一米以下的空气层，把宝宝抱起来，就可以减少废气的吸入，避免废气和雾霾天气对宝宝呼吸道的“双重夹击”。

妙招八：多吃防霾食物。为了提高宝宝的抵抗力，并让宝宝及时排出吸入的雾霾毒素，爸爸妈妈们还要让宝宝多吃防霾食物，如雪梨、黑木耳、银耳、莲子、百合、萝卜、蘑菇、金针菇、大蒜等。在空气质量不好时，还要引导宝宝多喝水。水能冲淡人体内累积的尘埃和毒素，多喝水有助排毒。除此之外，在雾霾天气宝宝的饮食最好保持清淡，少吃刺激性食物，唯有这样，才能最大程度呵护宝宝呼吸道和肺部，避免雾霾伤害。

第十章

减少PM2.5损害，到空气纯净的地方『洗洗肺』

逃离“仙境”，到森林里吸吸氧

导读

不知道什么时候，我们发现，想要呼吸清新空气越来越困难。城市上空的蓝天依然没有笑脸，汽车排放的尾气，空中飘浮的粉尘，都让我们的呼吸变得沉重。厌倦了城市的水泥丛林、喧嚣污浊和 PM2.5，不如趁着假期到空气好的森林去，深深地呼吸，安静地看景。

城市中“云山雾绕”，如入仙境般，哪里才是“安全区”？往往我们会想躲在家里，紧闭门窗，这样给我们带来安全感。其实我们忽略了大自然赐给人类的最大财富，那就是广袤的森林。

森林生态系统不仅具有除尘、净化空气的功能，还可以减轻和治理污染，阻滞和吸收大气中的颗粒物，降低其危害。这些对于现代人来讲，都毋庸置疑。而植物最突出的作用便是可以产生氧气的光合作用，让森林成为天然的“氧吧”。于是不少人开始到大自然中去感受大森林的乐趣，去领略大森林对人体的各种益处。

我们不妨带上家人，一起到空气清新的大森林里尽情地吸吸氧吧。当你步入苍翠碧绿的林海里，会骤感舒适，疲劳消失。森林中的绿色，不仅给大地带来秀丽多姿的景色，而且它能通过人的各种感官，作用于人的中枢神经系统，调节和改善机体的机能，给人以宁静、舒适、生气勃勃、精神振奋的感觉而增进健康。

◆森林——绿色的保护与屏障

据调查，绿色的环境能在一定程度上减少人体肾上腺素的分泌，降低人体交感神经的兴奋性。它不仅能使人平静、舒服，而且还能增强人的听觉和思维活动的灵敏性。科学家们经过实验证明，绿色对光反射率达 30% ~40% 时，对人的视网膜组织的刺激恰到好处，它可以吸收阳光中对人眼有害的紫外线，进而使人恢复眼疲劳，保持愉悦的情绪。

最主要的是，森林中的植物，如杉、松、桉、杨、圆柏、橡树等能分泌出一种带有芳香味的单萜烯、倍半萜烯和双萜类气体“杀菌素”，能杀死空气中的白喉、伤寒、结核、痢疾、霍乱等病菌。据调查，在干燥无林处，每立方米空气中，含有 400 万个病菌，而在林荫道处只含 60 万个，在森林中则只有几十个了。

此外，森林还有调节小气候的作用，据测定，在高温夏季，林地内的温度较非林地要低 3 ~5℃。在严寒多风的冬季，森林能使风速降低而使温度提高，从而起到冬暖夏凉的作用。森林中植物的叶面还有蒸腾水分作用，它可使周围空气湿度提高。

虽然森林有种种好处，但也不是可以不加选择的。比如现在有的市区或者近郊都会把大片的林带作为公园，既方便市民休闲、锻炼，又能起到绿化、改善环境的作用。大家也都喜欢去公园晨练，但经专家研究发现，9 : 00 以前、21 : 00 之后，林内的 PM2.5 浓度比林外要高。主要原因是晚上相对风速小、湿度高，PM2.5 在林带中难以扩散出去，所以这个时间并不适合到林内，而 9 : 00 以后再进入林内是最好的选择。

还有一点要注意的是，植物也会产生颗粒物，比如植物的花粉以及散发出来的气味等有机挥发物的分子，也属于 PM2.5 的范围，所以，在不同的生长阶段、不同时期，植物也可能变成 PM2.5 的生产者，那么选择时间与地点也是比较重要的。我们可以选择离市区稍远，阔叶树木较多的森林，真正享受原生态的森林带给我们的惬意。

少一些雾霾，多一片海阔天空

导读

一边是 PM2. 5 浓度超标的空气，100% 糟心度的高峰堵车，高温橙色预警信号；而另一边却是 46 万株椰树，50% 森林覆盖率，32 万亿负氧离子，全年 24℃ 的海边恒温。如果是你，会选择哪种生活？无疑，水果繁多、花卉丰富、空气洁净的海边才让我们神往。那么，就来一场说走就走的旅行吧！

对于生活在内陆的人来说，大海给予他们的是无尽的联想与向往。海洋令人敬畏，他的广阔更让人心胸开阔。海的神秘与美丽有一种神奇的吸引力，越来越多的人奔向海边度假，享受阳光沙滩带给自己的放松与浪漫。其实，在雾霾肆虐的今天，到海边享受一下生活也是不错的选择。

◆我们睡觉时，大海在净化空气

海洋在净化空气方面的功劳是非常大的。我们并不知道，我们在睡梦中时，大海却在默默地清理空气。不仅海风本身有吹散有害物质颗粒的作用，而且海洋表面能在晚上净化、过滤污染空气中的氮氧化物。由于海水中富含盐，海的表面时时刻刻在发生多种多样的化学反应。这些盐类能够与空气中的氮化物发生反应，经过一系列反应之后，最后形成臭氧回归到空气中。海洋中易形成降雨，将空气中的有毒物质凝结，落入大海或者降落到地面。这就是为什么我们会感觉海边的空气格外清新的原因之一。

有些沿海地区可以保持平均气温都在20℃左右，气候适宜，四季都很舒适。由于空气中的负氧离子含量极高，因此在海边呼吸就相当于“洗肺”。海滨气候所具备的特有的综合作用，可协调机体各组织器官的功能，对许多慢性疾患如神经衰弱、支气管炎、结核病、心血管系统疾患、高血压、气喘、流感、失眠、关节炎、烧伤等治疗有神奇的效果；对佝偻病、坏血病的控制有很好的效果，而且还能改善肺部的换气功能，促进新陈代谢，提高免疫力；使大脑皮质的抑制作用加强，调整大脑皮质功能；松弛支气管平滑肌，解除其痉挛；让红细胞沉降率变慢，凝血时间延长；加强肾、肝、脑等组织的氧化作用。

海中丰富的生物资源也为我们提供了丰富的营养物质，蛋白质就是其中之一。例如，海带营养价值更是高，除了富含蛋白质，还含有丰富的膳食纤维、钙、磷、铁、胡萝卜素、维生素B_1、维生素B_2、烟酸以及碘等多种微量元素。在休闲度假之余多吃些海产品，也能起到排除身体毒素、增强抵抗力的效果，从另一方面减轻雾霾给我们的健康造成的负面影响。

由此可见，海洋对于空气净化与促进人们的身体健康功不可没，即便是仅仅站在海边吹吹海风、极目远眺都是养生，甚至是治病，这真是无比的神奇。想象人们在海水中尽情嬉戏之后，再躺在细软、洁净的沙滩上沐浴日光，傍晚一家人围坐在篝火旁，一边享用着海洋带给我们的健康美味，一边享受海风送来的阵阵清新空气，将是多么温馨惬意。还等什么，快到天涯海角来，远离雾霾，靠近健康。

一扫雾霾的离离原上草

导读

骏马奔腾、天高气爽、芳草如茵、山峰如簇、碧水潺潺，这里是草原，也是一扫雾霾的净地。离开 PM2.5 爆表的城市，来到美丽壮阔的草原，我们定能寻找到一种久违的轻松和愉悦，寻找到一种久违的身心的舒缓和解放，寻找到一种久违的单纯和返璞归真。

辽阔的草原给我们什么印象？空气新鲜、阳光灿烂、蓝天白云，各种明媚清新的感觉。不错，草原也是远离空气污染、逃离雾霾的最佳去处之一。

草原总是给人身心松弛的感觉，来到这总是会让人不禁多呼吸几下，不免身心陶醉。草原作为地球的“皮肤”，在防风固沙、涵养水源、保持水土、净化空气以及维护生物多样性等方面具有十分重要的作用，也是我国面积最大的绿色生态屏障。

◆徜徉绿色，回归自然

一方面，草原对大气候和局部气候都具有调节功能。草原通过对温度、降水的影响，改善气候对环境和人类的不利影响。草原植物通过叶面蒸腾，能提高环境的湿度、增加降水量，缓解地表温度上升，增加水循环的速度，从而起到调节小气候的作用。在水草丰美地区的周围，环境湿度较大，在植被茂密的草原上空，很易形成降雨，改善环境，调节气候，因此显得格外清新，天空也显得更加湛蓝。草原的碳汇功能也非常强大，与森林、海洋并称为地球的三大碳库。健康的草原生态系统可起到维持大气化学平衡与稳定，抑制温室效应的作用。

另一方面，草原简直就是一个巨大的天然氧吧。这里没有裸露的土地，覆盖着大面积绿色植被，有风也不会起尘，这些草原植物通过光合作用进行物质循环的过程中，可吸收空气中的二氧化碳并释放出氧气。草原还是一个良好的“大气过滤器”，能吸收、固定大气中的某些有害、有毒气体。据研究，很多草类植物能把氨、硫化氢合成为蛋白质；能把有毒的硝酸盐氧化成有用的盐类，减少污染，改善空气质量。

现在，越来越多的人也选择背起行囊，奔赴草原“避霾”。在辽阔的草原上策马扬鞭，既愉悦身心，又锻炼筋骨。这里景色秀美壮观，远离现代工业。这里没有喧嚣与车水马龙，更没有雾霾带给我们的种种困扰和健康危害。相信没有人能拒绝这大自然的诱惑，当暖暖的霞光在草原的上方慢慢地掠过，美丽的夜色呈现在我们面前，悠扬的马头琴声回荡在这静谧的草原夜空，我们不禁会哼上一句，“美丽的草原我的家”。

第四节

来一场亲近白云山水 说走就走的旅行吧

导读

有这么一处地方，风景优美，空气清新，是“洗肺”好去处，那里就是山区。山区有3个特点，凉、绿、新鲜，能提供更多的氧气和清凉。所以，如果雾霾持续不散，不妨为自己的肺放个假，去爬爬山，顺便呼吸一下久违的新鲜空气。

我们总在说雾霾改变了我们的生活，本来习以为常的阳光、蓝天、白云似乎都成了一种奢望。当我们站在高楼上远眺，有一种与世隔绝腾云驾雾的感觉，雾霾如云一般被踩在脚下。那么，我们为什么不去爬爬山，好好呼吸一下新鲜空气呢?

由于山区海拔高，又有植被覆盖，能吸收、阻滞颗粒物质。山间的小溪水潭既令人心旷神怡又能稀释和净化有害物质，所以爬山也成了我们躲避雾霾的一种选择。其实爬山有很多好处，它对人的视力、心肺功能、四肢协调能力、体内多余脂肪的消耗、延缓人体衰老等方面有直接的益处。

由于城市中工业污染及热岛效应等因素，空气中颗粒悬浮物较多，能见度较差。山野之中，尤其是在山巅之上，可以使目光放至无限远，解除眼部肌肉的疲劳。

山中原始森林和草地的面积是远非城市中的绿地花草所能比拟的。因此在山间行走，对于改善肺通气量、增加肺活量、提高肺的功能很有益处，同时还能增强心脏的收缩能力。我们都知道，跑步对增强心脏是最有效的，然而却忽略了爬山的功效。爬山时，肌肉的收缩不仅要使身体向前移动，而且还要使身体向上抬高，这就给心脏增加了更大的负担量，因而使心脏收缩速度加快，力量加大，随着坡度的增加、速度的加快和时间的延长，这种负担量越来越大，这对心脏是一种极好的锻炼，日久天长就会使其产生适应性变化。

人们日常体内的糖代谢属于有氧代谢，登山活动尤其是登高山，由于空气稀薄，人体内大部分糖代谢转为无氧代谢，加之登山野营活动的运动量较大，山中野餐往往难以满足体内热量需求，因此，它能大量消耗人体内聚集的脂肪组织，尤其是腰腹部的脂肪组织。因为爬山属于有氧运动，能使肌肉获得比平常高出 10 倍的氧气，从而使血液中的蛋白质增多，免疫细胞数量增加，帮助体内的有害物排出，进而提高我们身体抵抗雾霾的功能。

此外，爬山运动还是最好的“镇静剂”。当你在风景秀丽、空气新鲜的山峦进行登攀时，可以使大脑皮质的兴奋和抑制过程得到改善，因而对神经官能症、情绪抑郁和失眠等都有良好的治疗作用。

◆爬山好处多，注意事项也不少

爬山虽然好处多多，但有没有注意事项呢？答案是肯定的。

第一，爬山要因人而异。虽然爬山是一项很好的有氧健身活动，但并非人人适宜。在爬山前最好先检查一下身体，患有心脏病、癫痫、眩晕症、高血压、肺气肿、关节病的人或膝踝关节容易受伤的人不宜爬山。

第二，夏天爬山要注意防晒与防暑，尽量涂搽一些防晒霜，以防被紫外线晒伤。

第三，爬山时要注意随时补充水分，最好是含有电解质的运动饮料，既可稀释血液，又可减轻运动时的缺水，减轻疲劳感，尽快恢复体力。

第四，在爬山途中必须要保持呼吸节奏，要大口大口地呼吸。再就是爬山时，要均匀地爬，不要一时快一时慢，保持均速爬山也是保持体力的一种好方法。

第五，爬山时最好准备长袖衣裤，一来可以防止山区温差导致的各种不适，还可以防止蚊虫叮咬和植物刮伤。

有了这些准备，我们就可以在山间安逸地享受自然带给我们的奇妙，担心的不再是雾霾，而是这种惬意让你忘记了时间的流逝。

写在后面的话：当蓝天白云成为一种奢侈品

生活在繁忙的都市里，很多人被工作、家庭压得喘不过气来。我也如此，终日为生活奔波，不曾停下脚步用心留意这个世界。某天闲暇时走到外面赏景，突然意识到，我所生活的城市变得和早年完全不一样了。

表面来看，如今的我们越来越“现代”了。一座座直耸云间的高楼大厦，一条条四通八达的地铁交通，一个个配套齐全的商业圈……中国用几十年的时间，走完了西方几百年走完的路，但与此同时，我们头上的天空已经不再那么湛蓝了，我们赖以生存的空气也不再纯净。整个城市雾蒙蒙一片，人们戴着口罩在大街上神色匆匆地行走，而“北京咳”也作为一个城市名片被印在了外国人的旅游手册上……此情此景让人同时经历着两种“雾霾”的摧残，一种呛在肺上，另一种呛在心里。

诚然，城市的发展和规划都是必须的，也是正当的。然而，正是这些发展和规划偷走了城市的生机和魅力。动画片《机器人总动员》中，人类文明高度发达，甚至都移民到了外太空，此时的地球却被垃圾占领，寸草不生。我们的发展会不会带来这样的结果？如果是，那么发展究竟还有什么意义？

回想我们小时候，天上蓝天白云，林中鸟语花香，河水清澈能喝，夏季鱼虾成群。那时的环境没有污染，食品安全，货真价实。而现在，现代化和工业化的车轮碾过我们的生活，无论城市农村，生存环境的污染都非常严重，这种发展代价未免过大，大到连蓝天白云这种本该习以为常的景色都在不知不觉间变成了稀缺资源，大到连开窗通风都变成了一种奢侈的行为，大到连正常的呼吸都成为一种痛。

很多人在期待一场大风或大雨冲走雾霾，但如何减少污染排放、改善环境，则是对政府部门的持续考验。毕竟，消除雾霾不能只“靠天吃饭”。而我们每一个人都担着一份“原罪”，理当也为这个社会担起一份责任。所以请不要一边抱怨着空气不好，一边还开着大排量的汽车。一边抱怨着环境污染，一边不停地吸烟。也不要以为自己一点点举动对空气的污染不至于影响什么，或者抱着侥幸心理，觉得灾难离我们很远。如果我们真的不懂得改变，大自然到底以何种方式终结食物链终端——人类，我们在有生之年也许能看到这个报应。

但愿今后再无雾霾，日日都是晴朗的天。